Die Tieftemperaturphysik an der Humboldt-Universität im 20. Jahrhundert

Kein Mensch kann lange zusehen wie ich einen Stein fallen lasse und dazu sage: Er fällt nicht. Dazu ist kein Mensch imstande. Die Verführung, die von einem Beweis ausgeht, ist zu groß. Ihr erliegen die meisten, auf die Dauer alle. Das Denken gehört zu den größten Vergnügungen der menschlichen Rasse.

Berthold Brecht, im „Leben des Galilei"

Galileo Galilei (1564–1642) war der erste Physiker. Er begründete durch sorgfältige Messungen die Physik als Experimentalwissenschaft, führte die Mathematik als Sprache der Physik ein und formulierte seine Entdeckungen als Naturgesetze in dieser Sprache, die durch die Entwicklung der Infinitesimalrechnung durch Leibniz und Newton verfeinert wurde. Seit dieser Zeit werden die fundamentalen Fragen der Physiker an die Natur durch die Klärung der grundlegenden Zusammenhänge mit Messungen und durch die Entwicklung von Theorien, die wahr sind, wenn Messungen sie bestätigen, beantwortet.

Rudolf Herrmann studierte von 1954 bis 1960 an der Berliner Humboldt-Universität Physik und promovierte 1964 an der Staatlichen Moskauer Universität. Von 1964 bis1968 arbeitete er bei dem Nobelpreisträger Pjotr L. Kapitza im Institut für Physikalische Probleme an seiner Habilitation, die er 1968 an der Humboldt-Universität verteidigte. 1968 wurde er Dozent und 1970 zum ordentlichen Professor für Experimentelle Physik auf den Lehrstuhl für Tieftemperaturphysik an die Humboldt-Universität berufen. 1991 bis 1992 war er Gastprofessor an der Universität Paris 7, „Pierré et Marie Curie". 1992 wurde er von der Humboldt-Universität an die Ritsumeikan Universität in Kyoto gesandt. In Kyoto war er neben der Lehrtätigkeit an der Universität wissenschaftlicher Berater im HORIBA Konzern. Nach der Rückkehr 1986 aus Japan arbeitete er bis 2012 im Institut für angewandte Photonik in Berlin Adlershof.

Rudolf Herrmann

Die Tieftemperaturphysik an der Humboldt-Universität im 20. Jahrhundert

Vom Nernstschen Wärmesatz zum Quanten-Hall-Effekt

Mit einem Beitrag von Werner Ebeling

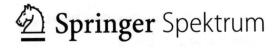 Springer Spektrum

Rudolf Herrmann
Berlin, Deutschland

ISBN 978-3-662-59574-9   ISBN 978-3-662-59575-6   (eBook)
https://doi.org/10.1007/978-3-662-59575-6

Die Deutsche Nationalbibliothek verzeichnet diese Publikation in der Deutschen Nationalbibliografie; detaillierte bibliografische Daten sind im Internet über http://dnb.d-nb.de abrufbar.

Springer Spektrum
© Springer-Verlag GmbH Deutschland, ein Teil von Springer Nature 2019

Planung: Margit Maly

Springer Spektrum ist ein Imprint der eingetragenen Gesellschaft Springer-Verlag GmbH, DE und ist ein Teil von Springer Nature.
Die Anschrift der Gesellschaft ist: Heidelberger Platz 3, 14197 Berlin, Germany

Zum Andenken an meine liebe Frau Karin Herrmann, eine Physikerin, die eigentlich Literatur studieren wollte, die in der Halbleiterphysik und bei der Analyse der Treibhausgase mit ihren Halbleiterlasern erfolgreich war, dabei aber ihrer Liebe zur Literatur immer treu geblieben ist.

Geleitwort

Als mir mein ehemaliger Hochschullehrer und Autor dieses Buches von der Idee berichtete, ein Buch über die Forschungen auf dem Gebiet der Tieftemperaturphysik an der Berliner Universität und den Berliner Forschungseinrichtungen im 20. Jahrhundert zu schreiben, war ich zunächst ein wenig skeptisch. Mir war nicht so recht klar, welche Leserschaft eine derartige Publikation ansprechen könnte. Nachdem ich jedoch das fertige Manuskript des Buches in die Hand bekommen hatte, das den Schwerpunkt auf die Arbeiten an der ehemaligen Sektion Physik der Humboldt-Universität legt, habe ich es mit großem Vergnügen gelesen. Das vorliegende Buch unterscheidet sich doch deutlich von anderen Publikationen zu diesem Themenfeld. Rudolf Herrmann blickt auf eine langjährige Lehr- und Forschungstätigkeit an der Sektion Physik der Humboldt-Universität zu Berlin zurück, in der er an seinem Lehrstuhl das Arbeitsgebiet der Tieftemperatur-Festkörperphysik vertreten hat.

Die modernen Entwicklungen der Tieftemperaturphysik erläutert er zumeist anhand eigener Arbeiten.

Zunächst wird jedoch ein kompakter Überblick über die Forschung auf dem Gebiet tiefer Temperaturen in den Berliner akademischen Einrichtungen bis zum Ende des 2. Weltkriegs gegeben, um dann auf die Entdeckungen und technischen Entwicklungen in den letzten Jahrzehnten, wie z. B. den Quanten-Hall-Effekt, die Hochtemperatursupraleitung und Supraleitungssensorik, einzugehen. Insbesondere wird auch die enge Wechselwirkung der Universität mit der Physikalisch-Technischen Reichsanstalt (PTR) und der später daraus hervorgegangenen Physikalisch-Technischen Bundesanstalt (PTB) dargestellt, in denen die Tieftemperaturphysik auf eine lange Tradition zurückblicken kann. Auch sind nach der deutschen Wiedervereinigung mehrere Wissenschaftler und Studenten der Humboldt-Universität und auch des ehemaligen Amts für Standardisierung, Messwesen und Warenprüfung der DDR (ASMW) an die PTB gegangen, um dort auf dem Gebiet der Tieftemperaturphysik zu forschen und auch leitende Aufgaben zu übernehmen. So hatte ich selbst bis zu meiner Pensionierung die Möglichkeit, gemeinsam mit meinen Mitarbeiterinnen und Mitarbeitern zahlreiche Forschungsprojekte auf dem Gebiet der Tieftemperatursensorik an der PTB durchzuführen und den Fachbereich Kryosensorik der PTB zu leiten.

Dieses Buch ist weder eine reine wissenschaftshistorische noch eine rein lehr-
buchartige Darstellung der physikalischen Forschungen auf dem Gebiet der Physik
tiefer Temperaturen. Es wird meist sehr detailliert auf die abgehandelten Effekte
und Experimente eingegangen, wobei ein solides physikalisches Grundwissen
vorausssetzt wird. Anders als in einschlägigen Fachbüchern werden aber die Entdeckungen und technischen Entwicklungen der jüngsten Zeit aus einem Blickwinkel
beschrieben, der durch die persönlichen Erfahrungen, Arbeiten und Erlebnisse des
Autors geprägt ist. Dem Leser wird erlebbar gemacht, wie in der DDR unter den
Randbedingungen eines nur eingeschränkten Zugangs zu modernen Forschungs-
apparaturen und internationalem Wissenschaftsaustausch durchaus mit Erfolg
auf den aktuellen Gebieten gearbeitet wurde. Die Darstellung der Arbeitsweise
der Experimentalphysiker an der Sektion Physik der Humboldt-Universität, die
oft auf Improvisation beim Eigenbau von Apparaturen basierte, ist sicher exemp-
larisch für die universitären Einrichtungen der DDR in dieser Zeit und nicht auf
die Tieftemperaturphysik beschränkt. Es ist aus meiner Sicht ein wesentlicher
Verdienst der Generation der damaligen Hochschullehrer, der Rudolf Herrmann
angehört, dass es gelungen ist, unter diesen Bedingungen moderne Experimentalphysik zu betreiben und den Studenten somit eine solide Ausbildung zu ermöglichen. Seinem Studienmatrikel des Jahrgangs 1954 hat der Autor einen eigenen
Abschnitt im Buch gewidmet. Die Mehrzahl der Hochschullehrer in dieser Zeit
hat mehrere Jahre in renommierten Instituten der ehemaligen Sowjetunion studiert und gearbeitet, wie auch Rudolf Herrmann und sein Kollege und Freund
Werner Ebeling, der im Kap. 5 des Buches auf die Arbeiten zur Thermodynamik
eingeht. So hat Rudolf Herrmann in seiner Studienzeit enge persönliche Kontakte
zu Tieftemperaturphysikern des Kapitza Instituts aufbauen können. Diese Kontakte und die dort gesammelten Erfahrungen haben in der Folge natürlich auch
den Forschungsthemen aber auch den Instrumentierungen der Tieftemperaturlabore an der Humboldt-Universität ihr Gepräge gegeben. Voraussetzung für die
an Herrmanns Lehrstuhl Tieftemperatur-Festkörperphysik in Angriff genommene
Forschung zur Elektronenstruktur von Metallen, Halbmetallen und schmallücki-
gen Halbleitern war neben entsprechender Instrumentierung natürlich die Ver-
fügbarkeit geeigneter Proben dieser Materialien. Hier konnte mit vergleichbar
einfach zu realisierenden Apparaturen zur Kristallzüchtung eine umfangreiche
Materialbasis von qualitativ hochwertigen Einkristallen, vor allem aus Wismut
und Wismut-Antimon-Legierungen geschaffen werden, die international beachtete
Forschungsergebnisse ermöglichten. Der Autor geht auf diese Arbeiten umfassend ein. Spätestens jedoch mit der international in den Fokus rückenden Untersuchung der Quanteneffekte in zweidimensionalen Elektronengasen (2DEG) in
der Mitte der siebziger Jahre wurde es am Lehrstuhl schwierig, sich diesen neuen
Themen zu widmen. Diese Forschungen wurden im Westen ja durch die industrielle Entwicklung von mikrostrukturierten Halbleiterbauelementen mit 2DEG, vor
allem Silizium-MOSFETs, getrieben und entsprechende Proben waren den For-
schungsgruppen dort zugänglich. In der Halbleiterindustrie der DDR gab es natürlich auch industrielle Entwicklungsarbeiten in dieser Richtung, die sehr stark am
Bedarf der Elektronikindustrie ausgerichtet waren. Für die Fertigung von Proben

für grundlagenphysikalische Experimente an einer Universität gab es aus Kapazitätsgründen kaum Akzeptanz und der Aufbau einer eigenen Herstellung an der Universität war nicht realistisch. Was also tun, wenn man bei diesem aktuellen Thema mit von der Partie sein wollte? Der Ausweg war die Nutzung der sich an Korngrenzen in massiven Halbleiterkristallen ausbildenden 2DEG. Erfahrungen mit der Züchtung von Kristallen hatte man ja. Damit gelang es praktisch in einem etwas exotischen Nischenbereich an dieser aktuellen Problematik mitzuarbeiten und auch international beachtet zu publizieren. Da vom Autor die Quanteneffekte in den 2DEG, einschließlich Quanten-Hall-Effekt, vor allem mit Blick auf diese Korngrenzen in Bikristallen diskutiert werden, findet sicher auch mancher mit den Quanteneffekten in Metall-Isolator-Halbleiter- und Halbleiterheterostrukturen vertraute Leser interessante und eventuell neue Aspekte.

Ein weiteres wichtiges Ereignis der Tieftemperatur-Festkörperphysik war die Entdeckung der Hochtemperatursupraleitung Ende der achtziger Jahre durch Bednorz und Müller. Herrmann beschreibt, wie auch in der DDR die Forscher von der Euphorie um diese neue Materialklasse ergriffen wurden und sich natürlich auch Physiker und Chemiker der Humboldt-Universität dem nicht entziehen konnten. Der Zeitpunkt dieser Entdeckung fiel in die Zeit des politischen Umbruchs in der DDR, der für viele Hochschullehrer mit erheblichen persönlichen Einschnitten in der wissenschaftlichen Karriere verbunden war. Der Autor beschreibt, wie er diese Entwicklung erlebt und sich persönlich neu orientiert hat. Für jüngere Wissenschaftler der ehemaligen Sektion Physik war es zumeist Dank der soliden Ausbildung an der Universität wesentlich leichter in anderen Einrichtungen im In- und Ausland Arbeitsmöglichkeiten zu finden oder gar eigene Firmen aufzubauen. Nach einer Zeit im Ausland hat sich Rudolf Herrmann nach seiner Rückkehr modernen Kleinkühlern für die Kühlung von Kryosensoren in einer Firma im Wissenschaftszentrum in Berlin-Adlershof zugewandt. Er beschreibt diese Entwicklungen und geht dabei auf die verschiedenen Kühltechniken ein, wie sie heute in der Tieftemperaturphysik Anwendung finden.

Insgesamt bietet dieses Buch dem Leser eine zusammenfassende Darstellung der Entwicklungen der Physik und Technik tiefer Temperaturen von den Anfängen bis zur Gegenwart aus der Feder eines ehemaligen DDR Wissenschaftlers, der vor allem die Zeit der letzten 60 Jahre interessant und aus sehr persönlicher Sicht beschreibt.

Lieber Rudi, ich erinnere mich gerne an die vielen Stunden im Labor an Deinem Lehrstuhl und wünsche Deinem Buch viel Erfolg!

Berlin   Thomas Schurig
den 25. Juni 2019

Vorwort

Die Idee, die Forschungsarbeiten zur Physik tiefer Temperaturen an der Berliner Universität im 20. Jahrhundert aufzuschreiben, entstand auf der Festveranstaltung des Berliner Instituts der Physikalisch-Technischen Bundesanstalt zum 100. Jubiläum der Wasserstoffverflüssigung von Walter Meißner am 13. November 2013. Bei einer Diskussion ehemaliger Wissenschaftler des III. Physikalischen Instituts und späteren Bereichs Tieftemperatur-Festkörperphysik der Humboldt-Universität während der Konferenz, stellte Dr. Winfried Kraak fest, dass ein Vortrag über die Tieftemperaturforschung an der Universität unter den Linden die Konferenz bereichert hätte. Es entstand der Gedanke, die Forschungen der Berliner Universität zu diesem Thema im 20. Jahrhundert und ihre Wechselwirkung mit der Tieftemperaturphysik der Physikalisch-Technischen Reichsanstalt, beziehungsweise der Physikalisch-Technischen Bundesanstalt, zusammenhängend darzustellen.

Nach 28 Jahren Forschungs- und Lehrtätigkeit an der Humboldt-Universität und langjährigen Forschungsarbeiten bei Pjotr Kapitza, im Institut für Physikalische Probleme, die der Tätigkeit in Berlin vorausgegangen waren, und Gastprofessuren an der Universität 7 Pierre et Marie Curie in Paris und an der Ritsumeikan-Universität in Kyoto ist mir klar geworden, dass unsere Berliner Universität an der Entwicklung der Wissenschaftsgebiete Thermodynamik und Tieftemperaturphysik einen beträchtlichen Anteil hat.

Die Tieftemperaturphysik wurde in Berlin von Walther Nernst und Walther Meißner begründet. Nach dem Zweiten Weltkrieg wurde die Physik tiefer Temperaturen an der Universität im III. Physikalischen Institut wieder aufgenommen. Die Thermodynamik von Planck und Nernst fand mit der Berufung von Werner Ebeling Ende der 1970er-Jahre an die Humboldt-Universität seine Fortsetzung. Mit der irreversiblen Thermodynamik konnte die Schule von Ebeling an die Atmosphäre und das theoretische Wirken von Walther Nernst anknüpfen [1].

Die Tieftemperaturphysik wurde bis zum Ende des vorigen Jahrhunderts an der Humboldt-Universität gepflegt. Heute wird sie in Berlin vom Institut der Physikalisch-Technischen Bundesanstalt, von der Technischen Universität und der Freien Universität repräsentiert.

Meine Begeisterung für das Verhalten der Materie nahe am absoluten Nullpunkt war der Grund, die Anregung, die Forschungsarbeiten zur Physik tiefer
Temperaturen der Berliner Universität im 20. Jahrhundert aufzuschreiben, zu
übernehmen[1].

Die tiefste Temperatur im Universum ist die Temperatur der kosmischen Mik-
rowellen-Hintergrundstrahlung mit 2,7 K (−270,45 °C). Sie ist das Ergebnis der
Abkühlung der Strahlung, die beim Urknall vor 13,8 Mrd. Jahren entstanden ist.
Das sind 2,7 K über dem absoluten Nullpunkt, der einen Zustand ohne Wärme
darstellt. Die kosmische Hintergrundstrahlung wurde 1964 von Robert Wilson und
Arno Penzias entdeckt [2]. Sie erfüllt den ganzen Weltraum und bildet heute einen
Schwerpunkt der astrophysikalischen Forschung[2].

Der menschliche Intellekt hat Geräte geschaffen, mit denen Temperaturen unter
der niedrigsten Temperatur im Universum erzeugt werden, die Körper bis auf
Temperaturen des Mikrokelvinbereichs (μK) abkühlen. So erreichte Frank Pobell
an der Universität Bayreuth 1997 mit der Entmagnetisierung von PtFe als Kernsubstanz 1,5 μK [3]. Quantengase aus einfachen Atomen können noch stärker
bis zu 10 nK (0,000 000 01 K) abgekühlt werden [4]. Die Zahl der Teilchen eines
kondensierten Quantengases ist mit einigen Hunderttausend bis einigen Millionen
Atomen jedoch so gering, dass sie keinen anderen Körper abkühlen können.

Die Bemühungen um Kühlung gehören zur Kulturgeschichte der Menschheit.
Sie beginnen in nördlichen Ländern mit der Abkühlung von Nahrungsmitteln durch
Eis und Schnee und in südlichen Ländern durch die Verdunstung von Wasser.

Nahrungsmittelkonservierung und Raumklimatisierung waren die Triebkräfte
der Entwicklung von Kühlverfahren. Erste wissenschaftlich begründete Abküh-
lungsverfahren entstanden im 17. Jahrhundert zusammen mit der Entwicklung der
Temperaturmesstechnik.

Ein ernsthafter, technischer Durchbruch gelang mit der Erkenntnis, dass sich
tiefere Temperaturen durch Verflüssigung von Gasen erreichen lassen.

Ende des 19. Jahrhunderts waren es die Physiker Karol Stanislaw Olszewski
und Zygmunt Florenty von Wroblewski, die 1883 in Krakau erst die Atmosphäre
und dann auch ihre Komponenten Sauerstoff und Stickstoff verflüssigten. Sauerstoff wurde bei einer Temperatur von −183 °C flüssig, Stickstoff bei −195,8 °C.
Die Verflüssigung von Wasserstoff gelang James Dewar vom Imperial Institute in
London 1895 bei −252,8 °C. Das letzte dann noch übriggebliebene Gas, Helium,
verflüssigte 1908 der begnadete holländische Experimentator Heike Kamerlingh

---

[1]Von Dr. Wolfgang Buck, dem damaligen Leiter des Berliner Instituts der PTB, wurden auf dieser Konferenz die Tieftemperaturarbeiten des Berliner Instituts der PTB, der Technischen Universität Berlin und der Freien Universität vorgetragen.

[2]Babette Dellen vom Max-Planck-Institut für Dynamik und Selbstorganisation, Göttingen stellte
2009 fest, dass der kälteste bisher entdeckte, natürliche Ort im Universum der 5000 Lichtjahre
entfernte Boomerang Nebel ist. Dort soll eine Temperatur von −272,15 °C herrschen. Das ist 1 K
über dem absoluten Nullpunkt.

Onnes an der Universität in Leiden. Schon bei der Wasserstoffverflüssigung war er Konkurrent der beiden Polen Olszewski und Wroblewski und des Engländers Dewar. Beim Helium gelang ihm der Durchbruch.

Mit der Verflüssigung von Helium erreichte er 4,21 K. Durch Verdampfung des flüssigen Heliums wurde die Temperatur von 1 K erreicht, ein Kelvin über dem absoluten Nullpunkt. 1911 bemerkte Kamerlingh Onnes bei der Abkühlung von Quecksilber mit flüssigem Helium, dass der elektrische Widerstand des Quecksilbers sprunghaft bei 4,1 K verschwindet. Das war die Entdeckung der Supraleitung, des ersten makroskopischen Quantenzustandes.

Im wissenschaftlichen Wettlauf zum absoluten Nullpunkt war es Walther Nernst an der Berliner Friedrich-Wilhelms-Universität, der 1905 entdeckte, dass der absolute Nullpunkt nicht erreichbar ist. Nernst fand diese Gesetzmäßigkeit, die er als „seinen Wärmesatz" bezeichnete, als geniale Schlussfolgerung aus Untersuchungen chemischer Gleichgewichte, die eher bei hohen Temperaturen ablaufen. Der Wärmesatz besagt auch, dass die spezifische Wärme bei Annäherung an den absoluten Nullpunkt gegen null geht. Dieses Naturgesetz wurde von Max Planck als III. Hauptsatz der Thermodynamik exakt gefasst, der besagt, dass die Entropie, das Maß der Unordnung in der Mikrowelt, am absoluten Nullpunkt null ist.

Um den Wärmesatz experimentell zu bestätigen, musste Nernst die spezifische Wärme bei tiefen Temperaturen messen. Er besuchte 1909 Kamerlingh Onnes in Leiden, um die Erzeugung tiefer Temperaturen kennenzulernen. Die technisch sehr aufwendigen Anlagen, die Nernst in Leiden vorfand, und die vielen Mitarbeiter, mit denen Kamerlingh Onnes Helium verflüssigte, konnte Nernst an der Berliner Universität nicht realisieren.

Er konstruierte deshalb eine kleine, einfachere Verflüssigungsanlage für Wasserstoff, mit der er hoffte, „seinen Wärmesatz" experimentell zu bestätigen. Den Bau der Anlage realisierte er mit dem Mechaniker Alfred Höhnow und seinen Studenten. Ihnen gelang es 1911 mit dieser Anlage, flüssigen Wasserstoff zu gewinnen. Das war der Beginn der Tieftemperaturforschung an der Berliner Universität.

Mit einem Kalorimeter direkt in der Verflüssigungsanlage gelang die Bestätigung des Wärmesatzes. Die dafür notwendigen Messungen der Temperaturabhängigkeit der spezifischen Wärme bei tiefen Temperaturen wurden von Nernst, gemeinsam mit seinen Schülern, Fred Lindemann, Franz Simon und Walter Mendelssohn, durchgeführt. Für die Entdeckung dieses fundamentalen Naturgesetzes erhielt Walter Nernst 1921 den Nobelpreis für Chemie für das Jahr 1920.

Aber noch in seiner Studienzeit in Graz fand Walther Nernst bei der Analyse des Hall-Effektes gemeinsam mit Albert von Ettingshausen Effekte, die, wie der Hall-Effekt, von einer damals unbekannten Kraft des Magnetfeldes erzeugt werden. Diese elektrodynamische Kraft wurde erst einige Jahre später von dem niederländischen Mathematiker Hendrik Antoon Lorentz formuliert und erhielt den Namen Lorentz-Kraft. Sie krümmt die Bahnen bewegter Ladungsträger im Magnetfeld. Eine Kraft, die heute im Großen die Funktion der Synchrotron-Beschleuniger bestimmt und im Kleinen die Quantelung von Ladungsträgern. Diese Kraft liegt den meisten in diesem Buch beschriebenen Phänomenen zugrunde.

Die Geschichte von der erfolgreichen Entwicklung der Tieftemperaturforschung von Nernst und seinen Schülern an der Friedrich-Wilhelms-Universität, die
Flucht der Schüler vor der Nazi-Herrschaft und der Neuanfang der Tieftemperaturforschung an der Berliner Universität nach dem Zweiten Weltkrieg in Nernst'scher
Tradition wird aus der Sicht der Studenten, die nach dem Krieg an der Universität
studierten und später als Physiker an ihr arbeiteten, dargestellt. Diese Sicht bildet jedoch nur den Hintergrund für die Geschichte der Tieftemperaturphysik der
Berliner Universität im 20. Jahrhundert, unterbrochen durch die beiden Weltkriege
und den damit verbundenen politischen Umbrüchen.

Die Möglichkeit, bei tiefen Temperaturen, ohne thermische Störungen, die
empfindlichen Phänomene der Mikrowelt zu untersuchen, brachten die ersten
experimentellen Bestätigungen der Quantenphysik.

Für die Entwicklung der menschlichen Gesellschaft brachte die Herstellung
tiefer Temperaturen eine effektive Lebensmittelkonservierung und die Klimatisierung von Gebäuden. Viele Menschen konnten dadurch auf engem Raum in großen
Städten zusammenleben. Und mit der Klimatisierung von Gebäuden wurde es
möglich, Hochhäuser zu bauen. Ohne die technische Anwendung tiefer Temperaturen zur Kühlung und Klimatisierung wäre der Bau großer Metropolen nicht
möglich geworden.

Die Bedeutung der Berliner Universität für die Entwicklung der modernen
Tieftemperaturphysik in der ersten Hälfte des 20. Jahrhunderts und die Probleme
der Tieftemperaturphysik in der zweiten Hälfte an der Humboldt-Universität sind
die Themen dieses Buches. In beiden Perioden spielt die Politik eine dominierende
Rolle. In der ersten Hälfte des Jahrhunderts die Förderung der Naturwissenschaften im Kaiserreich, dann der Niedergang durch die Weltkriege und den Faschismus. Die prosperierende Entwicklung im Westen Deutschlands in der zweiten
Hälfte des Jahrhunderts und die beschränkten Möglichkeiten im Osten, bedingt
durch das ökonomische Missverhältnis der sich in Deutschland in dieser Zeit
gegenüberstehenden Gesellschaftssysteme, wirkte sich auch auf die naturwissenschaftlichen Forschungsarbeiten aus.

Das Buch besteht aus vier Teilen. Der erste Teil, „Der Weg zum absoluten
Nullpunkt", befasst sich mit den Themen „Die Verflüssigung der Gase", „Die
Tieftemperaturphysik der Berliner Universität und der Physikalisch-Technischen
Reichsanstalt bis zum Zweiten Weltkrieg" und „Oxford und Cambridge". Im ersten Thema wird die Geschichte der Tieftemperaturphysik von den Anfängen der
Kälteerzeugung, über die Bemühungen, den absoluten Nullpunkt der Temperatur
zu erreichen, bis zu Methoden, diesem Nullpunkt nahe zu kommen, dargestellt.
Das zweite Thema „Die Tieftemperaturphysik der Berliner Universität bis zum
Zweiten Weltkrieg" befasst sich mit den Forschungen an der Universität, die zur
Bestätigung der sich herausbildenden Quantenphysik beitrugen.

Als zu Beginn des Jahrhunderts der Holländer Heike Kamerlingh Onnes, der
Engländer James Dewar und der Pole Karol Stanislaw Olszewski versuchten,
Helium zu verflüssigen, um den absoluten Nullpunkt zu erreichen, war Walther
Nernst auf der Suche nach tiefen Temperaturen, um seinen Wärmesatz experimentell zu beweisen.

Das experimentelle Herangehen von Nernst und seinen Schülern an dieses grundlegende Problem der Physik und die Leistungen von Walther Meißner bei der Erzeugung tiefer Temperaturen sowie die Entdeckung des Meißner-Ochsenfeld-Effektes stehen im Mittelpunkt des zweiten Themas. Die fundamentalen Beiträge der Friedrich-Wilhelms-Universität und der Physikalisch-Technischen Reichsanstalt zur Tieftemperaturphysik und ihr Einfluss auf die Entwicklung der Quantenphysik bis zum Beginn der Nazi-Herrschaft werden dargelegt.

Zum Abschluss des ersten Teils befasst sich das dritte Thema mit dem Wirken von Franz Simon und Pjotr Leonidowitsch Kapitza, durch die die Tieftemperaturphysik der Berliner Universität in der zweiten Hälfte des Jahrhunderts mitgeprägt wurde. Der eine, Kapitza, begann seine Laufbahn bei Rutherford in Cambridge, wo er mit Unterstützung von Rutherford mit dem Monde-Laboratorium ein Tieftemperaturzentrum aufbaute. Dieses Tieftemperaturzentrum rekonstruierte er nach seiner Festsetzung in Moskau durch Stalin als Institut für Physikalische Probleme, dort an der Moskwa.

Der andere, Simon, begann seine Laufbahn in Berlin bei Nernst, wurde 1933 als Jude von Hitler vertrieben, konnte seine bewundernswerte Laufbahn in Oxford mit der Schaffung eines Tieftemperaturzentrums fortsetzten.

Der zweite Teil, „Der Tradition der Berliner Universität verpflichtet", befasst sich mit den Themen „Der Neuanfang der Physik in Berlin nach dem Zweiten Weltkrieg", „Anknüpfung an historische Wurzeln bei Max Planck und Walter Nernst" und „Die Tieftemperaturphysik an der Berliner Universität nach 1945". In den beiden ersten Themen wird auf die Bemühungen eingegangen, nach dem Krieg die physikalische Forschung wiederaufzubauen und in eine neue Hochschulstruktur einzuordnen. Das dritte Thema befasst sich mit dem Neuanfang der Tieftemperaturphysik. Aufgrund der gesellschaftlichen Entwicklung im Osten Deutschlands sind die Arbeiten in dieser Zeit nicht mit den Höhepunkten der Berliner Tieftemperaturphysik in der ersten Hälfte des Jahrhunderts vergleichbar. Aufgrund der nicht sehr guten materiellen Ausrüstungen und der geringen internationalen Kontakte war die Begeisterung der Studenten und Wissenschaftler teilweise größer als die Möglichkeiten eines internationalen Vergleichs ihrer Ergebnisse.

So begann 1946 die Tieftemperaturphysik im II. Physikalischen Institut der Berliner Universität mit einer Rückbesinnung auf die Arbeiten von Simon durch Franz Xaver Eder, einem Schüler von Meißner. Simon hatte 1924 nach der Berufung von Nernst zum Präsidenten der Physikalisch-Technischen Reichsanstalt die Tieftemperaturforschung an der Universität fortgesetzt. Um wieder tiefe Temperaturen zur Verfügung zu haben, begann Eder Verflüssiger zu bauen, wobei er an die von Simon entwickelte Methode anknüpfte.

Ein Anliegen des Buches ist auch zu zeigen, dass es trotz der genannten, beschränkten Bedingungen gelang, vergleichbare Forschungsergebnisse zu den Arbeiten der Universitäten im westlichen Teil von Berlin zu erzielen. Entsprechend werden im dritten Teil, „Elektronenstrukturen von Festkörpern bei tiefen Temperaturen", unter den Themen „Metalle und Halbleiter bei tiefen Temperaturen" und „Der Quanten-Hall-Effekt an Korngrenzen", Ergebnisse dargestellt.

Im ersten Thema wird auf die magnetischen Oberflächenzustände, die Energie-strukturen von Festkörpern, energetische Phasenübergänge und das Festkörper-plasma eingegangen.

Die magnetischen Oberflächenzustände wurden 1961 von Michail Chaikin am Wismut im Kapitza-Institut in Moskau entdeckt[3]. Durch die Beteiligung von Phy-sikern von der Humboldt-Universität an diesen Arbeiten konnte dieses Phänomen in Berlin weiter untersucht werden. Dabei wurde Supraleitung an der Oberfläche des Halbleiters Tellur gefunden. Ein Effekt, der heute als Phänomen topologischer Isolatoren betrachtet wird.

Auch bei der Untersuchung des Legierungssystems Wismut-Antimon konnte schon 1977 gezeigt werden, dass unter bestimmten Bedingungen die effektiven Massen in diesem Legierungssystem gegen null gehen, eine Erscheinung, die die topologischen Isolatoren charakterisiert. 2007 wurde dieses Verhalten aus heutiger Sicht von D. Hsieh et al. [5] realisiert. In der Arbeit von Hsieh et al. wird gesagt, dass es derartige Anzeichen vor ihrer Arbeit nicht gegeben hat, obwohl unsere Ergebnisse schon in den 1970er Jahren in der Zeitschrift *physica.status.solidi* ver-öffentlicht wurden (s. unten).

Im vierten Teil, „Neue Kühlmethoden – Technische Lösungen und neue Phy-sik" wird mit den Themen „Tiefe Temperaturen ohne tiefsiedende Flüssigkeiten", „Röntgen und Terahertz-Detektoren" und „Kalte Augen, kalte Bosonen" auf die Entwicklung der Pulsrohrkühler und der Laserkühlung, mit der die Kondensatio-nen von Bosonen realisiert wurde, eingegangen.

Wenn auf der Tagung „Tieftemperatur – *quo vadis?*" der Physikalisch-Tech-nischen Bundesanstalt am 5.und 6. Juni 2007 in Berlin Frank Pobell vom Helm-holtz-Zentrum Dresden, der, wie eingangs schon erwähnt, mit 1,5 µK die tiefste, je erreichte Kühltemperatur erzeugt hat, feststellte, dass die Tieftemperaturphysik als physikalische Forschung abgeschlossen sei, so zeigen die Entwicklungen, über die am Ende des vierten Teils des Buches berichtet wird, dass die Tieftemperaturphy-sik neue Wege eingeschlagen hat.

Rudolf Herrmann

Literatur

1. Bibliographie Werner Ebeling, Zusammengestellt anlässlich seines 70. Geburtstages http://www.wissenschaftsforschung.de/JB08_Bib-Ebeling.pdf;
   Feistel, R., Ebeling, W.: Evolution of Complex Systems: Self-Organization, Entropy, and Development. Kluwer Academic Publishers, Dordrecht 1989, S. 248;
   Ebeling, W.: „Strukturbildung bei irreversiblen Prozessen" Teubner Verlagsgesellschaft (1976); Dieter Hoffmann: Ebeling, Werner. In: Wer war wer in der DDR? 5. Ausgabe, Band 1, Ch. Link Verlag, Berlin (2010)

---

[3]M. S. Khaikin, JETP 41 (1961) 1773. Chaikin erhielt 1987 die Ehrendoktorwürde der Hum-boldt-Universität.

2. Penzias, A.A.: "The Origin of Elements, Nobel Lecture" und Wilson, R.W.: "The Cosmic Microwave Background Radiation", Nobel Lecture 8.12.1978;
   Penzias, A.A., Wilson, R. W.: A measurement of excess antenna temperature at 4080/Mc/s. Astrophysical Journal Letters 142, 419–421 (1965)
3. Pobell, F.: "Matter and Methods at Low Temperatures" (Springer 1996)
4. Cornell, E.A. Wieman, C.E.: "Nobel Lectures in Physics 2001" Rev. Mod. Phys., 74, 3, 875–893 (2002)
   Ketterle, W.: When atoms behave as waves: Bose-Einstein condensation and the atom laser, Rev. Mod. Phys. 74, 1131 (2002).
5. Hsieh, D. Qian, D. Wray, L. Xia, Y. Hor, Y.S. Cava, R.J. Hasan, M.Z.: A topological Dirac insulator in a quantum spin Hall phase, Nature 452, 970–974 (2008).

Danksagung

Mein Dank gilt all denen, die zur Idee für diese Niederschrift und zu ihrer Realisierung beigetragen haben. Alica Krapf und Hans-Ullrich Müller, die die Anregung von Winfried Kraak von Anfang an unterstützten. Ich bedanke mich bei Werner Ebeling, der den ersten Entwurf gelesen und mit vielen Hinweisen, auch auf die historischen Zusammenhänge, den Fortgang der Arbeit gefördert hat und mit seinem persönlichen Beitrag wesentliche Gedanken einbringen konnte. Für fachliche Diskussionen bedanke ich mich bei Thomas Schurig, der mich auch bei der Beschaffung von Literatur zu Walther Meißner unterstützte. Und bei Valerian Edelman, der die russischen Quellen erschlossen hat und mir insbesondere bei den Bildgenehmigungen durch das Kapitza-Institut für Physikalische Probleme zur Seite stand. Ich danke Ingrid Bärmann für ihre gründliche Durchsicht des Manuskripts. Mein Dank gilt Dieter Hoffmann für die Durchsicht des Manuskripts und für seine Hinweise als Historiker, sowie ich Erhard Gay, Georg Kuka und Peter Rudolph für ihr ständiges Interesse danke.

Besonderer Dank gilt Olaf Herrmann, der das Manuskript formatiert und alle Abbildungen nach den Vorgaben des Verlages berechnet hat, wozu er einen Grossteil neu zeichnen musste, um die notwendige Qualität der Zeichnungen zu erreichen. Dem Springer-Verlag und insbesondere Frau Bettina Saglio und Frau Margit Maly danke ich für die gute Zusammenarbeit, sowie Herrn Aneus Ansari für die aufwendigen Korrekturen.

Inhaltsverzeichnis

Teil I
Der Weg zum absoluten Nullpunkt

Die Erforschung der Kälte

1

Bevor auf die Tieftemperatur der Berliner Universität eingegangen wird, soll kurz der Weg in die Kälte nachgezeichnet werden, den die Wissenschaftler gehen mussten, um dem absoluten Nullpunkt der Temperatur nahe zu kommen. Der erste ernsthafte Zugang zur künstlichen Kälte gelang mit der Verflüssigung von Gasen. Die Wissenschaftler, die sich diesem fundamentalen Problem der Beeinflussung der Natur zuwandten, gelangten trotz hartnäckigem Wiederspruch vieler Kollegen zu der Erkenntnis, dass allein scharfsinnige Überlegungen zur Klärung der Zusammenhänge in der Natur nicht ausreichen. Sie müssen durch Experimente bestätigt werden. Und mit diesem Bewusstsein begann der Wettlauf zum absoluten Nullpunkt der Temperatur, der mit einer Temperatur knapp unter einem Kelvin von Heike Kamerlingh Onnes gewonnen wurde. Dazu kam eine äußerst ungewöhnliche Naturerscheinung, das Verschwinden des elektrischen Widerstandes bei tiefen Temperaturen. Das war ein makroskopischer Quanteneffekt, eine glänzende Bestätigung der für die sich zu dieser Zeit gerade erst entwickelnden Quantentheorie. Die Welt der tiefen Temperaturen überraschte gleich noch mit einem weiteren Phänomen, das flüssige Helium wollte bei Annäherung an den absoluten Nullpunkt einfach nicht fest werden.

1.1 Kälte, nicht nur ein Gefühl

Die Triebkräfte der Entwicklung von Kühlverfahren waren, wie in der Einleitung schon festgestellt, das Bemühen, Nahrungsmittel über längere Zeit frisch zu halten und Räume zu klimatisieren. So gab es schon im 17. Jahrhundert Versuche, das Klima mit Kälte zu beeinflussen. 1620 versuchte der Alchemist Cornelius Drebbel für König Jakob I. von England und Schottland an einem heißen Sommertag die Luft in der Great Hall der Westminster Abbey so stark abzukühlen, dass ein Gefühl von winterlicher Kälte aufkommen sollte [1]. Dieses Experiment geht wahrscheinlich auf Giambattista della Porta, einem neapolitanischen Arzt zurück,

© Springer-Verlag GmbH Deutschland, ein Teil von Springer Nature 2019
R. Herrmann, *Die Tieftemperaturphysik an der Humboldt-Universität im 20. Jahrhundert*, https://doi.org/10.1007/978-3-662-59575-6_1

der schon 1550 angab, dass man mit Eis und Salpeter (NH_4NO_3) eine tiefere Kälte als mit Wasser und Salpeter erzeugen könne. Die Erzeugung von Kälte ging mit den Bemühungen einher, Temperatur quantitativ zu erfassen.

Zur Entwicklung erster Geräte zur Temperaturmessung kam es in der Renaissance. Galileo Galilei (1564–1642) entwickelte 1593 ein Thermoskop, mit dem Temperaturänderungen beobachtet werden konnten. In diesem Thermoskop nutzte er die Ausdehnung der Luft bei Erwärmung. In einem dünnen, teilweise mit Wasser gefülltem Rohr, an dessen oberen Ende sich ein kleines Volumen befindet, wird, durch die Ausdehnung der Luft mit Erhöhung der Temperatur in dem kleinen Volumen, die Wassersäule verschoben.

Als sich 1654 beim Vakuum-Kugelversuch von Otto von Guericke (1602–1686) in Magdeburg sowie bei Experimenten von Robert Boyle (1627–1692) in England und von Evangelista Torricelli (1608–1647) in Italien herausstellte, dass der Luftdruck von der Wetterlage und der Höhe über der Erdoberfläche abhängig ist, nutzte Galilei in einem neuen Gerät, seinem Thermometer, die Temperaturabhängigkeit der Dichte von Wasser zur Temperaturmessung. Körper mit unterschiedlichen Dichten verteilten sich in einer Wassersäule so, dass die leichteren auf dem Wasser schwammen, die schwereren nach unten sanken. Nur der Körper mit der Dichte, die der Wassertemperatur entsprach, schwebte in der Wassersäule (s. Abb. 1.1b).

Beide Geräte waren nicht sehr genau. Das änderte sich 1654 mit den Arbeiten von Ferdinando II. de' Medici (1610–1670) im Palazzo Pitti in Florenz. Er entwickelte ein Glasthermometer, in dem die Temperaturabhängigkeit der Dichte von Alkohol ausgenutzt wurde. Der Alkohol befand sich in einer Kapillare, die mit einer Skala versehen wurde. Als Fixpunkte wurde der Schmelzpunkt des Wassers,

Abb. 1.1 Das Galilei-Thermoskop (links) nutzt die Ausdehneng der Luft bei Erwärmung im Volumen oberhalb des Steigrohres. Mit dem Galilei-Thermometer (rechts) wird die Temperatur durch die Abhängigkeit der Dichte von Wasser von der Temperatur mit Messkörpern unterschiedlicher Dichte bestimmt

aber auch der Schmelzpunkt vieler anderer Stoffe des täglichen Lebens vorgeschlagen, darunter auch die Körpertemperatur des Menschen.

Daniel Gabriel Fahrenheit (1686–1736), ein geschickter Gerätebauer und Thermometerentwickler, verhalf 1724 dem Quecksilberthermometer zum Durchbruch. Das erste moderne Thermometer wurde von ihm mit einer kalibrierten Skala versehen. Der Schmelzpunkt von Eis bekam den Wert 32 °F (Grad Fahrenheit), der Siedepunkt von Wasser den Wert 212 °F. Diese Temperaturskala wird noch heute in den USA angewandt. Die in Europa benutzte Celsius-Skala wurde 1742 von dem Schweden Anders Celsius (1701–1744) zwischen dem Gefrierpunkt und dem Siedepunkt von Wasser in eine Skala von 100 Teilen aufgeteilt. Dabei erhielt der Gefrierpunkt den Wert 100 und der Siedepunkt den Wert 0.

Einer der Ersten, der Kälte künstlich herstellte, war der Arzt William Cullen (1710–1790) in Glasgow. 1748 nutzte er die schon im Altertum bekannte Methode der Verdunstung, um Kühlung zu erreichen. Bei der Verdünnung der Luft über einem Gefäß mit salpetrigem Säureäthylester, das sich in einem Gefäß mit Wasser befand, bildete sich Eis. Aus der Sicht der Molekularstruktur der Gase werden durch Verringerung des Gasdruckes über einem flüssigen Gas die schnelleren Moleküle aus der Flüssigkeit entfernt, wodurch die kinetische Energie der Flüssigkeit verringert wird und sie sich abkühlt.

Als 1798 Martinius van Marum (1750–1836) zur Überprüfung des Boyle-Mariotte'schen Gesetzes Ammoniak (NH_3) komprimierte, verkleinerte sich das Volumen bei einem Druck über 5 bar nicht mehr. Das Gas wurde flüssig. Die Flüssigkeit war kälter als das eingesetzte Gas [2].

Michael Faraday (1791–1867) entdeckte 1823, dass bei der Entspannung von komprimiertem Ammoniak Kälte erzeugt werden kann. Ammoniak wird bei −33,34 °C flüssig. 1834 verflüssigte Adrien-Jean-Pierre Thilorier (1790–1844) in Paris durch Entspannung Kohlendioxid. Bei Verdampfung wird der Flüssigkeit weitere Energie entzogen, wodurch sich eine feste Phase, das Trockeneis, bildet. Mit einer Mischung von Trockeneis und Äther erreichte Thilorier eine Temperatur von −110 °C [3].

Zu Beginn des 18. Jahrhunderts vergrößerten sich die amerikanischen Städte schnell und es wurde immer schwieriger, die Lebensmittelversorgung der Bevölkerung zu sichern. Das führte zu einem starken Anwachsen des Handels mit Natureis, besonders in Nordamerika. Faraday und auch Thilorier erkannten, dass die von ihnen entwickelten Kühlmethoden den Natureishandel ersetzen und die Lebensmittelkonservierung vereinfachen können.

Das wichtigste Motiv, künstlich Kälte zu erzeugen, war die Notwendigkeit, die Bevölkerung von Großstädten mit frischen Lebensmitteln durch die Kühlung von Fleisch und Getränken, insbesondere von Bier, zu versorgen. 1859 ging in Marseille eine Eismaschine des Franzosen Ferdinand Carré (1824–1900) in Betrieb, die mit dem von Faraday gefundenen Ammoniak-Kühlverfahren arbeitete. Für den Lebensmitteltransport entstanden Kühlanlagen, mit denen in Eisenbahnwagons und in Überseeschiffen Lebensmittel auch aus und in entlegene Gebiete transportiert werden konnten.

Einer den ersten Wissenschaftler, die sich experimentell mit der Kälte aus-
einandersetzten, war im 17. Jahrhundert der Engländer Robert Boyle (1627–1691).
Er erklärte sowohl die Kondensation von Wasserdampf der Luft auf kalten Gegen-
ständen als auch die Ausdehnung von Wasser beim Übergang zum Eis.

Boyle vertrat, wie auch schon Galileo Galilei und später Sir Francis Bacon
(1561–1626), die Meinung, dass Zusammenhänge in der Natur durch Experimente geklärt werden müssen. Eine Position, die zu dieser Zeit auf hartnäckigen
Widerstand traf. Ungeachtet dessen, bestimmte die Haltung Galileis, Bacons und
Boyles zum Experiment das weitere Herangehen der Großen der Tieftemperaturphysik, wie James Dewar (1842–1923), Kamerlingh Onnes (1853–1926) und Pjotr
Kapitza (1894–1974).

Auch waren Boyle und Bacon der Meinung, dass Kälte ein Mangel an Bewegung
sein müsse. Eine Meinung, die erst durch Albert Einstein mit der Erklärung der
Brown'schen Bewegung exakt bewiesen wurde[1].

1.2   Die Idee vom absoluten Nullpunkt der Temperatur

Die Idee vom absoluten Nullpunkt ist so alt wie die Leibniz-Sozietät der Wissenschaften zu Berlin e. V., die im Jahr 1700 auf Anregung von Gottfried Wilhelm Leibniz (1646–1716) vom brandenburgischen Kurfürsten Friedrich III.
(1657–1713) gegründet wurde. In den 90er Jahren des 17. Jahrhunderts untersuchte Guillaume Amontons[2] den Einfluss der Temperatur auf die Ausdehnung
von Luft, indem er mit einer Anordnung, die einem heutigen Gasthermometer
entspricht, die Abnahme des Luftdrucks bei der Verringerung der Temperatur
im Bereich unter 100 °C bestimmte und heraus fand, dass der Druck linear mit
der Temperatur abnimmt. Mit der Erfahrung, dass der Druck nicht negativ werden kann, vermutete er, dass es eine Temperatur geben muss, unter die Luft oder
jede andere Substanz nicht abgekühlt werden kann. Diese Temperatur berechnete
er zu −240 °C. Hundert Jahre später formulierte Gay-Lussac (1778–1850) diese
Abhängigkeit als Gesetz, nachdem er nachgewiesen hatte, dass der Druck eines
Gases am Schmelzpunkt von Wasser um 1/273 pro Grad Celsius abnimmt [4].
1848 wurde durch William Thomson, dem späteren Lord Kelvin (1824–1907), mit
der Boyle-Mariotte'schen Zustandsgleichung idealer Gase, $pV = N\,k_B T$, die Temperatur von −273,15 °C als absoluter Nullpunkt festgelegt (s. Abb. 1.2).

Für Amontons war der absolute Nullpunkt ein Zustand vollkommener Ruhe,
in der alle Bewegung aufgehört hat. Das entspricht der klassischen Physik, für
die am absoluten Nullpunkt keine thermische Bewegung vorhanden ist. Bei der

---

[1]Die unregelmäßige Bewegung der Moleküle in Gasen und Flüssigketen wurde 1827 von Robert
Brown entdeckt. Die Intensität dieser Bewegung ist temperaturabhängig. Die Erklärung der
Brown'schen Bewegung lieferte Einstein 1905.

[2]Guillaume Amontons (1663–1705), französischer Physiker und Stadthalter von Lille.

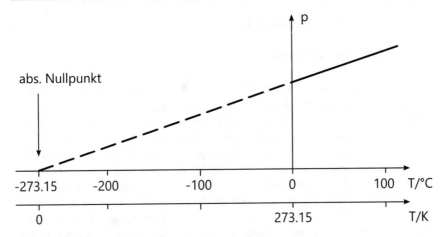

Abb. 1.2 Abhängigkeit des Luftdrucks p von der Temperatur T (in °C bzw. K) im Temperatur-bereich 100–0 °C, bzw. über der Kelvin-Skala (373,15–273,15 K)

Erniedrigung der Temperatur T auf 0 K geht auch die thermische Energie nach $E = k_B T$ gegen null[3].

Am Ende des 18. Jahrhunderts formulierte Antoine Laurent Lavoisier (1743–1794) den Gedanken von tiefen Temperaturen mit dem Satz: „Würde die Erde in sehr kalten Zonen, etwa die des Jupiters oder Saturns, gebracht werden, dann würde sich das Wasser unserer Flüsse und Meere in feste Gebirge verwandeln. Die Luft (oder wenigstens einige ihrer Bestandteile) würden aufhören, ein unsichtbares Gas zu sein und flüssig werden" [2]. Diese Vision motivierte die Physiker durch Ver-flüssigung weiterer Gase, immer tiefere Temperaturen zu erreichen.

Nachdem es Faraday gelungen war, Chlorgas bei $T_s = -34{,}6\,°C$ zu ver-flüssigen, fand er heraus, dass die meisten Gase durch Kompression und anschließende Entspannung flüssig werden. Das gelingt jedoch nur solange die Ausgangstemperatur des komprimierten Gases bei der Entspannung unter einer kritischen Temperatur liegt. Für Gase, die sich bei Zimmertemperatur abkühlen lassen, liegt diese kritische Temperatur T_K über der Zimmertemperatur.

---

[3]Auf dem Weg zum absoluten Nullpunkt wird die Temperatur heute anschaulich auch durch die Geschwindigkeit der Teilchen ausgedrückt [5].

Für die mittlere Geschwindigkeit von Teilchen gilt $\bar{v} = \sqrt{\frac{8 k_B T}{\pi m}}\,\bar{v}$, d. h. $v \sim T^{1/2}$. Die Charakteri-sierung der Temperatur durch die Teilchengeschwindigkeit erfolgt bei sehr tiefen Temperaturen, die mit Atomen, die der Bose-Einstein-Kondensation unterliegen, erreicht werden (s. Teil IV). Ein verdampfendes Alkaliatom hat dann bei Zimmertemperatur $T = 293$ K größenordnungsmä-ßig eine Geschwindigkeit von 300 m/s. Die Atome des Rubidiums haben bei Zimmertemperatur eine Geschwindigkeit von $v = 15{,}47\,T^{1/2} = 264$ m/s, bei 4 K – 10 m/s, bei 1 mK –50 cm/s, bei 1 µK –1 cm/s und bei 1 nK –5 µm/s. ($k_B = 1{,}38 \times 10^{-23}$ J/K, Boltzmann-Konstante; m Molekül-masse).

1.3   Die Gasverflüssigung

1.3.1   Cailletet und Pictet

So war die Vision von Lavoisier, die Atmosphäre zu verflüssigen, gegen Ende des 19. Jahrhunderts zu einer ernsthaften Herausforderung geworden.

Der Franzose Louis Paul Cailletet (1832–1913) kühlte auf 300 bar komprimierten Sauerstoff vor der Entspannung mit flüssigem Schwefeldioxid auf $-75,4\,°C$ ab und konnte durch eine plötzliche Druckverminderung die Bildung von kleinen Tröpfchen aus Sauerstoff beobachten. Dieses Ergebnis wurde am 7. Dezember 1877 als Entdeckung von Cailletet vom Sekretär der Pariser Akademie registriert [6]. Das Gleiche gelang ihm noch im Dezember 1877 kurz vor Weihnachten mit Stickstoff, der stark komprimiert und mit flüssigem Äthylen bis auf $-105\,°C$ abkühlt wurde. Cailletet beobachtete bei der Druckminderung Tröpfchen und ein lebhaftes Wallen der halb flüssigen, halb gasförmigen Masse.

Die Vorkühlung der komprimierten Gase war notwendig, um die kritischen Temperaturen von Sauerstoff $-118\,°C$ und Stickstoff $-147\,°C$ zu unterschreiten, denn oberhalb dieser Temperatur kühlt sich das Gas bei Entspannung nicht ab, sondern erwärmt sich. Mit diesen Experimenten konnte Cailletet zeigen, dass die Vision Lavoisiers von der Verflüssigung der Atmosphäre realisierbar ist.

Zur gleichen Zeit beobachtete Raoul-Pierre Pictet (1846–1929) in Genf den Beginn der Kondensation von Luft mit einer völlig anderen Methode, der sogenannten Kaskaden-Methode, bei der Gase, mit abnehmender Siedetemperatur, nacheinander verflüssigt werden. Pictets Telegramm über diesen Erfolg erreichte die Pariser Akademie am 22. Dezember 1877 [7]. Die Ergebnisse beider Wissenschaftler wurden am 24. Dezember 1877, am Weihnachtsabend in der Akademiesitzung bekanntgegeben.

1.3.2   Olszewski und Wroblewski

Sechs Jahre später, 1883, gelang es den polnischen Physikern Karol Stanislaw Olszewski und Zygmunt Florenty von Wroblewski in Krakau durch Dampfdruckerniedrigung, Äthylen auf $-152\,°C$ abzukühlen (Abb. 1.3).

Da diese Temperatur unter der kritischen Temperatur der Luft von $-140\,°C$ liegt, konnten sie erstmals flüssige Luft als klare wasserähnliche Flüssigkeit gewinnen [8]. Danach verflüssigten sie auf diese Weise auch die Gase Sauerstoff und Stickstoff getrennt. Dabei beträgt die mittlere Geschwindigkeit der Stickstoffmoleküle bei 77,3 K mit 242 m/s nur noch die Hälfte ihrer Geschwindigkeit bei Zimmertemperatur.

Es waren zwar nur geringe Mengen dieser tiefsiedenden Flüssigkeiten, aber genug, um die Forschungen mit flüssigen Stickstoff bis $T_s = 77,3\,K$ ($-195,8\,°C$) und flüssigen Sauerstoff bis auf $T_s = 90,1\,K$ ($-183\,°C$), einen bis dahin unzugänglichen Temperaturbereich, auszudehnen.

Abb. 1.3 Die beiden polnischen Physiker, **a** Zygmunt Florenty von Wroblewski (1845–1888) und **b** Karol Stanislaw Olszewski (1846–1915), die als Erste Luft als Flüssigkeit gewonnen haben; **c** zeigt schematisch das Verfahren ihrer Luftverflüssigung durch Vorkühlung der Luft mit abgepumptem Äthylen auf −152 °C. Wenn der Sauertsoff im 300 bar Druckbälter entspannt wird, verflüssigt er sich im siedenden Äthylen

Cailletet und Pictet hatten gezeigt, dass sich die Atmosphäre verflüssigen lässt, Olszewski und Wroblewski haben diese Verflüssigung realisiert.

1.3.3 Dewar, Linde und Hampson

Seit den 90er Jahren des 19. Jahrhunderts versuchte Sir James Dewar (1842–1923) (Abb. 1.4) in der Royal Institution in London, Wasserstoff zu verflüssigen [9]. Dewar (1842–1923) war ein schottischer Physikochemiker. Er studierte an der Universität Edinburgh bei Lyon Playfairs und in Gent bei August Kekulé. Dewar untersuchte unter anderem die physikalischen Konstanten des Wasserstoffs sowie die physiologische Wirkung des Lichts. Seit den 1870er Jahren beschäftigte er sich mit der Tieftemperaturphysik. Konkurrenten bei der Wasserstoffverflüssigung waren die beiden Polen Olszewski und Wroblewski sowie der Holländer Heike Kamerlingh Onnes (1853–1926). Ausgangsmaterialien waren flüssige Luft, ihre Komponenten, flüssiger Sauerstoff und flüssiger Stickstoff sowie eine ganze Reihe anderer tiefsiedender Flüssigkeiten. Dabei gelang in Dewar eine geniale Entdeckung: Um eine schnelle Verdampfung der bei tiefen Temperaturen siedenden Flüssigkeiten gegen die Erwärmung durch die Umgebungstemperatur zu schützen, entwickelte er eine Reihe von Thermosphoren (von altgr.: θερμός *thermós* = warm, heiß und φορός *phorós* = tragend). Zu Beginn war es ein Behälter mit flüssigem Äthylen, der durch Verdampfen weiter abgekühlt wurde. Als Nächstes entwickelte er einen entsprechenden Behälter mit einem Trockenmittel, bis ihm 1893 die Lösung mit einem doppelwandigen, später auch noch innen verspiegelten, evakuierten Glasgefäß gelang (s. Abb. 1.4). Diese, bald Dewar-Gefäße genannten Behälter, werden in der Form, wie sie Dewar entwickelt hat, auch heute noch benutzt.

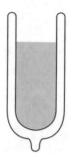

doppelwandiges Glasgefäß,
innen verspiegelt

Abb. 1.4 Sir James Dewar (1842–1923) und sein doppelwandiges, evakuiertes und verspiegeltes Glasgefäß für Sauerstoff und alle anderen tiefsiedenden Flüssigkeiten

Im Jahre 1898 gelang ihm schließlich der Durchbruch, die Verflüssigung von Wasserstoff. Damit hatte Dewar den Wettlauf gewonnen. Für die Verflüssigung nutzte er das Linde-Hampson-Verfahren, das in Abb. 1.5 dargestellt ist. Mit dem flüssigen Wasserstoff kam er dem absoluten Nullpunkt bis auf 20,3 K nahe. Durch Dampfdruckerniedrigung erreichte er mit festem Wasserstoff die Temperatur von −259,3 °C, nur 14 K über dem absoluten Nullpunkt (was einer mittleren Geschwindigkeit der Wasserstoffmoleküle von 145 m/s entspricht).

In Deutschland erhielt der Glasbläser Reinhold Burger von Carl von Linde (1816–1892) den Auftrag, einen Behälter zur Aufbewahrung von tiefsiedenden Flüssigkeiten zu entwickeln. Burger nutzte seine Erfahrungen mit Thermosphoren und gründete eine Fabrik zur Herstellung von Thermosflaschen in Berlin-Pankow. Am 1. Oktober 1903 meldete er das Patent DE170057 für ein „Gefäß mit doppelten, einen luftleeren Hohlraum einschließenden Wandungen" an, das am 25. April 1906 veröffentlicht wurde.

Der Enkelsohn von Reinhold Burger, der noch in den 1970er Jahren Dewar-Gefäße in Pankow herstellte, erzählte oft den Studenten, wenn er sich an der Humboldt-Universität flüssige Luft holte, dass die im Patent speziell angegebene Kugelform der Thermosflasche keine glückliche Lösung war und oft Probleme bereitete. Trotzdem waren diese Gefäße noch lange Zeit in vielen Forschungseinrichtungen in Berlin in Gebrauch.

Im Ort Glashütte bei Baruth in der Mark Brandenburg bei Berlin, in dem der Erfinder Reinhold Burger geboren wurde, sind neben einer Glasbläserei Laboreinrichtungen der Firma Burger in einem sehenswerten Museum ausgestellt. Das Museum gibt auch einen Eindruck davon, wie naturwissenschaftliche Laboratorien in den 50er und 60er Jahren des 20. Jahrhunderts ausgesehen haben.

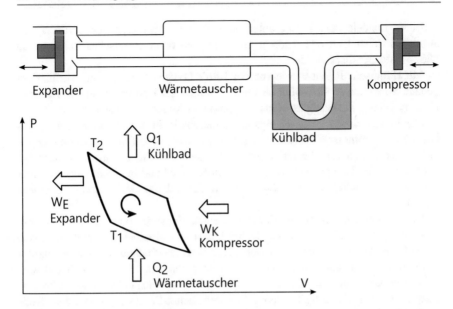

Abb. 1.5 Das Linde-Hampson-Verfahren. Die obere Skizze zeigt das Prinzip der Gaskühlung. Darunter ist der entsprechende linksläufige Carnot-Prozess der kontinuierlichen Gaskühlung dargestellt. Dieser Kreisprozess ist bei den meisten Verfahren der Erzeugung tiefer Temperaturen gleich. An der unteren Isotherme bei T_1 wird die Umgebung gekühlt und Wärme vom Arbeitsgas aufgenommen. An der oberen Isotherme bei T_2 wird diese Wärme an das Kühlbad abgegeben

Dewar war ein großartiger Experimentator und demonstrierte mit Geschick seine Experimente publikumswirksam im Hörsaal der Royal Institution in London. So experimentierte er auch mit einem seiner neu entwickelten Gefäße, in dem sich völlig ruhige siedende Luft befand. Er brach den Abpumpstutzen, durch den das Gefäß evakuiert worden war, ab, wodurch die Vakuumisolation verloren ging, und zeigte dem erstaunten Publikum, wie die Flüssigkeit schlagartig, brodelnd auskochte. Dewar sah in der Wasserstoffverflüssigung den letzten Schritt auf dem Weg zum absoluten Nullpunkt. Zwar war zu dieser Zeit das tiefersiedende Helium schon bekannt, aber nur aus dem Spektrum der Sonne.

Da die Luftverflüssigung und die Gewinnung von Sauerstoff von großem technischem Interesse waren, insbesondere für die Stahlherstellung, wurde intensiv an der Entwicklung von entsprechenden Verflüssigungsverfahren gearbeitet. Im Sommer 1895 meldeten fast gleichzeitig William Hampson[4] am 23. Mai in England und Carl von Linde am 5. Juni in Deutschland sehr ähnliche Patente an. Hampsons Patent wurde unter dem Titel „Improvements relating to the progressive refrigerating of gases" angemeldet und als „British patent 10,165" patentiert.

---

[4]William Hampson wurde am 14.03.1854 in Bebington geboren. Er starb am 01.01.1926 in London. Hampson studierte an der Universität Manchester und dem Trinity Collage der Oxford University Jura. Seine naturwissenschaftlichen Kenntnisse hat er sich selbst verschafft.

Linde meldete sein Patent unter dem Namen „Verfahren zur Verflüssigung atmosphärischer Luft oder anderer Gase" an, das unter „Deutsches Reichspatent 88824" veröffentlicht wurde[5].

Mit Hampsons Patent wurde von der Brin's Oxygen Company ein Verflüssiger gebaut. So konnte er Sir William Ramsay mit flüssiger Luft versorgen. Wodurch es Ramsay gelang, die Edelgase Neon, Krypton und Xenon zu entdecken.

Das Prinzip dieses Linde-Hampson-Verfahrens ist in Abb. 1.5a dargestellt. Das Gas wird bei Zimmertemperatur mit einem Kompressor auf hohen Druck komprimiert. Der Kompressor leistet Arbeit, wobei sich das Gas erwärmt. Im nächsten Schritt wird die Kompressionswärme an ein Kühlbad und in einem Gegenströmer bzw. Wärmetauscher isotherm abgegeben, wobei sich das Gasvolumen weiter verringert.

Danach gelangte es in die Kühlstufe, einen Expander oder ein Joule-Thomson-Ventil, wo es sich entspannt. Dabei leistet es die Arbeit W_E und kühlt sich adiabatisch ab. Danach dehnt es sich unter Wärmeaufnahme im Wärmetauscher isotherm aus. Das entspannte Gas wird wieder komprimiert und durchläuft aufs Neue den Kreislauf, wie in Abb. 1.5 unten mit dem linksläufigen Carnot-Prozess dargestellt ist. Linksläufig bedeutet, dass der Carnot-Prozess, wie mit dem Kreis in der Mitte des Diagramms angezeigt, gegen den Uhrzeigersinn durchlaufen wird.

Auf der rechten Seite des Carnot-Prozesses (Abb. 1.5b) wird das Arbeitsgas mit der Arbeit W_K adiabatisch komprimiert, wobei es sich auf die Temperatur T_2 erwärmt. Diese Wärme Q_1 wird entlang der Isotherme T_2 an ein Kühlbad abgegeben. Durch den Expander bzw. ein Joule-Thomson-Ventil wird es adiabatisch entspannt, wobei es die Arbeit W_E leistet und sich auf T_1 abkühlt. Im nächsten Schritt nimmt es isotherm Wärme auf und kühlt neu einströmendes Gas im Wärmetauscher ab.

---

[5]Carl Paul Gottfried von Linde (11.06.1842–16.11.1934) studierte von 1861 bis 1864 am Polytechnikum in Zürich bei den Physikern Rudolf Julius Emanuel Clausius, Gustav Anton Zeuner und dem Technikwissenschaftler Franz Reuleaux. Wegen seiner Teilnahme an Studentenunruhen konnte er das Studium nicht abschließen. Er arbeitete erst in der Borsig Lokomotivfabrik in Berlin. Danach in einer Lokomotivfabrik in München. 1868 wurde er mit einem Empfehlungsschreiben seines Maschinenbauprofessors Gustav Zeuner wegen des Fehlens eines Diploms als außerordentlicher Professor für Maschinenlehre an die Polytechnische Schule in München berufen. Diese Professur wurde später in eine ordentliche Professur umgewandelt.

Linde befasste sich schon als junger Wissenschaftler mit der Theorie von Kältemaschinen, und es gelang ihm 1871, den Wirkungsgrad einer Eis- und Kühlmaschine wesentlich zu verbessern. Seine erste Kältemaschine entwickelte er mit Methyläther als Kühlmittel. Später nutzte er Ammoniak. 1879 gründete Linde in Wiesbaden erfolgreich Lindes Eismaschinen AG. 1895 entwickelte Linde eine Luftverflüssigungsanlage, mit der Luft in größeren Mengen verflüssigt werden konnte. Sechs Jahre später gelang es ihm, reinen Sauerstoff aus der flüssigen Luft zu gewinnen, wodurch größere Mengen flüssigen Sauerstoffs hergestellt werden konnten.

Das ist das Grundprinzip fast aller Kühlverfahren, auch der magnetischen Kühlung, bei der die magnetischen Momente der Atome, die Spins, die Kühlung realisieren.

Der Joule-Thomson-Effekt führt jedoch nur zur Abkühlung, wenn die Gastemperatur T kleiner als die Inversionstemperatur T_{in} ist. Diese Temperatur ist 6-mal größer als die oben besprochene kritische Temperatur, d. h. $T_{in.} = 6 \times T_{krit.}$.

Der Wärmetauscher als Gegenströmer wurde schon 1857 von Werner von Siemens (1816–1892) zum Patent angemeldet, das jedoch von den Wissenschaftlern, die auf dem Weg zu immer tieferen Temperaturen waren, lange Zeit nicht beachtet wurde.

Mit diesem Verfahren entwickelte Carl von Linde eine Industrieanlage zur Herstellung von flüssiger Luft und von flüssigem Sauerstoff. Bei einem Kompressionsdruck von 200 bar erreichte er schon 1895 eine Verflüssigungsleistung von 3 L flüssiger Luft pro Stunde (Abb. 1.6).

Sechs Jahre später gelang es von Linde, reinen Sauerstoff aus der flüssigen Luft zu gewinnen, wodurch größere Mengen von flüssigem Sauerstoff hergestellt werden konnten, die für die Verbrennung von Kohlenstoff und Verunreinigungen im Roheisen, dem Frischen und Blasen in der Stahlindustrie, wichtig sind.

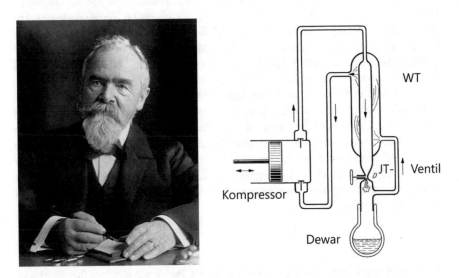

Abb. 1.6 Carl Paul Gottfried von Linde (1842–1934) und die Linde-Luftverflüssigungsanlage (nach: Meschede/Gerthsen, Physik 2006, Springer, S. 271). Diese Anlage besteht aus einem Kompressor für 200 bar, einem Gegenströmer als Wärmetauscher, dem für die Abkühlung entscheidenden Joule-Thomson-Ventil (JT) und einem Dewar-Gefäß

1.3.4   Heike Kamerlingh Onnes

Nach der erfolgreichen Wasserstoffverflüssigung wollte Dewar auch das letzte, noch verbliebene Gas, Helium, verflüssigen. Seine Konkurrenten waren wieder die Polen Olszewski und von Wroblewski und außerdem der Niederländer Kamerlingh Onnes[6].

Wie schon erwähnt, wurde Helium 1882 im Spektrum der Sonne entdeckt, aber erst 1895 auf der Erde vom britische Chemiker William Ramsay (1852–1916), auch in der Royal Institution, aus dem Uran-Mineral Cleveit, gewonnen.

Für die Verflüssigung von Helium entwickelte Kamerlingh Onnes einen Kaskadenverflüssiger. Wie die schematische Darstellung in Abb. 1.7 zeigt, wird nach einer Kaskade von flüssigem Methylchlorid, flüssigem Äthylen und flüssiger Luft, die das innere Verflüssigungs-Dewar vorkühlen, Heliumgas unter Druck mit der Pumpe P_1 in einer Wendel durch flüssige Luft und flüssigen Wasserstoff gedrückt und bis auf die Wasserstofftemperatur abgekühlt. Dann erfolgt in der nächsten Stufe die Abkühlung des Heliums bei Entspannung in einem Joule-Thomson-Ventil (JT). Dieses Ventil kühlt das nachströmende Heliumgas kontinuierlich weiter ab, bis die Verflüssigungstemperatur erreicht ist. Zur Versorgung der Vorkühlung mit flüssigem Wasserstoff wird der verdampfende Wasserstoff in einem separaten Kreislauf, der von der Pumpe P_2 angetrieben wird, kontinuierlich verflüssigt.

Schon für die Wasserstoffverflüssigung hatte Kamerlingh Onnes zwischen 1892 und 1894 die Kaskade der drei aufeinanderfolgenden Verflüssigungsstufen mit flüssigem Methylchlorid, Äthylen und Sauerstoff entwickelt, der er für die Heliumverflüssigung noch eine vierte Kaskade mit flüssigem Wasserstoff hinzugefügt hatte. Sein Luftverflüssiger erzeugte in einer Stunde 14 L flüssige Luft und blieb auch noch viele Jahre nach seinem Tod in Betrieb.

Am 10 Juli 1908 gelang es Kamerlingh Onnes in Leiden mit diesem Kaskadenverfahren, Helium zu verflüssigen. Er erreichte eine Siedetemperatur von −268,94 °C, 4,21 K über dem absoluten Nullpunkt [10]. Die sofort durchgeführte Dampfdruckerniedrigung erbrachte eine Temperatur von −272,3 °C (0,85 K), die einer Teilchengeschwindigkeit von 67 m/s entspricht und damit eine Temperatur um fast 2 K unter der 1933 von Regener mit 2,7 K vorausgesagten Temperatur der Hintergrundstrahlung des Universums [11]. Diese Hintergrundstrahlung ist ein Relikt des Urknalls.

---

[6]Heike Kamerlingh Onnes stand im engen Kontakt mit Dewar. Sie tauschten ihre Ergebnisse ständig miteinander aus. Kamerlingh Onnes wurde am 21.09.1853 in Groningen geboren und starb am 21.02.1926 in Leiden. Er studierte an der Reichsuniversität Groningen und an der Universität Heidelberg bei Gustav Robert Kirchhoff und Robert Wilhelm Bunsen. 1879 promovierte er mit dem Thema „Neue Beweise für die Drehung der Erde" zum Doktor phil. der Physik. Und am 11.11.1882 wurde er zum Professor der experimentellen Physik an die Universität Leiden berufen. 1903 bis 1904 war er Rektor seiner Universität. 1916 wurde er auswärtiges Mitglied der Royal Society.

Abb. 1.7 zeigt eine Prinzipskizze des Heliumverflüssigers von Heike Kamerlingh Onnes.

In Abb. 1.8 ist das Laboratorium von Kamerlingh Onnes mit der Verflüssigungsanlage zu sehen. Links stehen die Kompressoren und rechts unter den weißen Schutzhüllen die Verflüssigungsstufen, so wie die Anlage noch heute teilweise zu sehen ist.

Gerrit Jan Flim (Abb. 1.9) kam schon mit 15 Jahren in das Labor von Kamerlingh Onnes. Er war als Gerätebauer der technische Leiter des Labors und das Rückgrat der Verflüssigerentwicklung. Er war auch für die sorgfältige Dokumentation der Verflüssigungsanlagen verantwortlich.

Bei Restwiderstandsmessungen an Metallen entdeckte Kamerlingh Onnes 1911 in einer Weiterentwicklung seines Verflüssigers die Supraleitung. Am 8. April 1911 beobachtete er, dass der elektrische Widerstand von Quecksilber bei 4,183 K plötzlich verschwand. Die Messung mit dem Verschwinden des Widerstandes ist in Abb. 1.10 dargestellt. Bei 4,23 K wird der Widerstand sprunghaft kleiner und erreicht bei 4,183 K einen Wert von 10^{-5} Ω.

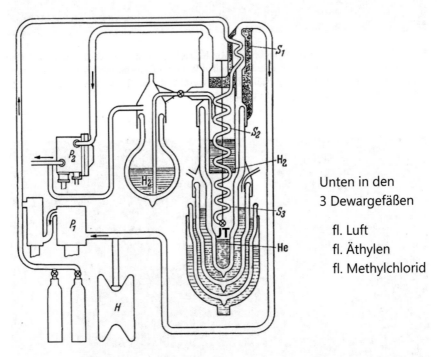

Unten in den
3 Dewargefäßen

fl. Luft
fl. Äthylen
fl. Methylchlorid

Abb. 1.7 Skizze des Kaskadenverflüssigers. Der flüssige Wasserstoff ($T_s = -252,85$ °C, 20,3 K) befindet sich als letzte Kaskade zur Vorkühlung des Heliums im innersten Dewar (bei H_2) über dem Joule-Thomson-Ventil JT, in dem das Heliumgas verflüssigt wird [12]. In den Dewargefäßen befinden sich von unten gesehen flüssiges Methylchlorid ($T_s = -24$ °C), flüssiges Äthylen ($T_s = -103$ °C), flüssige Luft $T_s = -193$ °C. (Mit freundlicher Genehmigung des Rijksmuseum Boerhaave)

Abb. 1.8 Die gesamte Verflüssigungsanlage von Kamerlingh Onnes. Im Vordergrund links sind zwei Kompressorstufen (P_1 und P_2) für Helium und Wasserstoff, rechts die Verflüssigerkaskaden und auf dem Schemel in der Mitte befindet sich das Auffanggefäß für das flüssige Helium [12]. (Mit freundlicher Genehmigung des Rijksmuseum Boerhaave)

Abb. 1.9 Heike Kamerlingh Onnes mit seinem Mitarbeiter Gerrit Flim vor dem Heliumverflüssiger. (Mit freundlicher Genehmigung des Rijksmuseums Boerhaave)

Abb. 1.10 Sprunghafte
Abnahme des elektrischen
Widerstandes eines
Quecksilberfadens von
$0{,}16\ \Omega$ bei 4,23 K auf $10^{-5}\ \Omega$
bei 4,185 K. Kopie des
Originals der Messkurve von
Kamerlingh Onnes [13]. (Mit
freundlicher Genehmigung
des Rijksmuseums
Boerhaave)

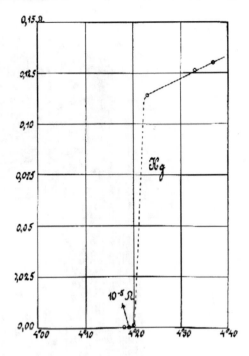

Da Quecksilber bei Zimmertemperatur, bei der die Apparatur aufgebaut werden musste, flüssig ist, wurde ein Quecksilberfaden in feinen Glasröhrchen, die in einem Kreis von Teilwindungen angeordnet wurden, hergestellt.

Dadurch konnte sowohl der gesamte Widerstand, aber auch der Widerstand von Teilstücken untersucht werden. Die Messapparatur und die Konstruktion des Widerstandsfadens zeigt Abb. 1.11.

Flüssiges Helium wird über einen Siphon durch Abpumpen des Heliumgases in den Messraum gepumpt. Mit dem Druck über dem flüssigen Helium wird die Temperatur zwischen 4,2 und 1 K geregelt [14].

Das flüssige Helium hielt gleich noch weitere Überraschungen bereit. Kamerlingh Onnes beobachtete, dass Helium auch bei der tiefsten Temperatur, die er erreichen konnte, nicht fest wurde. Es bleibt bis an den absoluten Nullpunkt, wenn alle Stoffe fest werden, flüssig. Dieses verblüffende Phänomen rief große Aufmerksamkeit hervor, und es wurde nicht nur in Leiden weiter analysiert, sondern auch in anderen Laboratorien.

So stellte sich Franz Simon (s. Kap. 3, Oxford und Cambridge) im Physikalisch-Chemischen Institut der Berliner Universität die Frage, unter welchen Bedingungen Helium fest wird. Und er konnte beobachten, dass Helium bei tiefen Temperaturen bei einem Druck von 25 bar in den festen Zustand übergeht.

Ein weiteres Experiment, das die große Kunst des Experimentierens und die Weitsichtigkeit von Kamerlingh Onnes zeigt, war am 17. Januar 1914 die Messung der Supraleitung in einem äußeren Magnetfeld. In diesem Experiment wurde

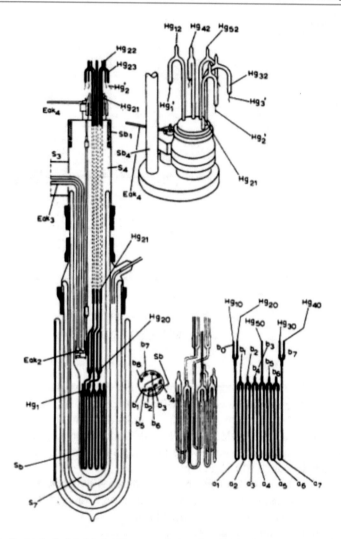

Abb. 1.11 Rechts befindet sich der Kryostat mit dem Quecksilberfaden in Glaskapillaren, die in Sektionen aufgeteilt sind, daneben die kreisförmige Anordnung der einzelnen Sektionen (b_1 bis b_7). Hg_{20} bis Hg_{50} sind die Messkontakte; oben links mit Hg und einer Nummer gekennzeichnet die Messausgänge. (Mit freundlicher Genehmigung des Rijksmuseum Boerhaave)

die Supraleitung von Blei mit der kritischen Temperatur von 4,25 K in einem Magnetfeld von nur 600 Gauß (0,06 T) zerstört. Das war für ihn eine große Enttäuschung, da er schon von supraleitenden Spulen mit Magnetfeldern von 10 T geträumt hatte.

Aber heute ist dieser Traum Realität. Im Helmholtz-Zentrum, Berlin wurde im Mai 2014 ein Hybridmagnet mit einem Feld von 26 T in Betrieb genommen. Dieser Magnet besteht aus einer normalleitenden Spule und einer supraleitenden

Spule, die in Reihe geschaltet sind und mit 20.000 A betrieben werden. Die supraleitende Spule aus einer Niob-Zinn-Legierung (Nb_3Sn) hat einen Innendurchmesser von 60 cm und erzeugt ein Magnetfeld von etwa 13 T. In der Öffnung des supraleitenden Magneten von 60 cm Durchmesser befindet sich die normalleitende Magnetspule, die mit 4 MW ein Feld von ca. 14 T erzeugt. Die Felder der Spulen ergeben zusammen 26 T. Im Inneren der aus Kupfer bestehenden, normalleitenden Bitter-Spule befindet sich ein Arbeitsraum mit einem Durchmesser von 50 mm, in dem das hohe Magnetfeld bei Zimmertemperatur genutzt werden kann.

Bevor es die Möglichkeit gab, mit supraleitenden Magnetspulen hohe magnetische Felder zu erzeugen, wurden hohe Felder allein mit Bitter-Spulen erzeugt. Francis Bitter (1902–1967), Professor am Massachusetts Institute of Technology (MIT), beschrieb 1939 diesen Elektromagneten. Er besteht aus einem Plattenstapel von runden Kupfer- und Isolierplatten, die abwechselnd mit entsprechender Überlappung aufeinandergepresst werden. In der Achse hat der Stapel eine Öffnung mit einem Durchmesser von einigen Zentimetern. Das ist der Raum, in dem das Magnetfeld genutzt wird. Über die ganze Fläche der Platten sind zur Kühlung vielen kleine Bohrungen eingebracht, durch die Wasser gedrückt wird. Mit 250 2 mm dicken, gegeneinander isolierten Kupferplatten wird mit einem Strom von 20 kA bei 500 V ein Magnetfeld von 16 T erzeugt.

1913 erhielt Kamerlingh Onnes den Nobelpreis für Physik *„for his investigations on the properties of matter at low temperatures which led, inter alia, to the production of liquid helium".*

Als Kamerlingh Onnes 1926 starb, hatte er getreu seinem Motto „Durch Messen zum Wissen" mit der Verflüssigung des Edelgases Helium den Bereich der tiefen Temperaturen experimentell erschlossen.

Mit der Entdeckung der Supraleitung veränderte Kamerlingh Onnes die Physik der tiefen Temperaturen grundsätzlich. Das Wissenschaftsgebiet, das bis dahin eine Erforschung der Gasverflüssigung auf dem Weg zum absoluten Nullpunkt war, wurde zu einem völlig neuen Gebiet der Physik, nämlich der Tieftemperaturphysik, die eine wichtige Tür zur Erforschung der Quantenwelt öffnete und mit völlig neuen Effekten Eingang in die Elektrotechnik und Elektronik bis in die Standardisierung physikalischer Messgrößen wie der elektrischen Spannung und dem elektrischen Widerstand fand. Verbunden damit drang die Erforschung der Struktur der Materie, unter dem Einfluss von Magnetfeldern, mit völlig neuer Qualität tief in die Quantenwelt vor.

Literatur

1. Shachtman, T.: Minusgrade – Auf der Suche nach dem absoluten Nullpunkt. Eine Chronik der Kälte, Rowohlt Taschenbuch Verlag, (2001)
2. Mendelssohn, Kurt.: Die Suche nach dem absoluten Nullpunkt; Kindlers Universitäts Bibliothek, 27 (1966)
3. Thilorier, A.: L'Institut, journal universel des sciences et des sociétés savantes en France et à l'étranger, 2 (58) 197–198 (1834)
4. Gay-Lussac, J. L.: (L'An X – 1802), Annales de chimie XLIII: 137

5. Leibfried, D. Pfau, T. Monroe, C.: Shadows and Mirrors: Reconstructing Quantum States of Atom Motion; Physics Today 51, 4, 22 (1998)
6. Cailletet, L.: Comt Rend 85 1213 (1877)
7. Pictet, R.P.: Telegramm an die Akademie der Wissenschaften in Paris vom 22.12.(1877) aus [2], S. 8
8. Olszewski, K. Wrobrewski, Z.: Ann. Physik u. Chem. 3 F20, 58–74
9. Dewar, J.: Proc. Roy. Soc. (London) 14 129 (1898a); J. Chem. Soc. 73 528 (1898b); Ann. Chim. Phys. 18 145 (1899)
10. Kamerlingh Onnes, H.: On the Lowest Temperature Yet Obtained, Comm. Phys. Lab. Univ. Leiden; No. 159, (1922)
11. Regener, E.: Der Energiestrom der Ultrastrahlung, Zeitschrift für Physik. 80, 9–10, 666–669 (1933)
12. van Delft, D.: Kamerlingh Onnes and the Road to Liquid Helium IEEE/CSC & ESAS EUROPEAN SUPERCONDUCTIVITY NEWS FORUM (ESNF), No. 1, (Museum Boerhaave-Leiden University 2011)
13. Kamerlingh Onnes, H.: Further experiments with liquid helium. C. On the change of electric resistance of pure metals at very low temperatures, etc. IV. The resistance of pure mercury at helium temperatures,; Comm. Phys. Lab. Univ. Leiden; No. 120b (1911)
14. van Delft, D. Kes, P.: The discovery of Superconductivity; Physics Today, 63, 9, 38 (2010)

Die Tieftemperaturphysik der Berliner Universität und der Physikalisch-Technischen Reichsanstalt bis zum Zweiten Weltkrieg

2

Bei seinen Untersuchungen chemischer Gleichgewichte entdeckte Nernst, dass die Schlüsseldaten für chemische Berechnungen schwer aus Messungen bestimmbar sind. Die Auswertung vieler Messungen chemischer und elektrischer Reaktionen in der flüssigen Phase bei tieferen Temperaturen zeigte eine gewisse Überein- stimmung von freier und innerer Energie. Das brachte Nernst auf die Idee, dass die Differenz beider Funktionen bei $T \rightarrow 0$ K verschwinden muss. Diese Idee und der ungeheure Aufwand von Walther Meißner, um mit tiefen Temperaturen den Geheimnissen der Supraleitung auf die Spur zu kommen, bestimmen den Inhalt dieses Kapitels.

Dazu kommt die Entdeckung der thermoelektrischen Effekte, die wie der Hall-Effekt auf dem Einfluss eines Magnetfeldes auf die Bewegung von Ladungs- trägern in Festkörpern beruht. Diese Wirkung des Magnetfeldes auf die Bewegung von Ladungsträgern sollte die Arbeiten bei tiefen Temperaturen an der Berliner Universität in der zweiten Hälfte des 20. Jahrhunderts prägen.

2.1 Walther Nernst und sein Wärmesatz

2.1.1 Thermomagnetische Erscheinungen

Die Tieftemperaturphysik an der Berliner Universität begann am Anfang des 20. Jahrhunderts, als der Ordinarius für Physikalische Chemie an der Berliner Friedrich-Wilhelms-Universität, Walther Nernst, nach einem Weg suchte, den von ihm bei der Untersuchung chemischer Gleichgewichte gefundenen Wärmesatz experimentell nachzuweisen.

Walther Hermann Nernst wurde am 25. Juni 1864 in Briesen (Westpreußen) geboren. 1883 begann er in Zürich Physik und Chemie zu studieren. 1884 wech- selte er nach Berlin zu Helmholtz. Danach besuchte er in Graz Vorlesungen bei Ludwig Boltzmann. Als Student bekam er von Boltzmann den Auftrag, zusammen

© Springer-Verlag GmbH Deutschland, ein Teil von Springer Nature 2019
R. Herrmann, *Die Tieftemperaturphysik an der Humboldt-Universität im 20. Jahrhundert*, https://doi.org/10.1007/978-3-662-59575-6_2

Abb. 2.1 Vlnr: (stehend) Walther Nernst, Heinrich Steintz, Svante Arrhenius, Richard Hiecke (sitzend), Eduard Aulinger, Albert von Ettingshausen, Ludwig Boltzmann, Ignaz Klemenčič, Victor Hausmanninger (1886/1887)

mit Albert von Ettingshausen den Hall-Effekt an Metallen zu analysieren. In den Experimenten wurden auch die thermischen Eigenschaften der Metalle mit einbezogen. Dabei fanden sie (1886) heraus, dass in einem Magnetfeld, senkrecht zu einem elektrischen Strom und zum Magnetfeld im Wismut, Antimon und in anderen Metallen (wie Nickel, Zinn, Kohle) ein Temperaturgradient entsteht. Bei der Untersuchung eines Wärmestromes senkrecht zum Magnetfeld, fanden sie ein Jahr später eine elektrische Spannung senkrecht zu beiden. Der erste Effekt wird Ettingshausen-Effekt, der zweite wird Nernst-Effekt genannt. Abb. 2.1 zeigt Ludwig Boltzmann mit seinen Mitarbeitern in dieser Zeit.

Die Dissertation von Nernst mit dem Titel „Ueber die electromotorischen Kräfte, welche durch den Magnetismus in einer vom Wärmestrom durchflossenen Metallplatte geweckt werden." [1], die er 1889 bei Friedrich Kohlrausch in Würzburg verteidigte, zeigte, dass er erkannt hatte, dass das Magnetfeld in Metallen eine Kraft erzeugt. 1888 veröffentlichten Nernst und von Ettingshausen die Ergebnisse dieser Arbeit unter dem Titel „Ueber das thermische und das galvanische Verhalten einiger Wismut-Zinn-Legierungen im magnetischen Felde". Sie zeigten außerdem, dass die thermomagnetischen Effekte im Wismut durch das Legieren mit bis zu 6 % Zinn signifikant beeinflusst werden [2]. In Abb. 2.2 ist die Querspannung des thermomagnetischen Effektes bei einem Temperaturgradienten dargestellt.

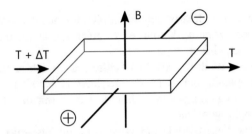

Abb. 2.2 Messanordnung des Nernst-Effektes. Ein Wärmestrom $T + \Delta T \to T$ längs einer Metallplatte erzeugt beim Anlegen eines Magnetfelds B senkrecht zur Platte, senkrecht zum Wärmestrom und zum Magnetfeld ein elektrisches Feld E. Die Träger des Wärmestromes müssen also elektrische Ladungen sein, die das Magnetfeld beeinflussen

Diese thermomagnetischen Effekte werden wie der Hall-Effekt, der einige Jahre vorher (1879) von dem Amerikaner Edwin Hall entdeckt wurde [3], von der gleichen Kraft verursacht. Beim Hall-Effekt tritt in einem stromdurchflossenen Leiter in einem Magnetfeld senkrecht zum Strom und zum Magnetfeld eine elektrische Spannung auf. Die Kraft, die dabei auf die Ladungsträger wirkt, ist die Lorentz-Kraft, die 1895 von dem niederländischen Mathematiker Hendrik Antoon Lorentz in Rahmen seiner Elektrodynamik als *Lorentz-Kraft* eingeführt wurde. Sie lenkt die Ladungsträger senkrecht zum Magnetfeld nach der Beziehung $F = q\ (v \times B)$ aus ihrer Bewegungsrichtung ab. Dabei sind q die Ladung, v die Geschwindigkeit der Ladungsträger, B das Magnetfeld und F die Kraft selbst (Geschwindigkeit, Magnetfeld und die Kraft sind Vektoren). Abb. 2.2 zeigt die durch den Wärmestrom in einem Metall im Magnetfeld hervorgerufene elektrische Spannung.

Der Temperaturunterschied hat zur Folge, dass die Ladungsträger an der wärmeren Seite eine höhere thermische Geschwindigkeit haben als die an der kälteren Seite. Die Ladungsträger bewegen sich entsprechend von der wärmeren zur kälteren Seite, und das Magnetfeld verändert mit der Lorentz-Kraft ihre Bewegungsrichtung, was zu einer Spannung senkrecht zum Wärmestrom und dem Magnetfeld führt.

Werden ganz allgemein Ladungsträger bei ihrer Bewegung quer zu einem Magnetfeld nicht behindert, dann durchlaufen sie unter Wirkung der Lorentz-Kraft gekrümmte Bahnen. Wird die Bewegung durch ein periodisch wechselndes elektrisches Feld hervorgerufen, kommt es zu zyklisch durchlaufenen Kreisbahnen. Mit dieser Erkenntnis bauten Ernest O. Lawrence und M. Stanley Livingston in Berkeley 1930 das erste Zyklotron [4]. In einer flachen, kreisförmigen Vakuumkammer mit einem Durchmesser von 4,5 cm beschleunigten sie mit einem elektrischen Wechselfeld zwischen zwei Elektroden Wasserstoffmolekülionen (H_2^+) und legten damit den Grundstein für alle heute existierenden Ringbeschleuniger, die teilweise Durchmesser bis zu mehreren Hundert Metern haben.

Auch Ladungsträgern in Metallen und Halbleitern gelingt es, bei tiefen Temperaturen im Magnetfeld, hervorgerufen durch ein elektrisches Wechselfeld, zyklische Bahnen oder mindestens Teile von gekrümmten Bahnen zu durchlaufen.

Wenn die Frequenz des elektrischen Wechselfeldes mit der Umlauffrequenz der Ladungsträger übereinstimmt, kommt es zu einer Resonanz, die als „Zyklotron-resonanz" bezeichnet wird.

Dieses Phänomen ist in der zweiten Hälfte des 20. Jahrhunderts der Schwer-punkt der Tieftemperaturphysik an der Berliner Universität. Auch das Metall Wismut und seine Legierungen mit Antimon waren seit den 1960er Jahren ein zentraler Forschungsgegenstand.

Heute erlebt der Nernst-Effekt am Wismut in gut ausgerüsteten Laboratorien bei sehr tiefen Temperaturen und extremen Magnetfeldern eine Renaissance. Bei unwahrscheinlich hohen Feldern von 70 T öffnet sich eine völlig neue, geheimnis-volle Quantenwelt (s. unten).

Zurück zu Nernst. Nach einem Vortrag von Nernst in Würzburg gewann Wil-helm Ostwald, der den Vortrag besucht hatte, Walther Nernst und dessen Freund Svante Arrhenius als Assistenten für sein Institut an der Universität Leipzig, wo Nernst auf dem Gebiet der Elektrochemie habilitierte.

Seit der Zeit in Würzburg waren Walther Nernst und Svante Arrhenius mit-einander befreundet. Arrhenius gehörte zu den Begründern eines damals erst in Ansätzen existierenden neuen Zweiges der Wissenschaft: der physikalischen Che-mie. Angeregt durch Arrhenius und später als Assistent von Ostwald in Leipzig hat sich der junge Nernst zuerst vor allem dieser Elektrochemie zugewandt. Er beschäftigte sich mit dem Zusammenhang zwischen der elektromotorischen Kraft eines galvanischen Elementes und der Konzentration der in dem Element ent-haltenen elektrolytischen Lösung. Dabei fand er eine Gesetzmäßigkeit, die heute als Nernst-Gleichung in allen Chemielehrbüchern zu finden ist. Sie beschreibt die Konzentrationsabhängigkeit des Elektrodenpotenzials E eines Redox-Paares $(Ox + z\ e^- \rightarrow Red)$, wie es an einem Metall in einer Ionenlösung vorliegt. In seiner Habilitationsschrift im Jahr 1889 leitet Nernst diese Gleichung

$$E = E^0 + \frac{RT}{z_e F} \ln \frac{c_{ox}}{c_{red}} \qquad (2.1)$$

über die osmotische Theorie her und führt den klassischen Begriff „Lösungs-tension" ein. Wobei E^0 das Standardpotenzial, R die Gaskonstante, F die Fara-day-Konstante, z_e die Zahl der übergehenden Elektronen, c_{Ox} die Konzentration der Ionen in Lösung und c_{Red} die Konzentration der Ionenquelle sind [5].

Der damit verbundene Vorschlag von Nernst, auf das Auffinden des absoluten Normalpotenzials bei der elektromotorischen Kraft zu verzichten und stattdessen alle Potenzialwerte auf die mit Wasserstoff umspülte Platinelektrode (H_2/H^+) in 1-normaler Säure E^0 zu beziehen, war von vielen Kollegen akzeptiert worden. Für diese Pionierarbeit wurde er 1891 als Ordinarius für physikalische Chemie nach Göttingen berufen[1].

---

[1]Zwei Halbzellen eines unedlen Metalls, wie Zink ($Zn \rightarrow Zn^{2+} + 2e^-$), und eines edlen Metalls, wie Kupfer ($Cu \rightarrow Cu^{2+} + 2e^-$), bilden in einer Ionenlösung eine Spannungsquelle. Für Zink und Kupfer sind diese Standardpotenziale $V_{Zn} = -0,76$ V und $V_{Cu} = +0,34$ V. Gegeneinander geschaltet bilden sie eine Batterie mit 1,10 V.

Abb. 2.3 Links: Walther Nernst und rechts: das ehemalige Physikalisch-Chemische Institut am Reichstagsufer heute

In Göttingen begann Nernst, sich mit thermodynamischen Untersuchungen zu beschäftigen. Arbeiten über die elektrolytische Leitung fester Körper bei sehr hohen Temperaturen führten zur Entdeckung eines Glühkörpers, der im Wesentlichen aus Zirconiumoxid bestand und bei 95 V mit 0,5 A betrieben wurde. Es gelang ihm, diese Lampe mit Gewinn an Walter Rathenau, dem Direktor der AEG (Allgemeine Elektrizitätsgesellschaft), zu verkaufen. Die AEG brachte die Lampe als Nernst-Stift auf den Markt. 1900 löste sie die Kohlefadenlampe ab, bis sie dann 1910 durch eine verbesserte Metallfadenlampe vollständig ersetzt wurde. Damit erlangte der Nernst-Stift eine große, aber nur kurz während Berühmtheit. Noch heute wird der Stift als universelle Strahlungsquelle für den Infrarotbereich eingesetzt.

Als 1904 Hans Heinrich Landolt (1831–1910), Direktor des II. Chemischen Institutes der Berliner Universität, emeritiert wird, folgt Walther Nernst dem Ruf an die Friedrich-Wilhelms-Universität. Ein eigenes Gebäude der Physikalischen Chemie, neben dem Physikgebäude am Reichstagsufer, weist auf die Bedeutung hin, die der Physikalischen Chemie in diesen Jahren zukam. Auf seinen Wunsch wird das II. Chemische Institut der Universität in Physikalisch-Chemisches Institut umbenannt. Er wird der erste Ordinarius. Noch bevor Nernst die Professur antritt, wird ihm von Kaiser Wilhelm II. der Titel „geheimer Regierungsrat" verliehen [6]. Damit begann die eigentliche Geschichte dieses in der Bunsenstraße direkt an der Spree gelegenen Institutes, das als eigenständiges Institut zu dem Gebäudekomplex, in dem sich auch das von Hermann von Helmholtz am Reichstagsufer 1873 bis 1879 gebaute Physikalische Institut der Universität befand. Es existiert heute noch, zumindest als Gebäude (s. Abb. 2.3b).

Eine ganze Generation von hervorragenden Physikochemikern ging in der Bunsenstraße durch Nernsts Schule, Arnold Eucken, Max Bodenstein, Hans von

Wartenberg, John Eggert, Walter Noddack, Wilhelm Jost, Karl Friedrich Bonhoeffer und Franz Simon gehörten zu ihnen.

1905 hat Nernst, nach seinen eigenen Worten, während einer Vorlesung im Physikalisch-Chemischen Institut in der Bunsenstraße seinen Wärmesatz entdeckt, der später der III. Hauptsatz der Thermodynamik wurde. Diese Entdeckung veröffentlichte er 1906. Es war sein bedeutendster Beitrag für die Wissenschaft, der ihm 1920 den Nobelpreis einbrachte.

Vor Aufstellung dieses Satzes konnte der große Fortschritt der Wärmelehre, den die Arbeiten von Helmholtz, Gibbs, Berthelot und vielen anderen ermöglicht hatten, für die chemische Praxis nicht recht fruchtbar werden, weil es nicht möglich war, mithilfe von Reaktionswärmen chemische Gleichgewichtskonstanten zu bestimmen. Dies war aber das große Ziel der chemischen Thermodynamik, mit dem die Chemie, insbesondere die technische Chemie, zur rechnenden Wissenschaft wurde und nicht mehr auf reine Empirie angewiesen war.

Nernst fand den fehlenden Baustein in der Thermodynamik. Er löste das Problem, aufgrund einer einfachen Annahme. Er studierte die verfügbaren Messungen von Reaktionswärmen bei tiefen Temperaturen und postulierte, dass bei Annäherung an den absoluten Nullpunkt die Reaktionswärme einer chemischen Reaktion gleich der Änderung der Helmholtz'schen Freien Energie wird und sich beide Größen mit der Temperatur nicht mehr ändern.

2.1.2   Der III. Hauptsatz der Thermodynamik

Um das Postulat zu beweisen, analysierte Nernst zu Beginn des 20. Jahrhunderts die Lage von chemischen Gleichgewichten. Der wirtschaftliche Hintergrund waren die sich in dieser Zeit intensiv entwickelnden chemischen Produktionsverfahren, die Berechnungen von chemischen Gleichgewichten erforderten. Dafür musste aber die Affinität, die Triebkraft jeder chemischen Reaktion, bestimmt werden. Denn bei chemischen Reaktionen stellen sich Gleichgewichte, wie in der Mechanik dann ein, wenn ein Potenzialminimum erreicht wird. So ist jede freiwillig, isotherm-isochor (T = const., V = const.) ablaufende chemische Reaktion mit einer Verringerung des thermodynamischen Potenzials verbunden. Mit anderen Worten, Stoffe können nur mit einander reagieren, wenn dabei eine Verringerung des thermodynamischen Potenzials eintritt. Dieses thermodynamische Potenzial ist für isotherme-isochore Reaktionen die Helmholtz'sche Freie Energie F

$$F = U - TS. \tag{2.2}$$

Das ist der Anteil der inneren Energie U der Stoffe, der in mechanische oder elektrische Energie umgewandelt werden kann. Je größer die Abnahme des thermodynamischen Potenzials ist, desto stärker ist die Triebkraft einer chemischen Reaktion. Diese Triebkraft ist die chemische Affinität A der Stoffe zueinander. Sie wird durch

$$\Delta F = -A \tag{2.3}$$

definiert, wobei ΔF die Differenz der freien Energie bezüglich der Ausgangs- und Endstoffe einer Reaktion ist. Die Affinität muss aus der Gibbs-Helmholtz'schen Differenzialgleichung,

$$A = U + T\left(\frac{dA}{dT}\right), \tag{2.4}$$

die aus den ersten beiden Hauptsätzen der Thermodynamik folgt, ermittelt werden.

Nernsts Analysen von Gleichgewichten ergaben, dass

$$\lim_{T \to 0}\left(\frac{\partial A}{\partial T}\right) = 0 \tag{2.5}$$

sein muss.

Dieses Ergebnis, dass für $T = 0$ K $A = U$ sein müsste, hatte er vorher schon mehrfach geprüft, sodass er schließlich alle Zweifel ausschließen konnte [7]. In einem Brief an Walter Oswalt kam er 1940 nochmals darauf zurück [8]. Nernst war schon 1905 davon überzeugt, dass er mit der Abhängigkeit (2.5) ein grundlegendes Naturgesetz gefunden hatte.

Diese Abhängigkeit besagt, am absoluten Nullpunkt ist die Steigung der Affinität null. Womit aus der Gibbs-Helmholtz'schen Differenzialgleichung für $T \to 0$ K folgt, dass die Änderung der Affinität A gleich der Änderung der inneren Energie U ist. Affinität und innere Energie fallen also bei $T = 0$ zusammen.

Mit dieser Annahme kann die Affinität aus thermodynamischen Messungen ermittelt werden. Denn die Differenz der inneren Energie ergibt sich aus der Messung der spezifischen Wärmekapazität $C_V = dU/dT$, und

$$\Delta U = C_V \Delta T. \tag{2.6}$$

Damit war für Nernst klar, das Wärmetheorem kann durch die Messung der spezifischen Wärmekapazität experimentell überprüft werden. Hierfür brauchte er tiefe Temperaturen.

1910 erhielt der Wärmesatz durch Max Planck mit der Entropie

$$\Delta S(T) = -\frac{\partial A}{\partial T} \tag{2.7}$$

eine erweiterte Fassung. Da die Entropie nicht negativ sein kann, ergibt sich, dass die Steigung der Affinität mit Zunahme der Temperatur negativ sein muss. Nicht nur die Differenz der spezifischen Wärmekapazität verschwindet für $T \to 0$ K, sondern die Wärmekapazität selbst [9]. Dabei strebt die Entropie eines thermodynamischen Gleichgewichts für $T \to 0$ K einem festen Wert zu, der vom Volumen, Druck, dem Aggregatzustand und anderen Größen unabhängig ist. Planck setzte diesen Wert gleich null [10],

$$\lim_{T \to 0\,K} S(T) = 0. \tag{2.8}$$

Mithilfe seines Wärmesatzes und der Erweiterung durch Planck kam Nernst 1912 zu dem Ergebnis, dass nicht nur die Entropie für T → 0 K gegen null strebt, sondern dass der absolute Nullpunkt nicht erreicht werden kann. Mit diesem Ergebnis stellte er den Wärmesatz als III. Hauptsatz an die Seite der beiden anderen Hauptsätze in der Thermodynamik[2].

Je näher die Temperatur dem absoluten Nullpunkt kommt, desto stärker strebte die Entropie gegen null. Was für Strukturbildungen von Atomen eine immer bessere Anordnung fast bis zur perfekten Ordnung bedeutet.

Nernst wurde aber bald klar, dass sein Wärmesatz nicht im Einklang mit der klassischen Thermodynamik stand. Denn ein Gas, das in einem konstanten Volumen unter Vermeidung der Kondensation abgekühlt wird, entsprach nicht mehr den Gesetzen für ideale Gase. Dieser Zustand des Gases wurde deshalb von ihm „Gasentartung" genannt. Aus seiner Sicht musste das von ihm gefundene fundamentale Naturgesetz experimentell bewiesen werden und zwar, mit Messungen der Wärmekapazität bei tiefen Temperaturen.

Der Vorschlag, den Nernst zur Klärung der Gasentartung machte, nämlich ein Gas aus Wasserstoffatomen in einem festen Volumen stark abzukühlen und dann die Eigenschaften dieses veränderten Gases zu untersuchen, wurde erst in den letzten Jahrzehnten des 20. Jahrhunderts von Daniel Kleppner am Massachusetts Institute of Technology in Angriff genommen. Die Realisierung der Gasentartung gelang dann 1995 jedoch nicht mit Wasserstoffatomen, sondern am JILA (Joint Institute for Laboratory Astrophysics) in Boulder mit Rubidiumatomen [11] und am Massachusetts Institute of Technology mit Natriumatomen [12]. Hierauf wird am Ende des Buches im Kap. 12 eingegangen.

Mit der Entdeckung des engen Zusammenhanges zwischen der Freien Energie und der Affinität und der damit verbundenen Möglichkeit, chemische Berechnungen genauer durchzuführen, wurde durch Nernst nicht nur die theoretische Thermodynamik auf eine neue Stufe gehoben, sondern auch die chemische Industrie in die Lage versetzt, die Realisierung ihrer Reaktionen vorher eingehend zu berechnen. Dieser Teil des Nernst'schen Lebenswerkes hat die Erzeugung chemischer Produkte in entscheidender Weise beeinflusst.

---

[2]I. Hauptsatz: Energieerhaltung. Energie ist eine Zustandsgröße.
 a) Interne Änderungen nicht möglich.
 b) Externe Änderungen möglich.
 II. Hauptsatz: Entropie ist eine Zustandsgröße.
 a) Interne Zunahme möglich – interne Abnahme nicht möglich.
 b) Externe Änderung ist Wärmeänderung geteilt durch die Temperatur.
 Durch diese Hauptsätze wird weder eine absolute Energie noch eine absolute Entropie festgelegt.
 III. Hauptsatz: Für T → 0 K geht die Entropie S → 0.

2.1.3   Nernst als Wissenschaftspolitiker

Max Planck hatte im Dezember 1900 zur Erklärung des Strahlungsgesetzes, die Energie des Lichts in Energieportionen von $E = n\,h\nu$ (mit $n = 1, 2, 3, \ldots$; mit h dem Planck'schen Wirkungsquantum und ν als Frequenz) zerlegt. Diese Quantelung der Strahlungsenergie wurde 1905 von Einstein zuerst auf die Ausbreitung elektromagnetischer Strahlung angewandt. Dazu zerlegte er das Licht in Photonen, in Lichtquanten, die wie schon Newton vermutet hatte, Teilchencharakter haben. Mit der Zerlegung des Lichts in Photonen konnte Einstein brillant den photoelektrischen Effekt erklären, durch den bei der Bestrahlung von Metallen mit kurzwelligem oder ultraviolettem Licht Elektronen aus der Oberfläche herausgeschlagen werden, wenn die Photonenenergie die Austrittsarbeit des Metalls übersteigt.

Die Anwendung der Quantelung auf die Schwingungen von Kristallgittern folgte 1907 mit der Arbeit „Die Plancksche Strahlungstheorie und die spezifische Wärme" [13]. Die Gitterschwingungen wurden von Einstein wie das Licht in Teilchen, die er Phononen nannte, mit der Energie $h\nu$ gequantelt. Wobei „ν" die Frequenzen der Gitterschwingungen sind. Mit dieser Phononenhypothese konnte Einstein die experimentell gefundene Abnahme der spezifischen Wärme qualitativ erklären. Er schloss daraus, dass die spezifische Wärme bei $T \rightarrow 0\,K$ verschwinden müsste. Nernst war so von dieser Arbeit begeistert, dass gemeinsam mit Planck die Idee entstand, diesen jungen Theoretiker nach Berlin zu holen [14].

Eine bewundernswürdige wissenschaftlich-organisatorische Leitung vollbrachte Nernst, als ihm als Ordinarius der Berliner Universität die Schaffung eines Nationalen Chemischen Labors, „als Gegenstück zur Physikalisch-Technischen Reichsanstalt, die Helmholtz und Siemens ins Leben gerufen hatten", gelang, um die Naturwissenschaften in Berlin weiter auszubauen. Mit finanzieller Unterstützung aus der Industrie und durch den Kaiser wurde am 11. Januar 1911 die „Kaiser-Wilhelm-Gesellschaft zur Förderung der Wissenschaften" gegründet. Es entstanden die Kaiser-Wilhelm-Institute für Chemie, Physikalische Chemie und medizinische Forschung in Dahlem [15, S. 104]. Formal wurde auch ein Institut für Physik gegründet.

Im selben Jahr organisierte Nernst die erste Solvay-Konferenz in Brüssel. Da er von der Tragweite der Quantentheorie überzeugt war, versuchte er, Max Planck schon früh für eine Konferenz über dieses neue Gebiet der Physik zu gewinnen. Trotz der Zweifel von Planck, der meinte, dass die Zeit noch nicht reif sei, schlug Nernst das Thema „Einführung der Quanten in die theoretische Physik" vor. Im Ergebnis wurden unterschiedliche Ansätze der Klassischen Physik und die im Entstehen begriffene Quantenphysik die Schwerpunkte der Konferenz.

Der belgische Großindustrielle Ernest Solvay war der Gastgeber. Die Konferenz fand, von Solvay gesponsert, unter der Leitung von Hendrik Antoon Lorentz, dem Entdecker der Lorentz-Kraft, vom 30. Oktober bis zum 3. November 1911 im Hotel Metropol in Brüssel unter dem Thema „Die Theorie der Strahlung und der Quanten" statt. Für die konkrete Organisation setze Nernst seinen Schüler, den Engländer Frederick Alexander Lindemann, den späteren 1. Viscount Cherwell ein. Lindemann, der intensiv an den Messungen der spezifischen Wärmekapazität für Nernst beteiligt gewesen war, ging nach seiner Promotion 1919 an die Sorbonne, wo er sich weiter mit der Wärmekapazität befasste. 1919 erfolgte dann seine Berufung an die Oxford University als Direktor des Clarendon-Laboratory. Seit 1920 war er mit dem englischen Premierminister Winston Churchill befreundet und auch dessen Berater.

Walther Nernst, Heike Kamerlingh Onnes und Frederick Lindemann waren die Tieftemperaturphysiker unter ihnen, die der Quantenhypothese experimentell zum Durchbruch verhalfen (Abb. 2.4).

Der große Erfolg der Konferenz für die Quantenphysik und für die Tieftemperaturphysik veranlasste die Teilnehmer als Fortsetzung eine sich periodisch wiederholende Solvay-Konferenzen vorzuschlagen und dafür ein Internationales Institut für Physik und Chemie zu gründen. Dass die Tradition der ersten Solvay-Konferenz erfolgreich fortgesetzt wurde, zeigt die 2008 durchgeführte 24. Solvay-Konferenz, an der neben einer ganzen Reihe von Theoretikern die Tieftemperaturphysiker Klaus von Klitzing, Philip W. Anderson und Wolfgang Ketterle teilnahmen [16].

Abb. 2.4 Teilnehmer der erste Solvay-Konferenz 1911 in Brüssel. Foto von Benjamin Couprie. Die Konferenz war eine einmalige Begegnung der wirklich großen Persönlichkeiten der Physik und der Chemie dieser Zeit, die die neue Physik gestalteten. Auf dem Foto sind stehend (vlnr): Robert Goldschmidt, Max Planck, Heinrich Rubens, Arnold Sommerfeld, Frederick Lindemann, Maurice de Broglie, Martin Knudsen, Friedrich Hasenöhrl, Georges Hostelet, Édouard Herzen, James Jeans, Ernest Rutherford, Heike Kamerlingh Onnes, Albert Einstein, Paul Langevin und sitzend (vlnr): Walther Nernst, Marcel Brillouin, Ernest Solvay, Hendrik Antoon Lorentz, Emil Warburg, Jean-Baptiste Perrin, Wilhelm Wien, Marie Curie, Henri Poincaré zu sehen

Das wissenschafts-organisatorische Talent von Nernst, das er schon 1911 bei der Gründung des Kaiser-Wilhelm-Instituts und der Solvay-Konferenz bewiesen hatte, zeigte sich auch wieder bei der Gewinnung von Albert Einstein für die Berliner Physik. 1913 fuhren Nernst und Planck nach Zürich, um Einstein zu überreden, einen Ruf auf den ehemaligen Lehrstuhl von Van't Hoff anzunehmen.

Einstein wurde Mitglied der Königlich-Preußischen Akademie der Wissenschaften und zum Direktor des Kaiser-Wilhelm-Instituts für Physik ernannt. Das Institut selbst wurde aber dann erst 1917 gegründet, was jedoch Einsteins Schaffen in Berlin nicht behinderte.

Einstein leistete in seiner Berliner Zeit auch weitere wichtige Beiträge zur Thermodynamik. Insbesondere konnte er 1924 mit der Ausarbeitung der Quantenstatistik von Gasen, der Bose-Einstein-Statistik, die Deutung der Gasentartung geben, welche Nernst aus seinem Wärmesatz gefolgert hatte [12].

Neben den intensiven wissenschaftlichen Kontakten trafen sich die Berliner Physiker auch privat und beim Besuch ausländischer Gäste. So zeigt Abb. 2.5 ein Treffen anlässlich des Besuches des Nobelpreisträgers Andrews Millikan in der Wohnung von Max von Laue.

Abb. 2.5 Das Foto zeigt die Väter der modernen Physik, die mit der Quantentheorie die Mikrowelt erklärt und erschlossen haben. (Vlnr): W. Nernst, A. Einstein, M. Planck, R. A. Millikan und von Laue bei einem Abendessen bei von Laue am 12. November 1931 in Berlin

2.1.4   Die spezifische Wärmekapazität

Wie die Organisation der Solvay-Konferenz durch Nernst gezeigt hatte, war ihm die Tragweite der Quantentheorie klar und er erkannte, dass seine Messungen der spezifischen Wärme außer der Prüfung des III. Hauptsatzes auch eine Aussage über die Quantenhypothese beinhalten könnten. Bei der experimentellen Überprüfung des Wärmesatzes mit der Messung der Temperaturabhängigkeit der spezifischen Wärmekapazität ging Nernst, entsprechend seinem Charakter, sehr zielstrebig vor. Einstein hatte mit der noch im Entstehen begriffenen Quantenphysik eine Erklärung für die Temperaturabhängigkeit der spezifischen Wärmekapazität fester Körper mit seiner Hypothese der Quantelung der Gitterschwingungen geliefert. Um das experimentell zu bestätigen, musste Nernst die entsprechenden Voraussetzungen realisieren.

Die Hypothese der Quantelung der Schwingungen von Kristallgittern ergab folgendes Bild. Die spezifische Wärmekapazität ist die Wärmemenge, die benötigt wird, um die Temperatur eines Kilogramms eines Stoffes um 1 K zu erhöhen. Wenn dabei das Volumen konstant bleibt, gilt

$$C_V = mc_V = \frac{\Delta U}{\Delta T} \text{bzw.} = \frac{dU}{dT} \tag{2.9}$$

(c_v ist dabei die auf die Masse bezogene spezifische Wärmekapazität, C_V bezieht sich auf ein Mol des Stoffes und U ist die innere Energie).

Schon 1819 wurde die spezifische Wärmekapazität von den französischen Chemikern Pierre-Louis Dulong und Alexis-Therese Petit von einer ganzen Reihe von Stoffen, insbesondere von Metallen, bei Zimmertemperatur gemessen. Sie stellten eine Regel auf, die besagte, dass die spezifische Wärmekapazität von festen Körpern

$$C_V(T) = 3R = 3 \times 8,81 = 24,93 \frac{J}{mol\ K} \tag{2.10}$$

beträgt.

Als es jedoch 1883 möglich war, Sauerstoff und Stickstoff zu verflüssigen, zeigte sich, dass die spezifische Wärmekapazität bei tieferen Temperaturen für feste Körper von dieser Regel abweicht. Schon Dewar, Olszewski und Kamerlingh Onnes hatten mit flüssigem Wasserstoff die spezifische Wärme untersucht. Dabei hatte Dewar festgestellt, dass bei dieser tiefen Temperatur die spezifische Wärme von Kupfer nur noch 3 % des Wertes bei Zimmertemperatur beträgt [17].

Die Abnahme der spezifischen Wärme fand ihre prinzipielle Erklärung mit dem III. Hauptsatz, der besagt, dass die spezifische Wärme bei Annäherung an den absoluten Nullpunkt gegen null strebt. Die quantitative Erklärung lieferte Einstein mit der Anwendung der Quantenhypothese auf das Kristallgitter.

2.1.5 Tiefe Temperaturen

Die experimentellen Voraussetzungen für die Messung der spezifischen Wärmekapazität zur Bestätigung des III. Hauptsatzes waren tiefe Temperaturen. Und so kam es, dass in der Zeit, in der nach Methoden zur Erzeugung immer tieferer Temperatur gesucht wurde, Nernst an der Berliner Universität die tiefen Temperaturen aus einem ganz andern Grund anstrebte, nämlich um „seinem Wärmesatz" als universelles Naturgesetz zu beweisen.

Nernst fuhr nach Leiden zu Kamerlingh Onnes. Die Entwicklung einer Anlage, wie sie Kamerlingh Onnes mit 5 Kaskaden mit C_3Cl, C_2H_4, Luft, H_2 und als letzte Kaskade mit einer He-Stufe aufgebaut hatte, hätte für Nernst mehrere Jahre Entwicklungsarbeit bedeutet. Die finanziellen Mittel und entsprechende Personen wie im Leidener Tieftemperaturlaboratorium, um Wasserstoff und Helium zu verflüssigen, konnte er an der Berliner Universität nicht aufbringen. Nernsts Ziel war es auch nicht, sich an der Suche des absoluten Nullpunktes zu beteiligen. Er wollte experimentell beweisen, dass für $T \rightarrow 0$ K die spezifische Wärmekapazität gegen null geht.

Auf der Grundlage seiner Erfahrungen mit Kalorimetern konstruierte und baute er im Winter 1909/1910 mit seinen Studenten und seinem Mechaniker Alfred Höhnow ein „Tieftemperaturkalorimeter", ein Kalorimeter direkt im Wasserstoffverflüssiger, in dem die tiefen Temperaturen mit der Verflüssigung von Wasserstoff erreicht wurden. So konnten im Kalorimeter mit siedendem Wasserstoff bei Normaldruck Temperaturen von 21,3 K ($-252,9\,°C$) und durch Abpumpen des Dampfes über der Flüssigkeit 14 K ($-259\,°C$) erreicht werden. Der Mechaniker Höhnow war der Spezialist, der den Verflüssiger virtuos bedienen konnte. Es gab Berichte, dass der Verflüssiger nur im Nernst'schen Institut effektiv arbeitete.

Nernst, immer auch sehr geschäftstüchtig, ließ von Höhnow weitere Exemplare des Verflüssigers herstellen, die er dann verkaufte. Mendelssohn berichtet in seinem Buch „Walter Nernst und seine Zeit" [13], dass er später einen Wasserstoffverflüssiger im Clarendon Laboratorium in Oxford entdeckte, den Lindemann (siehe unten) wahrscheinlich von Nernst gekauft haben musste, der aber vermutlich nie funktioniert hat. Erstaunt war er darüber, dass das Gerät in Oxford die Nummer 43 trug, und er fragte sich, wer wohl die anderen Geräte gekauft haben mochte.

2.1.6 Wärmekapazitätsmessungen

Das Nernst'sche Tieftemperaturkalorimeter war eine einfache, aber geniale Lösung. Um Wasserstoff abzukühlen, musste das zu verflüssigende Gas erst auf 220 K (d. h. auf $-53\,°C$), abgekühlt werden, um dann durch Entspannung zu tieferen Temperaturen zu gelangen.

Das Gerät bestand aus einem äußeren, mit flüssiger Luft gefüllten Glas-Dewar-Gefäß, in dem sich ein weiteres, abgeschlossenes Kupfer-Dewar-Gefäß für den verflüssigten Wasserstoff befand, und aus Wärmetauschern. Die Wärmetauscher waren als Gegenströmer ausgelegt. Der erste Wärmetauscher befand sich im

äußeren Dewar-Gefäß über der flüssigen Luft. Er bestand aus drei zusammen-
gelegten Rohren. Durch das mittlere Rohr strömte Wasserstoffgas unter einem
Druck von 100 bis 120 bar aus einer Druckgasflasche in das Gerät. Ein Rohr
endete schon in der kalten Luft über der Flüssigkeit, wodurch das einströmende
H_2-Gas mit der kalten Luft gekühlt wurde. Im dritten Rohr strömte entspannter
Wasserstoff aus dem Gerät heraus, wobei das einströmende H_2-Gas weiter
abgekühlt wurde. Der zweite Wärmetauscher befand sich in der flüssigen Luft. Er
bestand nur noch aus zwei Rohren, die als Spirale um das zweite Dewar-Gefäß
gewickelt waren. In diesem Wärmetauscher erreicht der einströmende Wasserstoff
die Temperatur der flüssigen Luft von 79,6 K (−193,55 °C). Der dritte Wärmetauscher befand sich als Spirale im oberen Teil des inneren Dewar-Gefäßes.
Beide waren als Koaxialrohre gestaltet und nach unten offen. Durch das innere
Rohr strömte der auf −193,55 °C und damit unter der notwendigen Inversionstemperatur von −53 °C vorgekühlte Wasserstoff unter hohem Druck in das
innere Dewar-Gefäß, wo er sich entspannte und weiter abkühlte. Das kalte Wasserstoffgas strömte nach oben, dem Hochdruckgas entgegen, kühlte es weiter
ab, bis durch ständige Wasserstoffgaszirkulation bei der Entspannung flüssiger
Wasserstoff mit einer Temperatur von 20,25 K kondensierte und sich im inneren
Dewar-Gefäß sammelte. In der Achse des Gerätes befand sich an einem Neusilberrohr das Kalorimeter direkt im flüssigen Wasserstoff.

Abb. 2.6 zeigt eine Skizze des Wasserstoffverflüssigers. Wasserstoff strömt
unter Druck (70–150 atm.) in den oberen Wärmetauscher (mit 26 Windungen
und drei Röhren für den Druckwasserstoff, die flüssige Luft und den zurückströmenden Wasserstoffgas) und wird in flüssiger Luft aus dem Thermosgefäß
links vorgekühlt. Im inneren Dewar-Gefäß wird es im zweiten Wärmetauscher
durch das zurückströmende Wasserstoffkaltgas weiter abgekühlt. Am Ende des
Wärmetauschers (ebenfalls mit 26 Windungen) wird das Wasserstoffgas auf
Normaldruck entspannt.

In der Nummer 17 der Zeitschrift für Elektrochemie von 1911 wird die Verflüssigung in der Anlage, die in den Abb. 2.6 und 2.7 dargestellt ist, beschrieben:
Der Vorgang ist folgender: Durch das Druckrohr Dr (Abb. 2.7 links, Abb. 2.6, H_2)
tritt der komprimierte Wasserstoff in den Apparat ein, gelangt dann zur Abkühlung
in das Bad von flüssiger Luft, welches er in einer größeren Anzahl von Windungen
in engen Kupferspiralen (Abb. 2.6, Cu) passiert, um darauf oben bei C (C Abb. 2.6
und 2.7 rechts) in das Messinggefäß einzutreten, das sich in dem unteren Teil des
Apparates befindet. Hier durchläuft es in 26 Windungen Dr (Abb. 2.6) die Stre-
cke, in der sich das Wärmegefälle von der Temperatur der flüssigen Luft abwärts
herstellt. Nachdem der Wasserstoff durch ein Ventil bei V (V Abb. 2.6) auf nahe
Atmosphärendruck ausgedehnt ist, kehrt er, um seine hierbei entstandene Kälte
möglichst vollständig abzugeben, wiederum in 26 Windungen aus dem Kupferge-
fäß heraus und tritt schließlich oben durch die Röhre „H_2" (Abb. 2.6) bzw. „Gas"
(Abb. 2.7 links) ins Freie.

Um auch die Kälte der verdunsteten Luft auszunutzen, muss dieselbe ebenfalls durch die Windungen d laufen, bis sie durch die Röhre „Luft" (Abb. 2.7
links) ins Freie tritt. Axial durch den Apparat ist ein Neusilberrohr angebracht,

Abb. 2.6 Skizze des von Nernst entwickelten Wasserstoffverflüssigers. Die Rohrbündel der Wärmetauscher sind nur im Schnitt in Dreier – und Zweiergruppen dargestellt. (Mit freundlicher Genehmigung von D. Hoffmann [18])

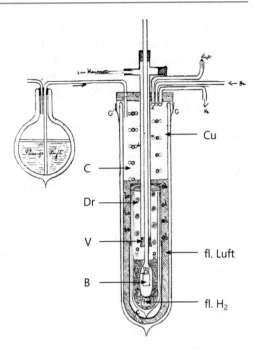

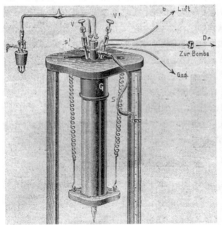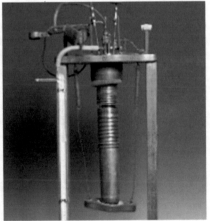

Abb. 2.7 Links: Skizze des Wasserstoffverflüssigungsapparates von Nernst, mit einem Manometer auf der rechten Seite und rechts daneben, das eigentliche Verflüssigungsgefäß von 1910. Es besteht (von unten nach oben) aus dem inneren Dewar-Gefäß, dem oberen Wärmetauscher (in der flüssigen Luft) und der Kappe für das äußere Dewar-Gefäß (das hier fehlt). Oben sind die beiden Stäbe V und V1 zu sehen sowie der Ausgang für das Wasserstoffgas. Das ist wahrscheinlich der von Lindemann gekaufte Apparat. (Mit freundlicher Genehmigung von D. Hoffmann [18])

in welches man das Gefäß B (Abb. 2.6) zu Experimentierzwecken einführt. Die Vorrichtungen V und V¹ oben am Apparat (Abb. 2.7, links) dienen der Entfernung eventueller Verstopfungen durch ausgefrorene Luft.

Der Apparat liefert bei einer Strömungsgeschwindigkeit von 2–3 cbm etwa 300 bis 400 ccm flüssigen Wasserstoff pro Stunde; es entspricht dies einer Verflüssigung von 10 % des hindurchströmenden Wasserstoffes. Vor Benutzung bläst man den Apparat mit komprimiertem Wasserstoff aus, um alle Feuchtigkeit zu entfernen. Hierauf füllt man in das äußere Vakuumgefäß flüssige Luft und bringt es mit dem Apparat in Verbindung, durch einen Gummiring G (Abb. 2.7, links) wird derselbe oben abgedichtet. Durch ein im Deckel des Apparates angebrachtes Rohr fügt man nach Bedarf flüssige Luft hinzu, sodass das Messinggefäß immer bedeckt ist. Ist innen die Temperatur der flüssigen Luft erreicht, so arbeitet man mit höherem Druck, 150 Atmosphären, worauf in 10 min die Verflüssigung des Wasserstoffes beginnt. Will man den verflüssigten Wasserstoff umfüllen, so geschieht dies mithilfe eines bis auf den Boden des inneren Vakuumgefäßes reichenden heberförmigen Vakuumrohres, das vorher vorgekühlt wird.

Um den Druck im Innern des Messinggefäßes zu kennen, ist oben am Ende des Neusilberrohres ein Quecksilbermanometer angeschlossen, das in Abb. 2.7 rechts als heller Streifen zu sehen ist. Will man ständig über die Temperatur im eigentlichen Verflüssigungsraum orientiert sein, so führt man durch das Neusilberrohr ein Thermoelement ein, dessen Lötstelle sich auf dem Boden des inneren Vakuumgefäßes befindet [19].

Das Kalorimeter bestand aus einem Kupferbehälter, der sich im Bad flüssiger Luft oder flüssigen Wasserstoffs befand. Durch Verdampfen des Wasserstoffgases über der Flüssigkeit mit einer Gaede-Vakuumpumpe oder mit einer Kohle-Adsorptionspumpe wurde die Temperatur des Wasserstoffbades von 14 K bis 20,3 K überstrichen. Mit einer Konstantan-Heizung erreichte man die Temperaturen darüber bis 60 K, der Schmelztemperatur gefrorener Luft. Durch Abpumpen der kalten Luft über der Flüssigkeit wurde der Temperaturbereich von 60 bis 80 K überstrichen und die Temperaturen darüber wurden durch Heizen mit einer Konstantan-Heizung erreicht. So konnte mit dem Tieftemperaturkalorimeter im Temperaturbereich von 14 K bis Zimmertemperatur gemessen werden. Da es mit Platinthermometer Probleme bei der Temperaturmessung gab, wurden auch Thermoelemente mit Konstantan eingesetzt.

2.1.7 Restwiderstandsmessungen

Einsteins Quantentheorie des Lichts hatte noch nicht alle Physiker überzeugt, als er 1907 mit der Theorie der spezifischen Wärme das Quantenprinzip auf ein völlig neues Gebiet der Physik, die Thermodynamik, ausdehnte. Als Mitarbeiter im Berner Patentamt stand er zu dieser Zeit auch noch nicht im Mittelpunkt der Aufmerksamkeit der Physiker. Doch Nernst und seine Schüler, die intensiv die spezifische Wärme von festen Körpern untersuchten, waren Einsteins Arbeiten nicht entgangen. Nernst, Franz Simon und Fred Lindemann verglichen die

Messergebisse ständig mit den Formeln von Einstein und sie fanden, dass ihre Resultate qualitativ von der Einstein'schen Theorie beschrieben wurden. Sie waren auch schon so weit von der neuen Quantentheorie überzeugt, dass sie versuchten, diese Theorie mit ihren Ergebnissen zu überarbeiten.

Wie Abb. 2.8 zeigt, wurde die spezifische Wärmekapazität von Blei, Silber, Kupfer, Aluminium bei Verringerung der Temperatur untersucht. Mit Abnahme der Temperatur von Zimmertemperatur auf die Temperatur des flüssigen Wasserstoffs wurde die spezifische Wärmekapazität immer kleiner und bestätigte den Nernst'schen Wärmesatz. Oberhalb der Zimmertemperatur blieb das Dulong-Petit'sche Gesetz erhalten. Nach diesem Gesetz konvergiert die spezifische Wärmekapazität gegen den Wert 6 Kalorien pro Mol und Kelvin.

Mit seinen Messungen gelang Nernst auch ein erster, beeindruckender, experimenteller Beweis der Einstein'schen Quantenhypothese von der Quantelung der Gitterschwingungen. Als Debye in diese Theorie anstelle einer Frequenz ein Frequenzspektrum einführte, ergab sich völlige Übereinstimmung der Experimente mit dieser Theorie [21].

Mit dem flüssigen Wasserstoff gelangen Nernst eindrucksvolle Restwiderstandsmessungen, eine Methode, die auch heute noch genauso für die Bestimmung der Reinheit von Metallen eingesetzt wird. Mit Abnahme der Temperatur verringert sich auch die Zahl der Phononen, bis nur noch Streuung der Ladungsträger an Störstellen übrigbleibt, die den Restwiderstand ausmacht.

Danach begann Nernst, der zu dieser Zeit Dekan der Chemischen und der Physikalischen Fakultäten der Universität in Berlin war, mit seinem Doktoranden Franz Simon einen Heliumverflüssiger zu entwickeln. Durch den Ersten Weltkrieg (1914–1918) kamen die Tieftemperaturarbeiten in Deutschland zum Erliegen.

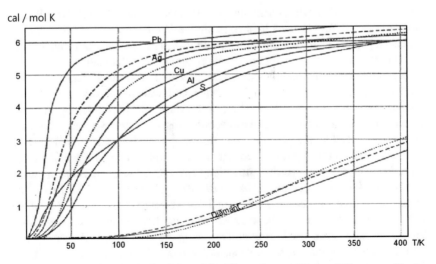

Abb. 2.8 Die von Nernst veröffentlichten Messkurven der spezifischen Wärme von Pb, Ag, Cu, Al, S und Diamant. Bei 6 cal ist die spezifische Wärme nach dem Dulong-Petit'sche Gesetz $C_V(T) = 6$ cal/mol K [20]

Erst 1925 gelang es Walther Meißner an der Physikalisch-Technischen Reichsanstalt (PTR), mit einer Anlage, die eine Weiterentwicklung seines Wasserstoffverflüssigers war, Helium zu verflüssigen. Es war die dritte Anlage nach der von Kamerlingh Onnes und der Anlage von Sir John Cunnigham Mc Lennon in Toronto in Kanada. Die Verzögerung entstand durch ein Verbot der Alliierten, nach dem in Deutschland Helium nicht eingesetzt werden durfte. Helium war das Trägermittel für Luftschiffe, die im Krieg militärisch genutzt wurden.

1922 wurde Nernst Präsident der Physikalisch-Technischen Reichsanstalt. Dort konnte er jedoch die Ziele, die er sich vorgenommen hatte, nicht durchsetzen. Als ihm 1924 das Ordinariat der Physik der Universität angetragen wurde, ging er als Direktor des Physikinstituts an das Reichstagsufer zurück. Er war schon 1913 bis 1914 als Dekan und 1921 bis 1922 als Rektor in leitender Position der Universität gewesen. Jetzt konnte er seine Forschungsarbeit im Physikinstitut mit der Ausbildung einer ganzen Reihe bekannter Absolventen fortsetzen. In den 1920er Jahren habilitierten unter Nernst Hans Geiger (1925), Walter Bothe (1926), Franz Simon (1926) und Herman Mark (1926), 1927 Hermann Schüler, Marianus Czerny und Hartmuth Kallmann, 1928 Fritz London, Franz Scaupy, Ferdinand Trendelenburg, 1930 Friedrich Möglich und Walther Meißner. In diesem Jahr kam auch Alexander Deubner als Hilfsassistent in das Institut von Nernst [22].

Nernst wurde 1933 emeritiert, zog sich auf sein Landgut Ober-Zibella in der Niederlausitz zurück, wo er am 15. November 1941 starb.

2.2   Walther Meißner an der Physikalisch-Technischen Reichsanstalt

Fast zur selben Zeit wie Nernst an der Berliner Universität flüssigen Wasserstoff mit seinem Verflüssigers herstellte, um das Wärmetheorem experimentell zu beweisen, begann Walther Meißner an der Physikalisch-Technischen Reichsanstalt (PTR) in Berlin-Charlottenburg mit der Einrichtung eines Kältelabors.

Die Physikalisch-Technische-Reichsanstalt wurde 1887 auf Initiative von Werner von Siemens, Hermann von Helmholtz und weiteren Persönlichkeiten des wissenschaftlichen Lebens als experimentelle Basis für die Förderung der exakten Naturforschung und der Präzisionstechnik in Berlin-Charlottenburg gegründet. Hermann von Helmholtz war bis 1894 der erste Präsident, Carl von Linde von 1897 bis 1922 Kuratoriumsmitglied der Reichsanstalt. Er regte die Forschungen bei tiefen Temperaturen und die Einrichtung eines Kältelabors an. So kam es, dass Walther Meißner, der sich seit 1908 an der PTR mit Thermometrie, Druck- und Zähigkeitsmessungen befasst hatte, von Emil Warburg, Präsident der PTR von 1905 bis 1922, den Auftrag bekam, einen Wasserstoffverflüssiger zu bauen. Meißner nutzte das Prinzip der Wasserstoffverflüssigung von Nernst. Er baute jedoch Nernsts Laborgerät nicht einfach nach. Unter seinen Händen entstand mit Unterstützung der Firma Linde eine industrielle Anlage, die 1913 in Betrieb genommen werden konnte [23].

2.2.1   Der Wasserstoffverflüssiger

Aufgrund seiner Kenntnisse auf dem Gebiet des Maschinenbaus und seines Studiums der Physik und der Mathematik, das mit einer Dissertation bei Max Planck an der Berliner Universität mit dem Thema „Zur Theorie des Strahlungsdruckes" seinen Abschluss fand, hatte er die besten Voraussetzungen für den Bau eines technischen Geräts wie diese Gasverflüssigungsanlage.

Das Grundprinzip des Verflüssigers von Nernst blieb mit den beiden ineinander gesetzten Dewar-Gefäßen und den drei Wärmetauschern erhalten (s. Abb. 2.9). Das Gesamtsystem befindet sich in einem für die Verflüssiger von Meißner charakteristischen Metallgehäuse (M_1), in dem Luft verdampft. Der erste Wärmetauscher ist für eine effektivere Vorkühlung mit einem Umlaufsystem ausgestaltet, in dem das Wasserstoffgas aus einer Druckbombe (F_1) erst einmal über verdampfender Luft im äußeren Dewar, in einem koaxialen Gegenströmer (unter der Haube des Metallgehäuses M1), vorgekühlt wurde. Das dabei zurückströmende Gas wurde mit einem Kompressor (K) nochmals in den Gegenströmer gedrückt. Das abgekühlte Wasserstoffgas strömt dann durch den Wärmetauscher (S), der sich in der flüssigen Luft befindet, um danach im inneren Dewar durch den verdampfenden Wasserstoff weiter abgekühlt zu werden. Bei der Entspannung im Joule-Thomson-Ventil (V) wird das Wasserstoffgas dann verflüssigt und mit einem

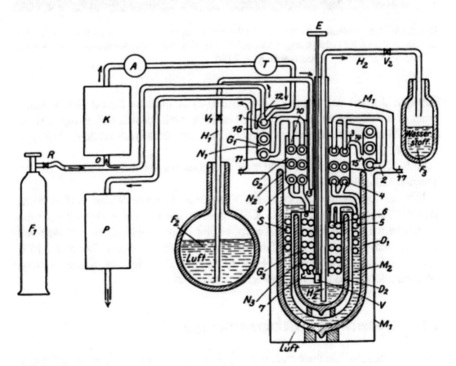

Abb. 2.9 Der von Meißner entwickelte Wasserstoffverflüssiger der PTR [24]. (Mit freundlicher Genehmigung der PTB)

Abb. 2.10 Der Wasserstoffverflüssiger: Links der Kompressor (**a**), in der Mitte (**b**) der Verflüssigungsapparat im Gehäuse M_1, rechts daneben (**c**) das Dewar mit der flüssigen Luft zur Vorkühlung. (Mit freundlicher Genehmigung der PTB)

Heber in das auf der rechten Seite oben (F3) befindliche Dewar-Gefäß gefüllt. Unter dem Kompressor (K), auf der linken Seite, befindet sich eine Pumpe (P), mit der der Wasserstoff abgepumpt werden kann, um Temperaturen unter 21,3 K zu erreichen.

Abb. 2.10 zeigt den von Meißner entwickelten Wasserstoffverflüssiger im 1927 erbauten Kältelaboratorium der PTR.

Mit der Dampfdruckerniedrigung über dem flüssigen Wasserstoff erreichte Meißner Temperaturen bis zu 14 K. Er begann mit der Untersuchung optischer Eigenschaften des flüssigen Wasserstoffes. Es folgten Untersuchungen der elektrischen und thermischen Leitfähigkeit von Kupfer zwischen 20 und 375 K. Nach dem Ersten Weltkrieg (1914–1918) befasste sich Meißner mit der weiteren Erhöhung der Produktion von flüssigem Wasserstoff.

2.2.2 Weltweit der 3. Heliumverflüssiger

Seit 1920 begann Meißner sich mit der Entwicklung eines Heliumverflüssigers zu beschäftigen. Da der PTR weder die Mittel noch die notwendigen Mitarbeiter für eine große Anlage, wie sie Kamerlingh Onnes gebaut hatte, zur Verfügung standen, wurde ein einfacherer, dreistufiger Verflüssiger konstruiert. In der ersten Stufe wurde Helium mit flüssiger Luft vorgekühlt, in der zweiten Stufe erfolgte die Vorkühlung mit flüssigem Wasserstoff. In der dritten Stufe wurde Helium mit dem zurückströmenden, kalten Gas weiter abgekühlt, bevor es durch Entspannung verflüssigt wurde.

In Abb. 2.11 befindet sich unter der Kappe des Metallgehäuses M_1 die erste Stufe mit einem Wärmetauscher G_1 und einem Bad flüssiger Luft S_1, die vom Dewar F_2 auf der linken Seite in den Behälter S_1 eingefüllt wird. Darunter befindet sich, über flüssigem Wasserstoff im Dewar D_1, der aus dem Dewar F_4 auf der rechten Seite in den Verflüssiger kommt, ein Gegenströmer G_2, in dem das unter Druck stehende Helium durch flüssigen Wasserstoff weiter gekühlt wird, um dann im Bad des flüssigen Wasserstoffs (S_2 in D_1) auf dessen Temperatur gekühlt zu werden. Das Helium strömt weiter in dem oberen Bereich des inneren, geschlossenen Helium-Dewar D_2 durch den Gegenströmer G_3, wo es weiter abgekühlt und am unteren Ende mit dem Joule-Thomson-Ventil (V) verflüssigt wird. Der Teil des Heliums, der dabei verdampf, fließt im Gegenströmer G_3 dem einströmenden Helium entgegen und kühlt es unter die Temperatur von flüssigem Wasserstoff ab.

In Abb. 2.11 ist F_1 die Heliumdruckflasche, G ist der Heliumgasbehälter für das zurückströmende, entspannte Gas. K ist der Kompressor, P_1 und P_2 sind Evakuierungspumpen. P_3 die Wasserstoffpumpe, F_2 und F_4 die Dewar-Gefäße für flüssige Luft und flüssigen Wasserstoff. M_1 ist wie beim Wasserstoffverflüssiger der äußere Metallkörper des Verflüssigers, G_1, G_2 und G_3 sind die Wärmetauscher, S_1 das Bad mit flüssiger Luft, S_2 das Bad mit flüssigem Wasserstoff, V das Joule-Thomson-Ventil, das von oben mit E gesteuert wird; D_1 ist ein Glas-Dewar für den flüssigen Wasserstoff, D_2 ein Glas-Dewar für das flüssige Helium.

Die beiden unteren Stufen für Wasserstoff und Helium sind ähnlich den beiden unteren Stufen im Wasserstoffverflüssiger für flüssige Luft und Wasserstoff aufgebaut. Nur die Vorkühlung mit flüssiger Luft oben in der Kappe (M_1) ist im Heliumverflüssiger völlig neu. Der Metallbehälter (M_1), in dem sich Wasserstoffgas befindet, ist mit der Kappe (M_1) nach außen dicht verschlossen,

Der Heliumverflüssiger (wie in Abb. 2.12 gezeigt) wurde 1925 als dritte Anlage auf der Welt in Betrieb genommen. Zwei Jahre nachdem in Toronto die zweite Anlage von Sir John Cunnigham Mc Lennan, die mit den Konstruktionsplänen von Kamerlingh Onnes nachgebaut worden war, Helium verflüssigt hatte [25].

K ist der Heliumkompressor für 40–200 bar, b die Metallkappe des Verflüssigers (M_1 in Abb. 2.11), d das Dewar mit flüssigem Stickstoff zur Vorkühlung, h ist das Gefäß für den flüssigen Wasserstoff, F (Mitte) Das Dewar mit flüssigem Wasserstoff zur Vorkühlung, f ist das nach unten heruntergenommene Gefäß für flüssiges Helium (in Abb. 2.11 D_2), g der über f zu schiebende Zylinder. I ist das Metallgehäuse M_1 in Abb. 2.11, das über das Glas-Dewar h (D_2 in Abb. 2.11) geschoben wird, F (links) sind die Heliumdruckflaschen, F im Vordergrund ist das der Dewar für den Wasserstoff, n sind Leitungen, über die der Heliumdampf bis auf 1 mbar Quecksilbersäule mit der Pumpe o abgepumpt wird.

Im *Handbuch der Physik,* Geiger, Scheel, schreibt Meißner 1923: „Mit einigen Litern flüssiger Luft und 8 Litern flüssigen Wasserstoff kann man etwa 3 Stunden

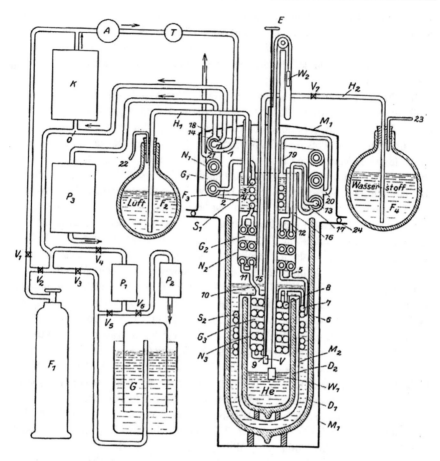

Abb. 2.11 Zeichnung des von Meißner entwickelten Heliumverflüssigers. (Mit freundlicher Genehmigung der PTB)

lang das etwa 400 cm³ fassende Gefäß D2 (in Abb. 2.11, f in Abb. 2.12) mit flüssigem Helium gefüllt haben, auch wenn man das Helium beim Beobachten unter stark erniedrigtem Druck sieden lässt." [26].

Bei der ersten Verflüssigung am 7. März 1925 wurden 200 cm³ flüssiges Helium in dem 400 cm³ großen Volumen (f in Abb. 2.12) im Verflüssiger gewonnen.

Die Forschungsarbeiten wurden mit Leitfähigkeitsmessungen von Gold, Zink, Kadmium, Platin Nickel, Eisen und Silber begonnen. Es wurden die Restwiderstände, d. h. das Verhältnis der bei T = 1,3 K sehr kleinen Widerstände mit den Werten bei Zimmertemperatur, verglichen. 1928 fand Meißner Supraleitung von Tantal mit einer Sprungtemperatur von 4.4 K. Weiter entdeckte er die Supraleitung der Metalle Thorium, Titan, Vanadium und Niobium. Letzteres ist das Metall mit der höchsten Sprungtemperatur von Tc = 9,2 K. Auch Verbindungen, wie Kupfersulfid, Niobkarbid und Vanadiumnitrit, erwiesen sich als Supraleiter [27].

Abb. 2.12 Der Heliumverflüssiger mit einer Leistung von 3 L in der Stunde. (Mit freundlicher Genehmigung der PTB)

Da Deutschland nach dem Ersten Weltkrieg keine Möglichkeit hatte, Helium-gas aus den USA oder aus Kanada zu beziehen – die Gasvorräte in Schlesien waren zu dieser Zeit noch nicht erschlossen und wurden erst nach dem Zweiten Weltkrieg ausgebeutet – war Meißner gezwungen, Helium aus der Luft zu gewin-nen, die nur 0,00052 Vol.-% Helium enthält.

Das gelang ihm durch Trennung eines Neon-Helium-Gemischs. Dieses Gemisch erhielt er von der Firma Linde, wo es in einer Sauerstoffgewinnungs-anlage abgeschieden wurde. Das Ne-He-Gemisch wird bei einem Druck von 30 bar in einen Behälter, der sich in festem Wasserstoff bei einer Temperatur von 11 K befindet, abgekühlt. Das Neon kondensiert und wird fest. Das sich über dem Neon befindliche Heliumgas wird mit einer Pumpe in ein Gasometer gepumpt. Danach wird die Pumpleitung mit einem Ventil geschlossen und das Neon nach Schmelzen und Verdampfen in eine evakuierte Flasche gesaugt. Das Helium muss nochmals den Reinigungsprozess durchlaufen. Dagegen ist Neon gleich nach der ersten Trennung nahezu rein. Mit diesem Verfahren konnte Meißner 700 L Heliumgas gewinnen. Das Neon wurde der Firma Linde zurückgegeben.

1932 untersuchte Meißner mit Ragnar Holm die Eigenschaften von Kontakten von Supraleitern, wie Zinn-Zinn-, Blei-Blei- und Zinn-Blei-Kontakte. Diese
Arbeiten wurden von Einstein angeregt, der schon 1926 die Frage aufwarf, ob eine
Berührungsstelle zwischen Supraleitern supraleitend wird. Von Meißner wurde
festgestellt, dass „beim Eintritt der Supraleitung auch der Widerstand der Kontakte
verschwindet" [28].

Max von Laue, der selbst an einer Theorie der Supraleitung arbeitete, war an
den magnetischen Eigenschaften der Supraleiter interessiert. Er regte Meißner
zu Untersuchungen der magnetischen Eigenschaften von Supraleitern an, insbesondere das Magnetfeld nahe der Oberfläche von Supraleitern zu untersuchen.
1925 wurde von Laue auf Betreiben von Nernst Theorieberater in der PTR und
es gelang ihm für Robert Ochsenfeld eine Arbeitsstelle für die Mitarbeit an den
Experimenten mit den Magnetfeldern von Supraleitern zu beschaffen.

2.2.3 Max von Laue als Ideengeber

Max von Laue hatte 1903 bei Max Planck an der Berliner Universität promoviert.
Mit seinen Beugungsexperimenten von Röntgenstrahlen an Kristallen wies er
gemeinsam mit Paul Knipping und Walter Friedrich den regelmäßigen Aufbau der
Atome in Kristallen nach. Hierfür bekamen sie 1914 den Nobelpreis für Physik.
Als Meißner seine Dissertation bei Max Planck schrieb, war Laue dort Assistent.
Seit dieser Zeit waren die beiden miteinander befreundet.

Laue hatte gemeinsam mit den Brüdern Fritz und Heinz London eine semi-
klassische Theorie der Supraleitung entwickelt und war deshalb besonders am
magnetischen Verhalten der Supraleiter interessiert.

Nachdem Kamerlingh Onnes 1911 herausgefunden hatte, dass der elektrische
Widerstand von Quecksilber und weiteren Metallen und Verbindungen unterhalb
einer kritischen Temperatur T_c verschwindet, entdeckte er 1913, wie schon in
Kap. 1 beschrieben, dass die Supraleitung nicht nur durch Erhöhung der Temperatur, sondern auch durch schwache Magnetfelder zerstört wird. Für jeden Supraleiter existiert neben der kritischen Temperatur T_c auch ein kritisches Magnetfeld
$H_c(T)$. Wird es überschritten, verschwindet die Supraleitung. Nimmt die Temperatur unterhalb von T_c weiter ab, wird das kritische Magnetfeld größer und erreicht
für $T \to 0$ K seinen größten Wert.

2.3 Der Meißner-Ochsenfeld-Effekt

Im Oktober 1933, 20 Jahre nachdem Kamerlingh Onnes das kritische Magnetfeld der Supraleiter entdeckt hatte, veröffentlichten Meißner und Ochsenfeld die
Arbeit „Ein neuer Effekt bei Eintritt der Supraleitung" in der Zeitschrift *Naturwissenschaften*. In dieser Arbeit wurde die Entdeckung des idealen Diamagnetismus beschrieben, der neben dem Verschwinden des elektrischen Widerstandes die
zweite fundamentale Eigenschaft der Supraleitung ist.

Der supraleitende Zylinder in Abb. 2.13a war ein Sn-Einkristall mit einem Durchmesser von 10 mm. Das Magnetfeld im Außenraum betrug etwa 5 Gauß. Die nach Unterschreiten des Sprungpunktes beobachtete Magnetfeldverteilung ist in der Zeichnung eingetragen. Tab. 2.1 zeigt die berechneten und die beobachteten Magnetfeldwerte.

Aus Diskussionen mit von Laue war die Idee entstanden, das Magnetfeld zwischen zwei parallelen, supraleitenden Drähten zu untersuchen. Hierfür wurden von Meißner und Ochsenfeld Einkristalle aus Blei und Zinn eingesetzt. Ein Entwurf von Meißner für die Anordnung der Drähte zeigt Abb. 2.13b.

Zwei parallel verlaufende, einkristalline Zinndrähte d = 3 mm wurden im Abstand von 1,5 mm angeordnet und vom Strom entgegengesetzt durchflossen. Die Flussdichte zwischen den Drähten war im supraleitenden Zustand höher als im normalleitenden Zustand. Beim Übergang in den supraleitenden Zustand veränderte sich die magnetische Flussdichte an der Oberfläche. Das Magnetfeld nahm zu, was einer Verdrängung des Magnetfeldes aus dem Inneren des SL entsprach.

Dieser „neue Effekt" bekam den Namen Meißner-Ochsenfeld-Effekt. Beim Anlegen eines Magnetfeldes $B < B_C$ an ein Metall im supraleitenden Zustand kann das Magnetfeld nicht in das Metall eindringen. Das Magnetfeld erzeugt in der Oberfläche des Supraleiters einen widerstandslosen Suprastrom, der ein magnetisches Gegenfeld hervorruft, welches das angelegte Magnetfeld im Supraleiter genau kompensiert, was auch für einen idealen Leiter gilt.

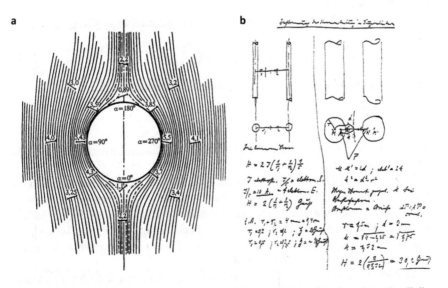

Abb. 2.13 **a** Die Magnetfeldmessung in der nächsten Umgebung eines supraleitenden Zylinders (1934) [29]. (Mit freundlicher Genehmigung der PTB). **b** Kopie von Meißners Entwurf für die Anordnung der Supraleiter für die Messung des Magnetfeldes zwischen zwei einkristallinen Supraleitern [30]. (Mit freundlicher Genehmigung vom D. Hoffmann)

Tab. 2.1 Die von Meißner gemessenen Magnetfeldwerte nahe der Oberfläche eines supraleitenden Zylinders [29]

Winkel α [°]	Beobachtete Werte [Gauß]	Berechnete Werte [Gauß]
0	1,12	0,6
45	4,3	4,29
90	5,4	5,47
135	3,59	3,71
180	0,89	0,83
225	3,85	4,04
270	5,5	5,78
315	3,7	3,86

Wird ein Supraleiter im Magnetfeld $B < B_C$ unter die kritische Temperatur Tc abgekühlt, so wird in der Oberfläche des Supraleiters ein widerstandsloser Suprastrom erzeugt, der ein magnetisches Gegenfeld aufbaut. Das Magnetfeld wird aus dem Supraleiter verdrängt. Das erfolgt jedoch nicht in einem idealen elektrischen Leiter.

Wird in einem normalen Leiter, der von einem Magnetfeld durchdrungen wird, der Widerstand null, so ändert sich das Magnetfeld im Leiter nicht. Wird das Magnetfeld abgeschaltet, so induziert es einen Strom, der dem idealen Leiter ein Magnetfeld aufprägt.

Dagegen wird der magnetische Fluss aus dem Supraleiter verdrängt. Die Folge ist, dass

$$B = \mu_0(H + M) = 0 \tag{2.11}$$

wird. Woraus folgt, dass $M = -H$ ist und die Suszeptibilität

$$\chi = \frac{M}{H} = -1 \tag{2.12}$$

ist. Das ist aber der ideale Diamagnetismus, denn Diamagnetismus bedeutet, die Suszeptibilität ist negativ, bis maximal -1.

Von 1933 bis 1939 war Johannes Stark Präsident der PTR. Er bemühte sich um die inhaltliche Gestaltung der Forschungsarbeiten durch Einrichtung von Laboratorien für Akustik, die von Martin Grützmacher geleitet wurden. Er verhinderte jedoch eine Professur für Meißner an der Berliner Universität, die von Max Planck und Max von Laue angeregt worden war, worauf Laue sich gegen eine Mitgliedschaft von Stark in der Akademie aussprach.

Meißner verließ 1934 die PTR und folgte einem Ruf an die Technische Hochschule München. In seiner Rede zum Tod von Max von Laue sprach Meißner 1960 darüber, dass Stark sich an der Unterdrückung der Freiheit durch die Nationalsozialisten beteiligt hatte [27].

Zum Abschluss dieses Kapitels folgt der von Meißner und Ochsenfeld in den *Naturwissenschaften* veröffentlichte Artikel über ihre Arbeit:

Ein neuer Effekt bei Eintritt der Supraleitfähigkeit

Bringt man einen zylindrischen Supraleiter, z. B. Blei oder Zinn, oberhalb seiner Sprungtemperatur in ein senkrecht zu seiner Achse gerichteten homogenen Magnetfeld, so gehen die Kraftlinien wegen der sehr geringen Suszeptibilität der Supraleiter (Zinn ist schwach paramagnetisch Blei diamagnetisch) fast ungehindert durch sie hindurch. Nach den bisherigen Anschauungen war zu erwarten, dass die Kraftlinienverteilung unverändert bleibt, wenn man die Temperatur, ohne an dem äußeren Magnetfeld etwas zu verändern, bis unter den Sprungpunkt erniedrigt. Unsere Untersuchungen an Zinn und Blei haben im Gegensatz hierzu folgendes ergeben:

1. Beim Unterschreiten des Sprungpunktes ändert sich die Kraftlinienverteilung in der äußeren Umgebung der Supraleiter und wird nahezu so, wie es bei der Permeabilität 0, also der diamagnetischen Suszeptibilität − $1/4\pi$, des Supraleiters zu erwarten wäre.
2. Im Inneren eines langen Bleiröhrchens bleibt − trotz der dem 1. Effekt entsprechenden Änderung des Magnetfeldes in der äußeren Umgebung − beim Unterschreiten des Sprungpunktes das oberhalb desselben vorhandene Magnetfeld im mittleren Teil des Rohres nahezu bestehen.

Es wurden zwei verschiedene Versuchsanordnungen benutzt: bei der ersten wurden zwei parallele zylindrische Supraleiter von etwa 140 mm, 3 mm Stärke und 1,5 mm Abstand verwendet. Zwischen ihnen befand sich eine Spule von etwa 10 mm Länge, die parallel zur Achse der Supraleiter drehbar und mit einem ballistischen Galvanometer verbunden war, so dass der Induktionsfluss durch sie vermittelt werden konnte. Es ergab sich bei zwei Einkristallen aus Zinn, wie schon auf der Würzburger Physikertagung berichtet wurde, für das Verhältnis des Induktionsflusses unterhalb und oberhalb des Sprungpunktes der Wert 1,70, für 2 polykristalline Bleizylinder nach weiteren, inzwischen angestellten Messungen der Wert 1,77. Die Feldstärke betrug hierbei etwa 5 Gauß. Nach der Maxwell'schen Theorie für den vollkommenen Leiter ergibt sich mit Hilfe von Formeln, die sich aus Rechnungen von von Laue und (Friedrich) Möglich ableiten lassen, mit dem Wert 0 für die Permeabilität in beiden Fällen der Wert 1,77. Die Abweichungen liegen wegen der nicht genau bekannten räumlichen Verteilung der Spulenwindungen und beim Zinn der nicht genauen kreiszylindrischen Form der Einkristalle innerhalb der möglichen Fehler.

Bei der zweiten Versuchsanordnung wurde ein zylindrisches Bleiröhrchen von etwa 130 mm Länge, 3 mm Außen-und 2 mm Innendurchmesser verwendet. Die mit dem ballistischen Galvanometer verbundene Spule war wieder zur Achse des Bleiröhrchens drehbar und konnte im Inneren und neben dem Bleiröhrchen angebracht werden. Im Innern stieg der

Magnetfluss durch die Spule beim Unterschreiten des Sprungpunktes um
etwa 5 % an. Die Feldstärke im Außenbereich betrug hierbei wieder etwa
5 Gauß. Ob das Feld im Innern homogen blieb, konnte nicht festgestellt
werden, da die Spule den inneren Querschnitt nahezu völlig ausfüllte.
Außerhalb des Bleiröhrchens war der Feldverlauf nach Unterschreiten des
Sprungpunktes wieder etwa so, wie er bei der Permeabilität 0 des Supraleiters zu erwarten ist.

Beim Ausschalten des äußeren Feldes im supraleitenden Zustand des
Bleis blieb das Feld im Inneren des Bleiröhrchens unverändert bestehen. Die
Feldstärke in der Äußeren Umgebung wurde nicht völlig Null. Zum Beispiel
bleibt an der Stelle der Bleioberfläche, wo im nichtsupraleitenden Zustand
das Feld normal zu ihr stand bei verschiedenen Meßreihen eine Feldstärke
von 5–15 % derjenigen des äußeren Feldes bestehen.

Wurde das äußere Feld nach Eintritt der Supraleitfähigkeit eingeschaltet,
so blieb die Feldstärke im Inneren des Bleiröhrchens, wie schon nach den
bisherigen Anschauungen zu erwarten war, Null. Der Kraftlinienverlauf in
der äußeren Umgebung entspricht etwa wieder dem, der bei der Permeabilität des Supraleiters zu Erwartenden.

Die Darstellung des Befundes durch Angabe der Änderung der makroskopisch definierten Permeabilität stößt vielleicht für die Vorgänge im
Inneren des Bleiröhrchens auf Schwierigkeiten, da möglicher Weise kein
eindeutiger Zusammenhang zwischen Induktion und Feldstärke mehr
besteht. Statt dessen kann man offenbar, tiefer gehend, die Ergebnisse darzustellen suchen durch Angabe von mikroskopischen und makroskopischen
Strömen in den Supraleitern unter der Annahme der Permeabilität 1 an den
stromfreien Stellen. Diese Ströme ändern sich offenbar spontan oder treten
spontan neu auf beim Eintritt der Supraleitfähigkeit entsprechend dem neuen
Effekt.

Mit dem neuen Effekt hängen folgende weitere experimentelle Befunde
zusammen, die hier nur kurz erwähnt werden können.

Sind die parallelen Supraleiter durch eine an den Enden angebrachte Verbindung hintereinandergeschaltet und wird durch sie von außen ein oberhalb
der Sprungtemperatur eingeschalteter Strom hindurch geschickt, so wird der
Magnetfeldfluss zwischen den Supraleitern beim Unterschreiten des Sprungpunktes ohne Änderung des äußeren Stromes größer.

Wird die Sprungkurve an Zinneinkristallen bei niemals unterbrochenem
äußeren Strom aufgenommen, so treten auch ohne äußeres Magnetfeld
Hysteresiserscheinungen auf, indem die Sprungpunkte beim Steigen und
sinken der Temperatur nicht zusammenfallen.

Schließlich sei noch auf die Analogie zum Ferromagnetismus hin-
gewiesen, den schon früher Gerlach in Parallele zur Supraleitung gestellt
hatte.

„Berlin, Physikalisch-Technische Reichsanstalt, den 16. Oktober 1933 W.
Meißner, R. Ochsenfeld" [31].

Abschließend ist zu sagen, die von Meißner entwickelten Wasserstoff- und Heliumverflüssiger, die nach dem von Nernst entworfenen Grundprinzip konstruiert und beim Bau von Linde materiell unterstützt wurden, waren mit mehreren Litern Helium und Wasserstoff pro Stunde in ihrer Zeit sehr effektive Anlagen. Nicht nur die PTR, sondern auch die Berliner Universität wurden durch diese Anlagen mit flüssigem Wasserstoff und flüssigem Helium versorgt, wodurch auch die experimentellen Arbeiten zur Bestätigung der Quantenphysik in Berlin das internationale Niveau der Forschungen bestimmten.

Dazu gehört auch der von Meißner und Ochsenfeld entdeckte Effekt des idealen Diamagnetismus. Denn ein Material ist nur dann ein Supraleiter, wenn gemeinsam mit dem Verschwinden des elektrischen Widerstandes auch der Meißner-Ochsenfeld-Effekt nachgewiesen werden kann. Allein das Verschwinden des Widerstandes oder alleiniger Diamagnetismus reichen für die Supraleitung nicht aus.

Heute unterscheidet man metallische und keramische Supraleitung. Metallische Supraleitung ist die Tieftemperaturerscheinung, die an supraleitenden Metallen beobachtet wird und die durch die BCS-Theorie mit den Cooper-Paaren erklärt wird. Die keramische Supraleitung ist die von Georg Bednorz und Alex Müller 1986 entdeckte Hochtemperatursupraleitung (HTSL) [32], deren physikalischer Mechanismus jedoch noch nicht völlig verstanden ist. Die höchste Sprungtemperatur der keramischen Supraleiter erreicht heute die Verbindungen $HgBa_2Ca_2Cu_3O_8$ mit der Sprungtemperatur 133 K bzw. -140 °C.

Wissenschaftler vom Max-Planck-Institut für Chemie und der Johannes-Gutenberg-Universität in Mainz beobachteten das Verschwinden des Widerstandes von Schwefelwasserstoff (H_2S) unter einem Druck von 141 GPa (bzw. 1,41 10^6 bar) bei 195 K, d. h. bei -70 °C. Entsprechend wurde der Meißner-Ochsenfeld-Effekt gemessen. Dabei handelt es sich um einen Supraleiter 2. Art mit einem kritischen Magnetfeld von ca. $B_{C1} \sim 100$ Gauß (0,001 T), der durch die BCS-Theorie beschrieben wird [33].

Literatur

1. Nernst, W.: Ueber die electromotorischen Kräfte, welche durch den Magnetismus in von einem Wärmestrome durchflossenen Metallplatten geweckt werden. Annalen der Physik 267, 8, 760–789 (1887)
2. von Ettingshausen, A., Nernst, W.: Ueber das thermische und galvanische Verhalten einiger Wismuth-Zinn-Legirungen im magnetischen Felde, Annalen der Physik 269, 3, 474–492, (1888)
3. Hall, E.: On a New Action of a Magnet on Electric Currents. American Journal of Mathematics 2, 3,287–292 (1879)
4. Lawrence, E. O., Livingston, M. S.: The production of high speed light ions without the use of high voltages. Physical Review 40, 1, 19–35 (1932)
5. Nernst, W.: „Die elektrochemische Wirksamkeit der Ionen" Habilitationsschrift, Leipzig (1989)
6. Barthel, H.-G.: Teubner: Universitätsarchiv der H.-U. zu Berlin Universitätskurator Personalia 21 Bd. 1, Blatt 98

7. Barthel, H.-G. Huebner, R.P.: *Walther Nernst – Pioneer of Physics and Chemistry,* World Scientific, New Jersey, London, Singapore 155. (2006); Bartel, H.-J.: Hundert Jahre III. Hauptsatz der Thermodynamik. In: Dahlemer Archivgespräche 11/2005, 108–140; Bunsen-magazin 7(2005)6, 178–182

8. Nernst, W.: Brief an Walter Oswald vom 14.09.1940

9. Planck, M.: *Vorlesungen über Thermodynamik,* W. de Gruyter, Berlin, Leipzig (1927)

10. Bartel, H.-G.: Walther *Nernst,* BSB B.G. Teubner Verlagsgesellschaft, Leipzig (1989)

11. Wieman, C.: The Richtmyer Memorial Lecture: Bose–Einstein Condensation in an Ultracold Gas, American Journal of Physics 64, 7, 847 (1996)

12. Ketterle, W.: Nobel Lecture: When atoms behave as waves: Bose–Einstein condensation and the atom laser, Rev. of Mod. Phys. 74, 1131 (2002)

13. Einstein, A.: Die Plancksche Theorie der Strahlung und die Theorie der spezifischen Wärme, Annalen der Physik 22, 180 (1907)

14. Rompe, R. Treder, H.-J. Ebeling, W.: *Zur Großen Berliner Physik.* Teubner Verlag, Leipzig (1987)

15. Mendelssohn, K.: Walter Nernst und seine Zeit. Physik-Verlag, Weinheim, 104 (1976)

16. Halperin, B., Sevrin, A.: Proc. of the 24. Solvay Conference on Physics *"Quantum Theory of Condenced Matter"* (2008)

17. Shachtman, T.: *Minusgrade.* Rowohlt Taschenbuchverlag (2001)

18. Hoffmann, D.: *Festkolloquium zu Ehren von Walther Nernst.* Wissenschaft & Forschung, Ein Jahrhundert, III. Hauptsatz der Thermodynamik, Zeitschrift HUMBOLDT-Universität (2005)

19. Nernst-H2-Verflüssiger Die Umschau *15(52):1076–1078, 1911* – Walther Nernst. Zeitschrift für Elektrochemie 17 (1911)

20. Nernst, W.: Die theoretischen und experimentellen Grundlagen des neuen Wärmesatzes. W. Knapp, Halle/S, 46 (1918)

21. Einstein, A.: Eine Beziehung zwischen dem elastischen Verhalten und der spezifischen Wärme bei festen Körpern mit einatomigem Molekül, Ann. Der Physik 34, 170 (1911)

22. Deubner, A.: Die Physik an der Berliner Universität von 1910 bis 1960, Wissenschaftliche Zeitschrift der Humboldt-Universität zu Berlin, Beiheft zum Jubiläumsjahrgang (IX), 85–89, (1959/1960)

23. Huebener, R. Lübbig, H.: *Die Physikalisch-Technische Reichsanstalt.* Vieweg+Teubner Verlag (2011)

24. Schubert, H.: „Meißner, Walther" in: Neue Deutsche Biographie 16 (1990), 705–707 [Online-Version]; https://www.deutsche-biographie.de/pnd118732757.html#ndbcontent. Zugegriffen: 29. Mai 2019

25. McLennan, J.C.: The Cryogenic Laboratory of the University of Toronto, Nature, 112, 135–139 (1923)

26. Geiger, H. Scheel, K.: Handbuch der Physik, Bd. XI Anwendung der Thermodynamik, 321 (1926)

27. Schubert, H.: Zum 100. Geburtstag von Walter Meißner (1974); Eder F. X. Doll, R.: Walther Meißner zum 100. Geburtstag: Ein Pionier der Physik und Technik tiefer Temperaturen, Physikalische Blätter 39, 4, 105 (1983)

28. Meißner, W. Holm, R. Z.: Messungen mit Hilfe von flüssigem Helium. XIII; Zeitschrift für Physik, 74, 11/12, 715–735 (1932)

29. Meißner, W., Heidenreich, Fr.: Über die Änderung der Stromverteilung und der magneti-schen Induktion beim Eintritt der Supraleitfähigkeit Wissenschaftliche Abhandlungen der PTR 20 (1936) 2, 123–144 (Signatur PTB Archiv 20–20) Helvetica Physica Acta 6, 414 (1933)

30. Forstner, C. Hoffmann, D. Physik im Kalten Krieg, 12 F.X. Eder (1914–2019), Springer Spektrum 104 (1971–2013)

31. Meißner, W. Ochsenfeld, R. Ein neuer Effekt bei Eintritt der Supraleitfähigkeit, Naturwissen-schaften 21, 44, 787–788 (1933)

32. Bednorz, J.G., Müller, K. A.: Perovskite-type oxides – The new approach to high-Tc super-conductivity. Rev. Mod. Phys. 60, 3, 585 (1988)
33. Drozdov, A. P., Eremets, M. I., Troyan, I. A., Ksenofontov, V., Shylin, S.I.: et al. Conventional superconductivity at 203 kelvinK at high pressures in the sulfur hydride system. Nature 525, 73–76 (2015), (2015) https://doi.org/10.1038/nature14964

Oxford und Cambridge

3

Sir Francis Simon und Pjotr Leonidowitsch Kapitza wurden durch die Politik gezwungen, zwischen den Welten zu wandern. Franz Simon musste vor dem Nationalsozialismus aus Deutschland nach England flüchten. Pjotr Kapitza wurde von Stalin in der Sowjetunion festgehalten, wodurch er seine wissenschaftliche Heimat in England verlor.

Beide Wissenschaftler erforschten die Physik bei tiefen Temperaturen. Jeder entwickelte seinen eigenen Heliumverflüssiger mit sehr unterschiedlichen Prinzipien.

Neben der Heliumverflüssigung war ihr Ziel, die Wirkung von Magnetfeldern bei tiefen Temperaturen auf die Struktur der Materie zu analysieren: Simon, um mit der Entmagnetisierung von paramagnetischen Systemen Temperaturen unter den Temperaturen vom flüssigen Helium zu erreichen; Kapitza, um in extrem hohen Magnetfeldern Untersuchungen durchzuführen, wie die Beobachtung der Krümmung der Bahnen von α-Teilchen durch die Lorentz-Kraft, die ihm in einer Nebelkammer gelang.

3.1 Sir Francis Simon (1893–1956)

Franz Simon, am 2. Juli 1893 in Berlin geboren, begann sein Physikstudium 1912 an der Ludwig-Maximilian-Universität in München. Nach zwei Semestern ging er an die Georg-August-Universität in Göttingen. Mit Beginn des Ersten Weltkrieges wurde er Offizier. Erst im Februar 1919 konnte er sein Studium an der Friedrich-Wilhelms-Universität in Berlin fortsetzen, wo ihm Walther Nernst das Thema „Untersuchungen über die spezifische Wärme bei tiefen Temperaturen" vorschlug. So begann er sich in dem international zusammengesetzten Labor von Nernst, gemeinsam mit den Engländern J. Chadwick, den Brüdern Lindemann und dem Ungarn H. Tizard, an den Experimenten zur spezifischen Wärmekapazität bei tiefen Temperaturen zu beteiligen. Chadwick bekam 1935 den Nobelpreis. Er und Frederick Lindemann wurden später in England geadelt. Mit seinen Messungen

© Springer-Verlag GmbH Deutschland, ein Teil von Springer Nature 2019
R. Herrmann, *Die Tieftemperaturphysik an der Humboldt-Universität im 20. Jahrhundert*, https://doi.org/10.1007/978-3-662-59575-6_3

leistete Simon einen wichtigen Beitrag zur experimentellen Bestätigung des Nernst'schen Theorems [1].

Nernst gelang es durch seine außergewöhnlichen Ideen und die Fähigkeit, seine Schüler mit großer Gründlichkeit und originellen Fragestellungen an wissenschaftliche Probleme heranzuführen, wofür er weltweite Anerkennung fand. Das galt auch für die Schule von Ernest Rutherford in Cambridge, an der Pjotr Kapitza seine wissenschaftliche Laufbahn als Tieftemperaturphysiker begann.

Schon nach zwei Jahren, im Dezember 1921, reichte Simon seine Dissertation ein, die sich mit der Gültigkeit des Nern'stschen Wärmetheorems und der Untermauerung des III. Hauptsatzes der Thermodynamik befasste. So formulierte er 1927 das Nernst'sche Theorem in der Form: „Am absoluten Nullpunkt verschwinden die Entropiedifferenzen zwischen all den Zuständen eines Systems, zwischen denen reversible Übergänge möglich sind, auch in der Theorie:" [2].

Als er Nernst um eine Empfehlung für die Industrie bat, lehnte dieser strikt ab, organisierte in seinem Institut eine „Außerordentliche Assistentenstelle". Simon sollte habilitieren. Die Habilitation folgte 1925 und Simon wurde Privatdozent an der Berliner Universität.

1922 gab Nernst seinen Lehrstuhl an der Universität und die Leitung des Physikalisch-Chemischen Instituts auf und wurde Präsident der Physikalisch-Technischen-Reichsanstalt. Als neuer Direktor des Physikalisch-Chemischen Instituts der Universität wurde Max Bodenstein berufen, dessen Forschungsschwerpunkt die Reaktionskinetik war.

Simon war die „rechte Hand" von Bodenstein, setzte aber mit seiner Gruppe die Tieftemperaturarbeiten in der Tradition von Nernst fort. Dafür benötigte er flüssigen Wasserstoff und flüssiges Helium. Für die Experimente seiner Doktorarbeit hatte er den flüssigen Wasserstoff von der Physikalisch-Technischen-Reichsanstalt bekommen. Ein eigener Wasserstoffverflüssiger konnte erst 1930 den Betrieb aufnehmen. Dieser Verflüssiger wurde in einer kleinen Serie auch für andere Laboratorien nachgebaut, unter anderem für das California Institute of Technology, für die Universität in Princeton, für Otto Stern in Hamburg und das Clarendon Laboratory in Oxford.

Als Simon eine ordentliche Professur an die Technische Hochschule in Breslau als Nachfolger auf den Lehrstuhl von Euken angeboten bekam, ging er 1931 mit seinem Cousin Kurt Mendelssohn, der schon in Berlin zwei Jahre bei ihm Oberassistent gewesen war, und dem Ungarn Nicholas Kürti nach Breslau. Unter seinen Studenten war auch Heinz London, der Bruder des bekannten Theoretikers Fritz London. In Breslau wurde er Dekan für Naturwissenschaften und Bergbau, was eine ganze Reihe administrativer Aufgaben mit sich brachte.

Ende 1931 wurde Simon von der Berkeley University nach Kalifornien eingeladen. Dort arbeitete er im Labor von W. F. Giauque, der sich mit der magnetischen Kühlung beschäftigte. Obwohl Simon mit dieser Methode vertraut war, nutzte er die Gelegenheit in Berkeley und arbeitete an seinem Expansionsverflüssiger für Helium, mit dessen Entwicklung er schon in Berlin begonnen hatte. Das Prinzip des Verflüssigers war eigentlich einfach. In einem Kupferzylinder wurde Helium unter hohem Druck komprimiert und mit flüssigem, aber auch festem Wasserstoff bis auf 14 K und darunter abgekühlt. Danach wurde es thermisch isoliert und entspannt, wodurch es sich weiter abkühlte und verflüssigte.

Das war die Verflüssigungsmethode, mit der Franz Xavier Eder nach dem Zweiten Weltkrieg die Wasserstoff- und Heliumverflüssigung an der Berliner Universität wiederaufbauen wollte.

Franz Simon wurde schon recht früh klar, dass sich der Nationalsozialismus in Deutschland zu einer Bedrohung für die jüdische Bevölkerung entwickelte. Nach der Rückkehr aus den Vereinigten Staaten entschloss er sich zur Emigration.

Frederick Lindemann, der auch als Professor für Naturphilosophie in Oxford den Kontakt zum Institut in der Bunsenstraße und zu Nernst aufrechterhalten hatte, organisierte für seinen Freund Franz Simon ein Stipendium der Imperial Chemistry Industries (ICI).

Simon siedelte nach Oxford über, wo er seine Tieftemperaturforschungen fortsetzen konnte. Als er 1933 Deutschland verließ, gelang es ihm, in Absprache mit der Fakultät in Breslau, zwei Heliumverflüssiger und elektrische Geräte für seine Laborausrüstung in Oxford mitzunehmen. Auch seine Schüler Mendelssohn und Kurti gingen von Breslau mit nach Oxford, wo sie den Bau des Expansionsverflüssigers und ihre Hochdruckuntersuchungen an festem Helium, an die sich Untersuchungen zur magnetischen Kühlung anschlossen, fortsetzten.

Für Lindemann waren Simon und seine Mitarbeiter eine Bereicherung der Tieftemperaturforschung des Clarendon Laboratory in Oxford und eine Verstärkung gegenüber dem Cavendish-Laboratorium in Cambridge, in dem Kapitza, gefördert durch Rutherford, ein starkes Tieftemperaturforschungspotenzial aufgebaut hatte.

3.1.1   Der Simon-Verflüssiger

Mit dem Heliumverflüssiger, dessen Entwicklung Simon schon in den zwanziger Jahren begonnen hatte, konnte erstmals 1932 Helium verflüssigt werden. Wie schon eingangs festgestellt, wurden international drei unterscheidende Verfahren für die Verflüssigung von Helium entwickelt. Zwei kontinuierlich arbeitende Methoden, wie die Methode von Kamerlingh Onnes, mit dem Kaskadenprinzip, in der das Heliumgas kontinuierlich durch Kühlbäder mit abnehmender Temperatur strömt, bis es kalt genug ist, um in einem Joule-Thomson-Ventil entspannt zu werden, und die kontinuierliche Methode von Kapitza, bei der ein wesentlicher Schritt der Kühlung durch äußere Arbeit des Heliumgases in einem Expander erreicht wird. Die dritte Methode ist das Verfahren von Simon, das nichtkontinuierlich arbeitet. Dabei wird eine begrenzte Menge Flüssigkeit durch einen Entspannungsschritt gewonnen [3].

Das Prinzip ist in der Abb. 3.1 dargestellt. Heliumgas wird unter einem Druck bis 150 bar in einen Metallbehälter (B) gedrückt. Dabei durchströmt es eine Spule (S), die mit flüssigem oder festem Wasserstoff (G, gestrichelt) auf Temperaturen bis unter 14 K abgekühlt wird. Die Hülle (G), in der sich der Behälter (B) befindet, ist ein Wärmeschalter. Während der Vorkühlung wird er zur Wärmeleitung mit Heliumgas (Z) gefüllt. Wenn der Druckbehälter (B) mit Helium bei der niedrigsten

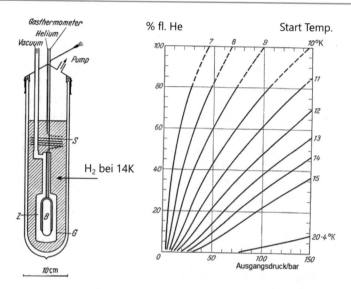

Abb. 3.1 Der von Simon entwickelte Heliumverflüssiger ist hier im Wasserstoff-Dewar mit einem Heliumeinfüllrohr (Helium), einer Kühlspule (S), dem Heliumdruckbehälter (B) und einem Wärmeschalter (G, Z, Vakuum) dargestellt. Die Kurven rechts zeigen die gewonnene Menge des flüssigen Heliums in Abhängigkeit von der Vorkühltemperatur und dem Startdruck im Heliumbehälter B [4]

Temperatur, die mit dem Wasserstoff erreicht werden kann, gefüllt ist, wird der Druckbehälter durch Abpumpen des Heliums aus der Hülle von der Wasserstoff-vorkühlung thermisch isoliert. Danach wird das Helium aus dem Druckbehälter langsam entspannt und kühlt sich weiter ab.

Die Kurven in Abb. 3.1 geben die Menge des flüssigen Heliums in Prozent der eingesetzten Gasmengen an, die bei den entsprechenden Drücken und erreichten Temperaturen verflüssigt wird. Bei einer Ausgangstemperatur von 10 K, die mit festem Wasserstoff erreicht werden kann, und einem Druck von 150 bar werden 4/5 der im Druckbehälter komprimierten Gasmenge verflüssigt.

3.1.2   Festes Helium

Nachdem Kamerlingh Onnes bei seinen ersten Verflüssigungsexperimenten festgestellt hatte, dass Helium unter Normaldruck und bei Annäherung an den absoluten Nullpunkt nicht so wie alle anderen Gase fest wird, sondern flüssig bleibt, wollte Simon herausfinden, ob Helium unter höherem Druck fest wird. Mit seinen Hochdruckexperimenten gelang es ihm schon in Berlin, festes Helium herzustellen, und er konnte die Schmelzkurve, die in Abb. 3.4 dargestellt ist, auf-nehmen. Besonders zu erwähnen sind die Arbeiten mit festem Helium, mit denen er u. a. zeigen konnte, dass Helium bei ca. 6000 bar auch über der kritischen Tem-peratur im festen Aggregatzustand existiert.

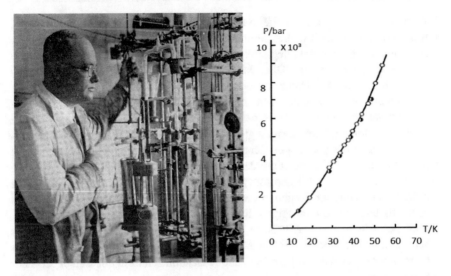

Abb. 3.2 Links: Simon bei Herstellung von festem Helium in der Physikalischen Chemie in Berlin (Aus [1], Abb. 7). Rechts: die Schmelzkurve von festem Helium nach Simon [5, 6]

Die Messungen zur Bestimmung der Abhängigkeit der Schmelztemperatur von festem Helium vom Druck führte Simon mit Edwards und Rudemann in Amsterdam durch [7].

Die Schmelzkurve kann, wie auch Abb. 3.2 rechts zeigt, bei Anwendung entsprechend hoher Drücke bis zu Temperaturen verfolgt werden, die rund um den Faktor 10 höher sind als die kritische Temperatur von 5,2 K. So gelang es Simon noch bei 55 K unter Anwendung eines Druckes von 9,2 kbar festes Helium zu erhalten.

3.1.3 Die magnetische Kühlung

Neben der Kraft, die ein Magnetfeld auf bewegte Ladungsträger ausübt, mit der sich Nernst schon bei der Entdeckung der thermomagnetischen Erscheinungen befasst hatte, wird die Änderung des thermodynamischen Zustandes von Spinsystemen in Magnetfeldern für die Kühlung auf Temperaturen unter den Temperaturen, die durch flüssiges Helium erreicht werden können, genutzt.

Diese magnetische Kühlung wurde 1926 von Debye in Leipzig und unabhängig davon von Giauque in Kanada vorgeschlagen. Die Methode beruht auf der Entmagnetisierung der magnetischen Momente von Elektronen und Atomkernen, den Elektronenspins und den magnetischen Momenten von Atomkernen, den Kernspins. Diese werden in einem starken Magnetfeld ausgerichtet und so zur Ordnung gezwungen. Die dabei entstehende Wärme wird abgeführt. Beim Entfernen des Magnetfeldes können sich die Spins wieder bewegen und entziehen dadurch dem System Energie, wodurch es sich abkühlt. Für diese Kühlung wurden die

Elektronenspins paramagnetischer Salze genutzt. Für die Kühlung mit Kernspins, mit der noch wesentlich tiefere Temperaturen erreicht werden, nutzt man Metalle wie Kupfer, aber auch Metalllegierungen, z. B. PtFe.

Debye fragte Ende der 1920er Jahre Simon, der zu dieser Zeit in Berlin mit Experimenten zum III. Hauptsatz beschäftigt war, ob er die magnetische Kühlung demonstrieren könnte. Mit dem Verständnis des II. Hauptsatzes der Thermodynamik konnte ohne Experiment nichts über die mit dieser Methode erreichbaren Temperaturen ausgesagt werden, solange nicht bekannt war, bei welcher Temperatur der paramagnetische Zustand in den Salzen, die für die Kühlung mit Elektronenspins eingesetzt wurden, verschwindet und in welchem Temperaturbereich die Salze dem III. Hauptsatz genügen. Dazu musste die spezifische Wärme der Salze bei Heliumtemperaturen gemessen werden. Diese Frage war Gegenstand von Kürtis Dissertation am Physikalisch-Chemischen Institut in Berlin [1, S. 77]. Simon betrachtete die magnetische Kühlung vom Standpunkt der Entropie als einen Ordnungsparameter. 1931 machte er dann bei seinem Aufenthalt in Kalifornien im Labor von William Francis Giauque Bekanntschaft mit dessen experimentellen Arbeiten.

Beide fanden Gadoliniumsulfat für die adiabatische Magnetisierung geeignet. Erste Experimente wurden von Giauque in Berkeley und zur gleichen Zeit unabhängig voneinander in Leiden von de Haas, Wirsma und Kramers ausgeführt.

Giauque erreichte mit Gadoliniumsulfat ($Gd_2(SO_4)_3$) bei einer Ausgangstemperatur von 1,5 K 0,25 K [8]. In Leiden wurden mit Ceriumfluorid (CeF_3) bei einer Ausgangstemperatur von 1,35 K 0,27 K erreicht. Diese Temperaturen bestanden damals jedoch nur in einem Volumen, das vom paramagnetischen Salz mit einer Masse von 50 bis 500 mg eingenommen wurde. Ab 1934 wurde in Leiden mit 56 cm^3 Salz gearbeitet [9].

Simon und Kürti ergänzten in Oxford ihren Heliumverflüssiger durch eine zweite Wanne für flüssiges Helium (He2) und einen Behälter mit paramagnetischem Salz (Pa in Abb. 3.3) [10]. Die zweite Heliumwanne befand sich mit dem Behälter für das Salz unter der ersten Wanne, in dem das Helium verflüssigt wurde.

Da in Oxford kein starker Magnet vorhanden war, unterstützte sie Professor Cotton, Direktor des Laboratoire du Grand Electroaimant an der Universität Paris-Süd mit seinen starken Magnetfeldern. Bei ihren Messungen erreichten Kürti und Simon Temperaturen von 0,02 K.

Durch Kondensation von Helium in zweiten Behälter direkt über dem paramagnetischen Salz wurde das Salz auf die Ausgangstemperatur abgekühlt, magnetisiert und die sich dabei entwickelnde Wärme abgeführt. Nachdem das Salz wieder die Ausgangstemperatur erreicht hat, wird das Magnetfeld entfernt. Die magnetischen Momente im Salz nehmen bei der Entmagnetisierung Wärme auf, die sie dem Salz entziehen. Im Ergebnis kühlt sich das Salz ab.

Simon und Giauque haben bei ihren ersten Experimenten Gadoliniumsulfat und Ceriumfluorid eingesetzt. In diesen Salzen sind die lokalisierten magnetischen Momente relativ weit voneinander entfernt und haben bei der Temperatur des flüssigen Heliums nur eine geringe Wechselwirkung miteinander. Sie bleiben bis in den Millikelvinbereich (1 K → 1 mK) paramagnetisch.

Abb. 3.3 Darstellung der Apparatur von Kürti und Simon. Das obere Gefäß (He1) ist der Heliumbehälter des Verflüssigers. Im unteren Heliumbehälter (He2) wird die Ausgangstemperatur für die adiabatische Abkühlung durch Temperaturerniedrigung durch Dampfdruckerniedrigung eingestellt. Darunter befindet sich das paramagnetische Salz (Pa). P sind die Polschuhe des Magneten. Die Vorkühlung erfolgt mit flüssigem Wasserstoff (H$_2$) [10]. (Aus: Van Lammeren 1941, S. 196)

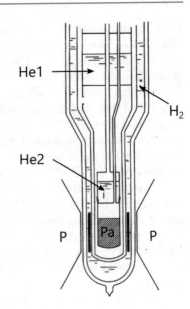

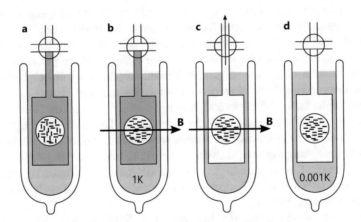

Abb. 3.4 Schematische Darstellung der Abkühlung eines paramagnetischen Salzes. (**a**) Die runde Kontur mit paramagnetischem Salz, in dem die magnetischen Momente ungeordneten sind, wird bei 1 K in einem starken Magnetfeld magnetisiert (**b**). Nach der Ausrichtung der magnetischen Momente und der Entfernung der dabei entstandenen Wärme wird das Salz thermisch isoliert (**c**) durch Entfernen des Feldes auf Temperaturen bis 0.001 K abgekühlt

Der Vorgang der magnetischen Kühlung ist in der Abb. 3.4 schematisch dargestellt. Im Schritt (a) befindet sich das Salz (runde Kontur) mit ungeordneten magnetischen Momenten, durch die Wärmeleitung des Wärmeschalters auf der Temperatur des äußeren Heliumbades von 1 K. Im Schritt (a → b) wird ein starkes Magnetfeld (B = 0 → B = 1 T) angelegt, das die magnetischen Momente in

Richtung des Feldes ausrichtet und damit ihre Ordnung erzwingt, was mit einer Entropieabnahme von a nach b verbunden ist. Die Wärme, die dabei entsteht, $\Delta Q = T \ [(S(B,T) - S(0,T)]$, (mit $T = 1$ K), wird über den Wärmeschalter an das äußere Bad abgegeben.

Im dritten Schritt (b → c) wird der Wärmeschalter evakuiert und das Salz im Magnetfeld thermisch isoliert. Wenn im vierten Schritt das Magnetfeld stark verringert wird (c → d), können sich die magnetischen Momente wieder bewegen und entziehen dem Satz sprunghaft Wärme, wodurch eine Erniedrigung der Temperatur von $T = 1$ K auf $T = 0,001$ K erfolgt. Mit Cermagnesiumnitrat werden wenige Millikelvin ($1 \ 10^{-3}$–$3 \ 10^{-3}$) K erreicht.

Simon war seit 1938 englischer Staatsbürger, musste aber während des Krieges von 1941 bis 1944 seine Tieftemperaturforschung ruhen lassen. Er beteiligte sich in dieser Zeit im Rahmen des britischen Atomforschungsprogramms „Tube Alloys" mit der Anreicherung von Uran-235 durch Gasdiffusion. Die Ergebnisse wurden im amerikanischen „Manhattan-Projekt" zur Herstellung der Atombombe eingesetzt. 1954 wurde Simon als Sir Francis Simon in den englischen Adelsstand erhoben.

Die Kühlung mit den magnetischen Momenten der Elektronen in paramagnetischen Salzen erreichte Temperaturen bis zu einigen Millikelvin. Um aber bei diesen tiefen Temperaturen Untersuchungen durchzuführen, muss das Salz eine genügende Wärmekapazität haben. Da auch die Handhabung der Salze in kleinen Beuteln und die notwendige thermische Isolierung beim Experimentieren oft Schwierigkeiten machten wurde die magnetische Kühlung paramagnetischer Salze erst einmal durch die elegantere Verdünnungskühlung eines ^{3}He/^{4}He-Gemisches, die von Fritz London vorgeschlagen wurde, abgelöst.

Dann entdeckten 1936 die russischen Physiker Shubnikow und Lasarew in Kharkow den Paramagnetismus der Atomkerne. Um aber die magnetischen Momente der Kerne auszurichten, werden wesentlich stärkere Magnetfelder >5 T und recht tiefe Ausgangstemperaturen von 0,01 K benötigt. So gelang es, 1956 von Sir Francis Simon vorbereitet, in Oxford mit der Kernentmagnetisierung von Kupfer kurzzeitig eine Temperatur von weniger als zwei Hunderttausendstel 0,000016 K zu erreichen [1].

Auch heute werden meist die Kernspins von Kupferatomen, wegen der großen Wärmekapazität des Kupfers, eingesetzt. Entsprechende Kupferzylinder werden mit Verdünnungskryostaten (s. Abschn. 10.2.2) bis auf 10^{-2} bis 10^{-3} K vorgekühlt. Diese Vorkühlung auf einige Millikelvin und der Einsatz von hohen Magnetfeldern sind wegen der sehr kleinen Momente der Kernspins notwendig. Denn diese betragen nur 1/2000 der Elektronenspins. Der Kupferzylinder wird mit supraleitenden Magneten, die Felder bis zu 9 T erzeugen, magnetisiert. Nach der Entfernung der bei der Magnetisierung entstandenen Wärme wird das Magnetfeld auf 8 mT erniedrigt, wodurch der Kupferblocks auf einige Zehn μKelvin (10^{-6} K) abgekühlt wird.

Ende der 1990er Jahre wurden von Peter Strehlow und Wolfgang Buck am Institut Berlin der Physikalisch-Technischen Bundesanstalt derart tiefe Temperaturen im µK-Bereich erreicht (s. Abb. 3.5). Dabei erfolgt die Entmagnetisierung über 44 h von 8425 T auf 8 m T [11]. 1997 hatten Tieftemperaturphysiker der Universität Bayreuth unter Leitung von Frank Pobell durch den Einsatz von PtFe als Kernsubstanz 1,5 µK einen Kälterekord aufgestellt [12].

Je näher man dem absoluten Nullpunkt kommt, desto länger dauert es, die Wärme vom Kupferblock abzuführen. Diese Kühlmethode ist jedoch die einzige Möglichkeit, Materie auf derart tiefe Temperaturen abzukühlen.

In Abb. 3.6 sind (von unten nach oben) der Kupferblock, der sich in einem zweistufigen Magnetsystem (2 × 9 T) befindet, und der ^{3}He/^{4}He-Verdünnungskryostat dargestellt, daneben die Parameter der Anlage.

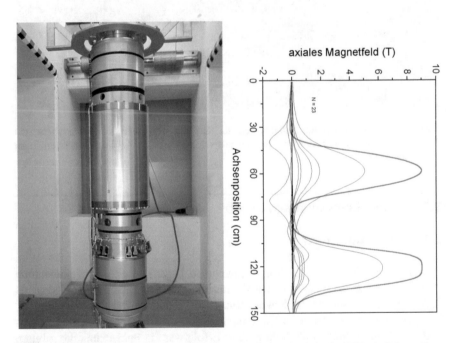

Abb. 3.5 Der Kryostat von Peter Strehlow und Wolfgang Buck in der PTB. Auf der rechten Seite ist die Verteilung des Magnetfeldes von zwei 9-T-Magneten über die Länge von 150 cm des Kryostaten dargestellt. Die Entmagnetisierung von 8,425 T auf 20 mT erfolgt in 44 h, wobei eine Endtemperatur im Bereich von µKelvin erreicht wird. (Mit freundlicher Genehmigung der PTB)

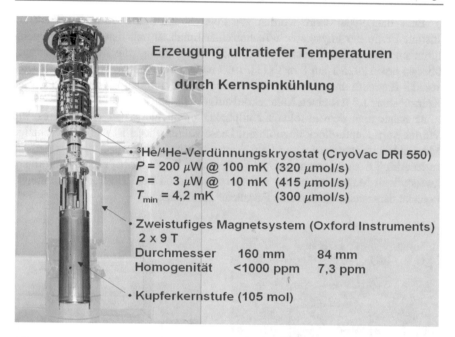

Abb. 3.6 Im oberen Teil des Kühlers befindet sich der ³He/⁴He-Verdünnungskryostat, der die 6,6 kg Kupfer der Kernstufe zur Kernmagnetisierung auf 4,2 mK kühlt. (Mit freundlicher Genehmigung der PTB)

3.2   Pjotr Leonidovitsch Kapitza

3.2.1   Bei Rutherford

Pjotr Leonodovitsch Kapitza war Physiker und Ingenieur. Bei der Entwicklung seiner Verflüssigungsanlagen und den Entdeckungen fundamentalster Gesetzmäßigkeiten entwickelte er ein bewundernswertes Talent und große Vielseitigkeit. Seine Arbeitsgebiete waren die Tieftemperaturphysik, die Physik starker Magnetfelder und die Plasmaphysik. Sein größter Erfolg war die Entdeckung des zweiten makroskopischen Quantenphänomens, das Strömen von flüssigem Helium ohne mechanischen Widerstand. Genauer, bei der Temperatur T_λ von 2,17 K, dem λ-Punkt, wird die Viskosität von flüssigem Helium unmessbar klein. Die Wärmeleitung dagegen wird so groß, dass jegliche Blasenbildung in der Flüssigkeit verschwindet. Kapitza gab dieser Erscheinung in Analogie zur Supraleitung den Namen Suprafluidität.

Kapitza wurde am 9. Juli 1894 auf der Insel Kronstadt vor St. Petersburg als Sohn eines Militär-Ingenieurs geboren. 1918 schloss er das Polytechnische Institut in Petrograd ab (St. Petersburg hieß von 1914 bis 1924 Petrograd) und begann seine wissenschaftliche Arbeit an der elektromechanischen Fakultät des Instituts am Lehrstuhl von Abram Fjodorowitsch Joffe.

Bei seinen ersten wissenschaftlichen Arbeiten versuchte er gemeinsam mit dem Physikochemiker Nikolai Nikolajewitsch Semjonov, das magnetische Moment von Atomen in einem Atomstrahl im inhomogenen Magnetfeld zu untersuchen, was später zum Stern-Gerlach Versuch führte.

1921 besuchte Abram Fjodorowitsch Joffe mit weiteren Wissenschaftlern, zu denen auch Kapitza gehörte, Deutschland und England, um nach dem Ersten Weltkrieg alte Kontakte zu den Physikern dieser Länder wiederherzustellen und Geräte für das Polytechnische Institut zu kaufen. Auf dieser Reise besuchten sie auch das Laboratorium von Ernest Rutherford in Cambridge, das zu dieser Zeit das Zentrum der Erforschung der Radioaktivität und des Atomkerns war.

Es wird erzählt, dass Kapitza in einer Diskussion mit Rutherford fragte, wie hoch das Budget des von Rutherford geleiteten Cavendish Laboratory sei, und nach der Antwort meinte, dass ein Stipendium für einen Zusatzstudenten doch unterhalb der Fehlergrenze liegt. Worauf er von Rutherford in das Cavendish Laboratory aufgenommen wurde.

3.2.2   Hohe Magnetfelder

Kapitza begann seine Forschungen gleich mit hohen Magnetfeldern. Nachdem er mit den Untersuchungen des Energieverlustes von α-Teilchen beim Durchgang durch Materie einen tiefen Eindruck auf Rutherford gemacht hatte, erhielt er von ihm finanzielle Unterstützung, um die Wirkung starker Magnetfelder auf die Bahnen von α-Teilchen zu untersuchen. So brachte er 1923 zum ersten Mal eine Nebelkammer in ein starkes Magnetfeld und beobachtete, wie die Lorentz-Kraft die Bahnen der positiven α-Teilchen krümmt [13].

Im Sommer 1923 promovierte Kapitza an der University of Cambridge zum Doktor der Philosophie und erhielt ein Maxwell-Stipendium. Es folgte die Wahl zum Research Fellow des Trinity College der University of Cambridge, dann 1929 die Wahl in die Royal Society und gleichzeitig auch die Wahl als korrespondierendes Mitglied der Akademie der Wissenschaften der UdSSR in Moskau.

Da die Sättigungsmagnetisierung der Eisenkerne in Elektromagneten die Zunahme des Magnetfeldes bei der Erhöhung des Stromes begrenzt und die magnetische Feldstärke über der Sättigungsmagnetisierung nur noch proportional zum Logarithmus der linearen Abmessungen des Magneten zunimmt, entschied sich Kapitza für die Erzeugung der Magnetfelder in Spulen.

Der Nachteil der Spulen: Sie werden durch sehr starke Ströme zerstört. Den Ausweg lieferten kurze Stromstöße, mit denen sich sehr hohe Felder erzeugen lassen, ohne dass die Spulen schmelzen. Eine Spule, in der in einer hundertstel Sekunde einige Zehntausend Kilowatt umgesetzt wurden, erhitzte sich dabei auf 100 °C. Dass sich in solch einer kurzen Zeit alle Erscheinungen beobachten lassen, die in statischen Magnetfeldern auftreten, ist eine Folge der hohen Intensität, die durch die Stärke des Feldes erreicht wird. Bei einem Impuls von einer Sekunde würde die Spule 1000 °C erreichen und schmelzen.

Zur Erzeugung der Stromstöße entwickelte Kapitza einen Motorgenerator, für den von Rutherford speziell ein Hochfeldlabor aufgebaut wurde. Dieser Motorgenerator war damals eine außergewöhnliche Lösung. Der Rotor hatte eine Masse von 2,5 t. Er wurde zur Speicherung der Energie bis auf 1500 Umdrehungen pro Minute beschleunigt, um mit dieser Energie durch Kurzschluss über der Spule einen starken Stromstoß und ein hohes Magnetfeld zu erzeugen [14]. Beim Kurzschluss erreichte der Generator in einer hundertstel Sekunde eine Leistung von 220.000 kW. Das sind 73.000 A bei 3000 V. In einer Spule mit einem Innendurchmesser von 1 mm wurden kurzzeitig in 3 Millisekunden Magnetfelder von 500 kG (50 T) erreicht. In einem Volumen von 2 cm^3 betrug das Magnetfeld für wenige Millisekunden 320 kG ($=$ 32 T).

Die ersten kurzzeitigen Magnetfelder wurden 1924 von Deslandres und Pérot in Paris in wenigen Minuten in einem eisenfreien Magneten mit Wasserkühlung mit einer Leistung von 340 kW in einem Volumen von 4 cm^3 erzeugt [15]. Später wurden von Kapitza wassergekühlte Magnetspulen für mehrere Tesla, die im Prinzip wie die Bittermagnete funktionierten [16] als Standardmagnet in größerer Zahl hergestellt.

Nach den Nebelkammerexperimenten untersuchte Kapitza den Zeeman-Effekt und beobachtete außerdem den Paschen-Back-Effekt. Es folgten Untersuchungen der galvanomagnetischen Eigenschaften von Metallen in starken Magnetfeldern. Dabei beobachtete Kapitza 1928 in hohen Magnetfeldern eine lineare Abhängigkeit des elektrischen Widerstandes einiger Metalle vom Magnetfeld. Eine Erscheinung, die erst 30 Jahre später auf die komplizierte Struktur der Fermi-Flächen von Metallen zurückgeführt werden konnte. Bei Untersuchungen der Magnetostriktion von Para- und diamagnetischen Stoffen entdeckte er eine anomal große Magnetostriktion von diamagnetischen Wismuteinkristallen, die sich entlang der trigonalen Achse stark ausdehnen.

Aus dem Nachlass von Ludwig Monde baute die Royal Society an der University of Cambridge für Kapitza ein eigenes Labor, das Monde-Laboratorium, das 1933 mit dem von Kapitza entwickelten Heliumverflüssiger eingeweiht wurde.

3.2.3 Der Heliumverflüssiger

Der Franzose Georges Claude, der 1902 gemeinsam mit Paul Delorme die Firma Air Liquide gründete, stellte sich beim Studium der Luftverflüssigungsanlage von Linde die Frage, warum in der Anlage für den Schritt der Kälteerzeugung nur ein Joule-Thomson-Ventil mit geringer Kälteleistung eingesetzt wird, wenn sie mit einem Kolben mehr Arbeit verrichten könnte und damit eine höhere Kälteleistung erzielen würde. In diesem Fall würde ein Druck von 20 bar anstelle der 200 bar des Linde-Verfahrens für die Luftverflüssigung ausreichen. Er erkannte aber, dass bei den angestrebten tiefen Temperaturen jedes normale Schmiermittel für den Kolben einfrieren würde und Linde diese Schwierigkeit mit dem Ventil umgangen hat. Mit einer Lösung für die kontinuierliche Bewegung des Kolbens bei der Siedetemperatur der flüssigen Luft gelang Claude ein technologischer Durchbruch, und er eroberte mit der Abtrennung von Sauerstoff aus der flüssigen Luft mit der Firma Air Liquide den Markt [17].

Auch die erste Verflüssigung von Helium durch Kamerlingh Onnes gelang mit einem Joule-Thomson-Ventil (s. Abschn. 1.1). Je idealer aber ein Gas ist, desto geringer ist die Wirksamkeit der Joule-Thomson-Expansion. Da Helium einem idealen Gas sehr nahekommt, ist der Effekt der Expansion nicht sehr groß. Meißner berechnete, dass die Kälteleitung der Joule-Thomson'schen Expansion für Helium nur 1 % der Leistung einer Expansionsmaschine, die äußere Arbeit leistet, beträgt. Deshalb entschied sich Kapitza, in seinem Heliumverflüssiger einen Expansionsdetander einzusetzen, mit dem Claude bei der Luftverflüssigung Erfolg hatte. Mit dieser Lösung konnte Kapitza sogar auf die Vorkühlung mit flüssigem Wasserstoff verzichten, was nicht nur die Verflüssigung wesentlich vereinfachte, sondern auch die Sicherheit der Anlage erhöhte.

In Abb. 3.7 sind neben dem Bild des Verflüssigers der Querschnitt des Geräts und daneben auch der Detander dargestellt.

Kapitza wollte für die Verrichtung der Arbeit des Gases bei der Expansion eine Turbine einsetzen, um das Schmieren des Kolbens zu umgehen. Eine Turbine wäre zu dieser Zeit jedoch für sinnvolle Kühlleistungen viel zu klein geworden. Deshalb wurde für die Verrichtung der Arbeit und der damit verbundenen Abkühlung ein Detander, ein beweglicher Kolben in einem Zylinder, eingesetzt.

Der Kolben wurde auf einem Abstand von 40–50 µm in den Zylinder eingepasst und mit feinen Nuten versehen. Die Schmierung erfolgte mit Heliumgas und die Nuten ermöglichten einen schnellen Druckausgleich. Durch diese Konstruktion ergaben sich zwar Gasverluste, die jedoch durch die Kühlleistung aufgewogen wurden [18].

Der Kapitza-Heliumverflüssiger besteht aus einem evakuierten, oben und unten abgerundeten Kupferzylinder, mit einer Vorkühlung mit flüssigem Stickstoff (N_2) im Außenmantel und vier Wärmetauscher (A, B, C, D in der Mitte von Abb. 3.7). Helium durchströmt unter Druck den ersten Wärmetauscher A, die N_2-Vorkühlung und den zweiten Wärmetauscher, bevor es in den Expander (rechts in der Abb. 3.7) gelang.

Das Helium tritt unter Hochdruck in den Wärmetauscher A ein, wo es durch die rückströmenden Gase Stickstoff und Helium vorgekühlt wird. Es kommt mit flüssigem Stickstoff N_2 in Wärmekontakt und wird auf 77 K abgekühlt. Im zweiten Wärmetauscher B wird es vom zurückströmenden Heliumgas weiter abgekühlt. Danach teilt sich der Gasstrom. Ein Teil strömt in den Expander, der andere strömt durch den dritten Wärmetauscher C. Danach werden beide Ströme gemeinsam im vierten Wärmetauscher D durch das aus dem Verflüssigungsbereich zurückströmende Heliumgas noch weiter abgekühlt und in einem Joule-Thomson-Ventil verflüssigt.

Die Bewegung des Kolbens erfolgt mit einem Elektromagneten oder einem Motor, der sich mit der Steuerung der Bewegung über dem Verflüssigungskörper befindet. Für eine effektive Arbeit des Kolbens erfolgt die Expansion mit hoher Geschwindigkeit des Kolbens von 1/10 s pro Hub und einer langsamen Rückbewegung. Zur Vernichtung der Expansionsarbeit des Kolbens ist der Kältebereich

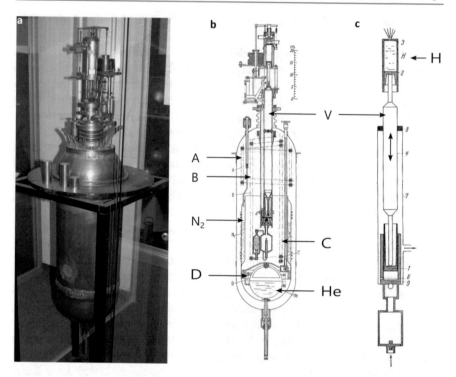

Abb. 3.7 (**a**) Der von Kapitza 1934 im Monde-Laboratorium entwickelte Heliumverflüssiger ist mit einer Expansionsmaschine (**c**) ausgerüstet. Er wurde zum Prototyp aller später kommerziell entwickelten Heliumverflüssiger. Das Foto zeigt den Verflüssiger im Museum der University Cambridge. (©: Cavendish Laboratory, University of Cambridge). Das mittlere Bild zeigt den Innenaufbau des Verflüssigers. Rechts oben ist eine der ersten Ausführungen eines Expansionsdetanders mit einem Wasserdämpfungsglied, für die Aufnahme der Arbeitsleistung, zu sehen. Die Expansionsmaschine bewegt die Verbindungsstange V schnell nach oben und langsam nach unten. (Mit freundlicher Genehmigung der Universität Cambridge) (**b, c** aus: Van Lammeren 1941, S. 131 und 134)

über einer Verbindungsstange V (Abb. 3.7b) mit einem hydraulischen Mechanismus über der Anlage verbunden (s. H oben in Abb. 3.7c) [18]. Dabei wird im Zylinder H Wasser mit dem Kolben 2 durch eine kleine Öffnung 3 gedrückt.

Die Rückführung des Kolbens erfolgte durch Druckwasser, das den Kolben 2 wieder zurückschiebt. Das abgekühlte Gas wird unten im Expander durch die Austrittsöffnung 6 aus dem Zylinder geschoben, sodass neues Gas mit einem Druck von 25 bis 30 bar durch das Ventil 9 den Expander wieder füllen kann. Bei der adiabatischen Entspannung des Gases sinkt der Druck von 30 bar auf 2,2 bar und die Temperatur von 19 K auf 10 K. Der Expander arbeitet periodisch mit 100 bis 120 Hüben in einer Minute.

Das Gas verlässt den Zylinder mit einer Temperatur von 10 K und wird in einem Joule-Thomson-Ventil, direkt unter dem Zylinder, in das kugelförmige Auffanggefäß verflüssigt.

Heute werden die Expansionsmaschinen der Heliumverflüssiger, so wie es Kapitza vorgesehen hatte, auch mit Expansionsturbinen betrieben. Derartige Turbinen rotieren mit 4500 Umdrehungen pro Sekunde und haben eine Effizienz von 75 bis 80 %.

3.2.4 Kapitza wird von Stalin in Moskau festgehalten

Seit 1926 besuchte Kapitza, der mit seiner Familie in Cambridge lebte, regelmäßig die Sowjetunion. Bei einem Besuch 1934 in Moskau wird ihm die Ausreise nach England von Stalin verwehrt. Er darf die Sowjetunion nicht mehr verlassen. Nach einem halben Jahr Diskussion wird entschieden, in Moskau für Kapitza ein Tieftemperaturinstitut aufzubauen. Da jedoch keine technische Basis vorhanden war, gelang es Rutherford das Monde-Laboratorium an Russland zu übergeben [19]. So entstand unter Kapitzas Leitung auf den Sperlingbergen über der Moskwa an der Kaluschskaja Sostawa (heute Gagarin-Platz) ein Gebäudekomplex, das Institut für Physikalische Probleme. Es wurde mit den gesamten Geräten des Monde-Laboratoriums, einschließlich aller Wasserhähne und Sanitäreinrichtungen eingerichtet. Später wurde diese Laboreinrichtung von der UdSSR an England bezahlt.

Man sagt, das Gelände auf den Sperlingbergen war vorher den Amerikanern als Grundstück für ihre Botschaft angeboten worden. Denen war die Lage über dem Novodevitschi Kloster an der Moskwa jedoch vom Stadtzentrum zu weit entfernt.

3.2.5 Suprafluides Helium

Nachdem Kapitza mit seinem Verflüssiger genügend flüssiges Helium zur Verfügung stand, begann er, die Eigenschaften dieser ungewöhnlichen Flüssigkeit zu untersuchen. Dabei knüpfte er an die Arbeiten von Keesom und Clusius im Kamerlingh Onnes Laboratorium in Leiden, der Hochburg der Tieftemperaturphysik, an.

Kamerlingh Onnes hatte schon sehr früh beobachtet, dass bei Temperaturerniedrigung des flüssigen Heliums durch Dampfdruckerniedrigung bei 2,17 K das Verdampfen innerhalb der Flüssigkeit und die damit verbundene typische Blasenbildung plötzlich verschwinden. Die Verdampfung findet dann nur an der Oberfläche der Flüssigkeit statt. Diese Anomalie wurde auch für die Dielektrizitätskonstante und bei der Verdampfungswärme beobachtet, sodass vermutet wurde, dass zwei Modifikationen des flüssigen Heliums vorliegen müssten [20].

Flüssiges Helium hat eine sehr geringe Dichte, nur ein Siebtel der Dichte von Wasser. 1911 beobachtete er, dass flüssiges Helium bei 2,17 K mit $\rho(2,2\ K) = 820$ $D_0 = 0,147$ g/cm^3, ein Dichtemaximum hat. ($D_0 = 1,787\ 10^{-4}$ ist die Dichte des flüssigen Heliums über 2,17 K unter Normaldruck.)

Besonders charakteristisch ist das scharfe Maximum der spezifischen Wärme bei 2,17 K, das 1932 von Keesom und Clusius beobachtet wurde (s. Abb. 3.8a). Das bedeutet einen Phasenübergang. Da dieser Übergang jedoch ohne latente Wärme auftritt, ist das ein Phasenübergang zweiter Art.

Es wurde klar, bis zu 2,17 K ist Helium eine normale Flüssigkeit, darunter eine ungewöhnliche Modifikation, die unter Normaldruck bis an den absoluten Nullpunkt flüssig bleibt. Wegen der Form der Temperaturabhängigkeit der spezifische Wärme 2,17 K wird dieser Punkt des Phasenüberganges als λ-Punkt bezeichnet. Die Flüssigkeit wird bei Normaldruck über dem λ-Punkt als Helium I bezeichnet. Die Modifikation unter 2,17 K wird als Helium II bezeichnet. Sie siedet sehr leicht und würde ohne Dewargefäße mit verspiegelten Doppelwänden sofort verdunsten. Die Veränderung dieses Verhaltens weist auf eine sehr starke Erhöhung der Wärmeleitfähigkeit hin.

Keesom und Clusius vermuteten eine Druckabhängigkeit dieses charakteristischen Punktes T_λ, die mit Druckzunahme den Punkt nach tieferen Temperaturen verschiebt [21]. Die Linie zwischen den beiden Modifikationen der Flüssigkeit wird als λ-Linie bezeichnet. Sie schneidet die Dampfdruckkurve unter Normaldruck im λ-Punkt bei 2,17 K. Auf der Schmelzkurve erreicht die λ-Linie bei 29,9 bar 1,75 K. Deshalb gibt es keinen Tripelpunkt.

Das Helium II bleibt bei Normaldruck bis zum absoluten Nullpunkt flüssig. Unter 25 bar wird eine Kristallbildung durch Nullpunktschwingungen der Atome verhindert.

Dass sich Helium II vom Helium I durch eine außergewöhnliche Wärmeleitfähigkeit unterscheidet, konnten Keesom und seine Tochter durch Messungen in sehr dünnen Kapillaren nachweisen. Es zeigte sich, dass Wärmeleitfähigkeit des Heliums II um eine Million Mal größer als die von Kupfer ist. Entsprechend ist diese hohe Wärmeleitfähigkeit für das Verschwinden des Siedens bei 2,17 K verantwortlich. Denn sie bringt die Wärme schlagartig an die Oberfläche des flüssigen Heliums und führt dort zur Verdampfung. Blasenbildung im Inneren der Flüssigkeit wird durch diese große Wärmeleitfähigkeit verhindert.

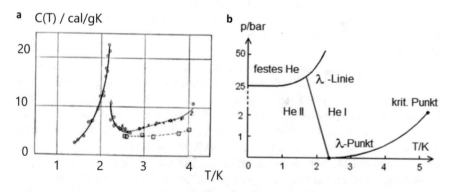

Abb. 3.8 a Die λ-Kurve im Phasenübergang der spezifischen Wärme von flüssigem Helium in Bereich von 1 bis 5 K [22]. **b** Phasendiagramm des flüssigen Heliums mit dem λ-Punkt und der λ-Linie, die Grenze zwischen den Phasen He I (dem normalflüssigen Helium) und He II (dem supraflüssigen Heliums)

Kapitzas Untersuchungen der Viskosität und der Wärmeleitung des Heliums II in Cambridge wurden durch das Festhalten von Kapitza in Moskau abrupt unterbrochen und konnten erst 1936, nach dem Bau des Kapitza-Instituts für Physikalische Probleme in Moskau wieder aufgenommen werden.

Abb. 3.9 zeigt ein Protokoll der Viskositätsmessungen von Kapitza. In der Skizze der Messanordnung strömt Helium II von oben aus der mit 0,12 bezeichneten Öffnung und durch den mit „Sliv" bezeichneten Spalt zwischen zwei

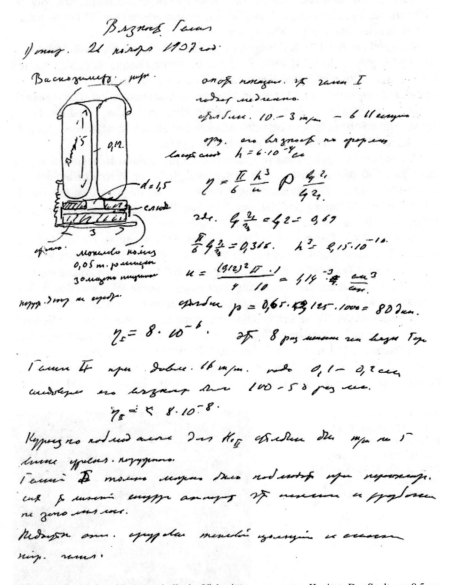

Abb. 3.9 Kopie eines Messprotokolls der Viskositätsmessung von Kapitza. Der Spalt von 0,5 μm zwischen den geschliffenen Plättchen, in dem die Strömung des Heliums gemessen wurde, ist mit (слив-sliv-Spalt) bezeichnet [23]. (Mit freundlicher Genehmigung des P. L. Kapitza Instituts)

optisch polierten Flächen, die einen Abstand von 0,5 μm haben. Aus der Durch-
flussmenge und der Durchflusszeit wurde eine Viskosität $\eta = 8 \times 10^{-8}$ Poise
ermittelt. (Zum Vergleich: Die Viskosität von Wasser η (20 °C) beträgt 7,97 10^{-3}
Poise.) Heute erhält man mit dieser Messmethode Werte von $\eta < 10^{-11}$ Poise. Die
in dieser Form durchgeführten Messungen der Viskosität erbrachten die Gewissheit,
das Helium II eine ideal fließende Flüssigkeit ist.

Die hohe Wärmeleitung versuchte Kapitza zuerst durch Konvektion zu
erklären. Dann müssten jedoch die Konvektionsgeschwindigkeiten bis zu
1000 m/s betragen. Da das nicht möglich ist, musste eine andere Erklärung für die
hohe Wärmeleitfähigkeit gesucht werden.

Wenn Helium bei 4,21 K flüssig wird, ist die Flüssigkeit ein verdichtetes Gas.
Bei 2,17 K geht es in He II über. He II hat so wenig Energie, dass sich ein Teil
der Flüssigkeit im niedrigsten Energieniveau zu sammeln beginnt. Die Atome im
untersten Energieniveau bilden einen kohärenten Quantenzustand. Die Atome in
höheren Energieniveaus bleiben eine normale Flüssigkeit. Der Anteil des He II,
der sich im untersten Niveau befindet, scheidet aus allen Wärmeprozessen aus. Er
kann keine Wärme übertragen, da er keine Energie hat.

Messungen der Ausbreitung von Schallwellen im Heliums II zeigten, dass sich
diese mit 230 m/s ausbreiten. Die Geschwindigkeit der Wärmeausbreitung ist
einige Male größer. Die Beobachtung der Wirkung zufälliger, schwacher Druckwellen auf die Strömung des Heliums II in Kapillaren ergab eine Erhöhung der
Wärmeleitfähigkeit um das Hundert- bis Tausendfache.

Das veranlasste Kapitza zu der Frage: Wenn Ströme, die in diesem Fall von
Druckwellen hervorgerufen werden, die Wärmeleitfähigkeit beeinflussen, müssten
dann nicht auch Wärmeimpulse Ströme hervorrufen? Im Ergebnis konnte die hohe
Wärmeleitfähigkeit auf die Ausbreitung von longitudinalen Wärmewellen zurückgeführt werden (Abb. 3.10). Und Kapitza konnte zeigen, das Wärmewellen Strö-
mungen hervorrufen. Diese Erscheinung erhielt die Bezeichnung „zweiter Schall".

Seine Ergebnisse publizierte Kapitza 1938 in der Zeitschrift *Nature* unter dem
Titel „Viscosity of liquis helium below the λ-Point" [24]. In der gleichen Ausgabe
dieser Zeitschrift, eine Seite weiter, veröffentlichten Allen und Misener aus Cambridge unter dem Titel „Flow of liquid helium" ähnliche Ergebnisse [25].

Abb. 3.10 Kapitza mit
seinem Mitarbeiter S. I.
Filomonow bei einem
Experiment mit flüssigem
Helium 1936 in Moskau. (Mit
freundlicher Genehmigung
des P. L. Kapitza-Instituts)

1940 sprach Kapitza auf der Plenartagung der Akademie der Wissenschaften der Sowjetunion über „Probleme des flüssigen Heliums". In diesem Vortrag stellte er Experimente vor, mit denen er die Suprafluidität entdeckt hatte und demonstrierte die Suprafluidität mit weiteren Experimenten [26].

Diese sind in der Abb. 3.11 dargestellt. In Abb. 3.11a befindet sich in einem Dewargefäß mit suprafluidem Helium II. Es enthält ein zweites Gefäß, auch mit He II. Das Niveau im inneren Gefäß ist zu Beginn höher als im Außengefäß. Das suprafluide Helium kriecht die Gefäßwand hoch in das äußere Gefäß, bis die Niveaus ausgeglichen sind.

In Abb. 3.11b befindet sich im He II ein kleiner Kolben, auch mit flüssigem Helium II gefüllt, und eine kleine Heizung. Der Kolben ist über eine horizontale Kapillare geöffnet. Vor der Öffnung der Kapillare befindet sich ein kleiner Flügel an einem drehbaren Hebel. Der Hebel ist wie im Spiegelgalvanometer an einem Glasstab befestigt. Der Spiegel befindet sich über dem Dewar, sodass die kleinste Bewegung des Hebels durch einen reflektierten Lichtstrahl erfasst werden kann.

Wenn das He II im Kolben erwärmt wird, bewegt sich der Flügel. Durch die Erwärmung wandelt sich das suprafluide Helium in normales He I um. Dabei werden Phononen erzeugt, die den Heliumatomen kinetische Energie verleihen und diese deshalb aus dem Kolben herausströmen, was von der Bewegung des Flügels angezeigt wird. Der dabei im Kolben auftretende Flüssigkeitsverlust wird durch suprafluides Helium, das an der Kapillarinnenwand in den Kolben strömt, ausgeglichen. Abb. 3.11c zeigt diesen Effekt mit sechs Spinnenarmen.

Für Kapitza gab es nach diesem Experiment klar zwei Zustände der Flüssigkeit: einen makroskopischen Quantenzustand unter 2,17 K, das Helium II ohne

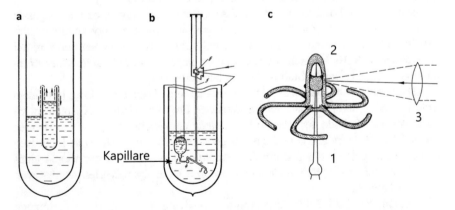

Abb. 3.11 Schematische Darstellung der Experimente, mit denen die Suprafluidität von Kapitza demonstriert wurde. **a** Superfluides Helium kriecht im inneren Gefäß in einer dünnen Schicht solange an der Wand hoch in das äußere Gefäß, bis die Flüssigkeit in beiden Gefäßen gleich hoch ist. **b** He II wird in einem kleinen Behälter mit einem elektrischen Heizer erwärmt. Es wandelt sich in He I um, das einen größeren Raum benötigt. Es strömt aus dem Behälter heraus, wobei es einen kleinen Flügel wegdrückt. **c** Auf der Spitze einer feinen Nadel (1) befindet sich ein He-II-Behälter (2), verbunden mit sechs Spinnenarmen. Wenn der Behälter mit Licht (3) bestrahlt wird, wandelt sich He II in He I um und strömt aus den Armen heraus. Die Spinne dreht sich [26]

Viskosität, das reibungsfrei an der Wand der Kapillare in den Kolben kriecht, und den Zustand über 2,17 K das Helium I, das aus dem Kolben austritt und eine Kraft auf den Flügel vor der Austrittsöffnung ausübt.

Zusammenfassend kann festgestellt werden, dass durch die Ausbreitung wellenförmiger Wärmeimpulse im Helium II Wärmeleitungsströme hervorgerufen werden, die die hohe Wärmeleitfähigkeit bedingen. Diese Wärmewellen werden im suprafluiden Helium durch Wärmefluktuationen angeregt. Sie transportieren Wärme und breiten sich neben den Schallwellen aus, deshalb der Name „zweiter Schall".

Suprafluidität wird in beiden Heliumisotopen ^{4}He und ^{3}He beobachtet.

3.2.6   Sauerstoffindustrie und Verbannung

Neben seiner Forschungsarbeit entwickelte Kapitza in den Jahren 1936–1938 eine hocheffektive Methode der Luftverflüssigung und es gelang ihm, in einer Stunde 200 kg Sauerstoff aus der Luft zu trennen. Die erste Anlage entwickelte er 1937 mit einem Turbinenexpander im Institut auf den Sperlingsbergen.

1943 wurde Kapitza die Leitung der russischen Sauerstoffindustrie übertragen. Den Arbeiten von Claude folgend, hatte Kapitza in der zweiten Hälfte der dreißiger Jahre die Methode zur Luftverflüssigung und der Abtrennung von Sauerstoff mit Turbinen für die industrielle Nutzung realisiert. Im Krieg wurde das Institut für Physikalische Probleme nach Kasan evakuiert. Noch im Herbst 1945 wurde die Anlage TK2000 in Betrieb genommen, die in einer Stunde mehrere Tonnen flüssigen Sauerstoff, bis zu 1/6 der Produktion des Landes, produzierte [27].

Nach den Atombombenabwürfen der Amerikaner auf Hiroshima und Nagasaki wurde in der Sowjetunion eine Sonderkommission für die Koordinierung aller Arbeiten für einen beschleunigten Bau einer Atomwaffe ins Leben gerufen, der unter anderem Joffe, Kurtschatov und Kapitza angehörten. Die Leitung der Kommission hatte L. P. Berija, Stalins Geheimdienstchef [19].

Kapitza hatte schon Ende 1937 mit Berija zu tun, als es ihm gelang, mit einem Brief an Stalin, den Professor der theoretischen Physiker Vladimir Alexandrowich Fock, der die Methode der zweiten Quantelung entwickelt hatte, aus den Händen des NKWD zu befreien. Und dann, im gleichen Jahr, als es ihm mit intensiven Bemühungen gelang, die fast ein Jahr dauerten, Lew Landau, der wegen eines Flugblattes vom sowjetischen Geheimdienst ins Gefängnis geworfen worden war, frei zu bekommen.

In einem Brief an Stalin übte Kapitza ernsthafte Kritik an der Übertragung der Leitung der Sonderkommission für den Bau einer Atomwaffe an Berija. Das Ergebnis war, dass Stalin Kapitza aus der Kommission herausnahm und Berija gebot, Kapitza nicht anzurühren [19]. Im Ergebnis wurde Kapitza von der Leitung der Sauerstoffindustrie ausgeschlossen. Er verlor auch das Institut für Physikalische Probleme, in dem er nach dem Neuaufbau in Moskau erst 4½ Jahre wissenschaftlich gearbeitet hatte, und wurde völlig isoliert und mittellos in seinem Landhaus vor Moskau nach Nikolina Gora verbannt.

Hier begann er ein kleines Labor aufzubauen, befasste sich mit der Hydro-
dynamik dünner Schichten viskoser Flüssigkeiten. Erst arbeitete er allein, dann mit
seinen Söhnen, bis er seinen langjährigen Mitarbeiter S. I. Filomonov zur Mitarbeit gewinnen konnte. Er wandte sich Mikrowellenhochleistungsgeneratoren zu,
mit denen er sehr intensive Mikrowellenstrahlung erzeugte. Es gelang ihm, Interesse für diese Arbeiten bei der Regierung zu wecken.

1947 wird er Professor an der Moskauer Universität. Jedoch auch diese Professur verliert er 1950 wieder.

Nach dem Tod von Stalin und der Verhaftung von Berija wird die Verbannung
aufgehoben. Sein privates Labor wird Laboratorium der Akademie der Wissenschaften. Aber erst anderthalb Jahre später, im Januar 1955 wird er wieder zum
Direktor seines Instituts für Physikalische Probleme auf den Moskauer Sperlingsbergen berufen. Hier werden seine Arbeiten zur Hochleistungselektronik und
Plasmaphysik, die er in Nikolina Gora begonnen hatte, fortgesetzt. Kapitza entwickelt auch ein System zur Energieübertragung mit Mikrowellen aus dem Weltraum. Die Diskussion über derartige Systeme lebt heute wieder auf. Seit 1954 war
er ständiges Mitglied des Präsidiums der Akademie der Wissenschaften der UdSSR.

Kapitzas Mitarbeiter Michail S. Chaikin äußerte einmal, dass Kapitza, ungeachtet
der völligen Unvereinbarkeit mit Berija, als Sohn eines Generals aus der Waffen-
produktion an der Atombombe mitgearbeitet hätte. Aber er war der Meinung, die
Atombombe kann nicht funktionieren.

Erst 1978 erhielt Kapitza den Nobelpreis für die Entdeckung der Suprafluidität
als einen makroskopischen Quantenzustand. Sechs Jahre später starb er, wenige
Wochen vor seinem 90. Geburtstag, am 8 April 1984.

3.3   Suprafluidität und das Bose-Einstein-Kondensat

Nach der Entdeckung der Suprafluidität durch Kapitza erkannte Fritz London dass
im ^{4}He unterhalb des λ-Punktes ein makroskopischer Quantenzustand entsteht
und veröffentlichte diese Idee 1938 unter dem Titel „The λ-phenomenon of liquid
helium and the Bose-Einstein degeneracy" [28]. Dabei betrachtete er das Helium
in diesem Zustand als ein Bose-Einstein-Kondensat (BEC). Ein solches Kondensat ist ein makroskopischer Quantenzustand, der durch eine einzige Wellenfunktion
beschrieben wird. 1924 hatte Einstein gezeigt, dass eine weitgehende Kondensation von Bosonen im Grundzustand schon bei endlichen Temperaturen auftritt [29].

Um diesen makroskopischen Quantenzustand zu verstehen, eine kurze
Bemerkung zur Statistik der Elementarteilchen. Die Elementarteilchen genügen
nicht der klassischen Boltzmann-Statistik, sondern zwei Quantenstatistiken, der
Fermi-Dirac- oder der Bose-Einstei-Statistik. Zu welcher Statistik die Teilchen
gehören, hängt von ihrem magnetischen Moment, dem Spin, ab. Die Elektronen
und alle anderen Elementarteilchen, die ein halbzahliges magnetisches Moment,
d. h. einen halbzahligen Spin, 1/2, 3/2, … haben, genügen der Fermi-Dirac-
Statistik und werden als „Fermionen" bezeichnet. Die Elementarteilchen mit
ganzzahligem Spin 0, 1, 2, … genügen der Bose- Einstei-Statistik und werden als

„Bosonen" bezeichnet. Der Unterschied der beiden Statistiken besteht vor allem in ihrer Energieverteilung.

Fermionen, wie die Elektronen, besetzen einen Energiezustand mit einem Teilchenpaar mit entgegengerichteten Spins, spinauf und spinab. Ist das unterste Energieniveau mit einem Elektronenpaar gefüllt, muss das nächste Teilchen schon einen höheren Energiezustand einnehmen. Die Energie wächst mit der Teilchenzahl ständig, bis zu einer Grenzenergie, der Fermi-Energie, so dass die Teilchen in den höchsten Energiezuständen auch eine hohe Energie haben, auch bei $T \to 0$.

Dagegen können die Bosonen, wie Photonen oder ^{4}He-Atome, die den Spin 0 haben, einen Energiezustand beliebig oft besetzen. Das hängt nur von der gesamten Energie aller Teilchen ab. Bei tiefen Temperaturen ist die Gesamtenergie sehr klein und die meisten Bosonen befinden sich in den unteren Energiezuständen, in denen es unterhalb einer kritischen Temperatur zur Kondensation, d. h. zur Bildung eines Bose-Einstein-Kondensats kommen kann (s. IV. Kap. 12).

Fritz London hatte 1928 bei Nernst habilitiert. 1933 wurde er wie sein Bruder Heinz aus Deutschland vertrieben und ging erst nach Paris, dann mit nach Oxford. Dort entwickelten die Brüder London die erste phänomenologische Theorie der Supraleitung, die London-Theorie (s. III. Abschn. 9.1).

Landau [30] betrachtete Helium II als ein makroskopisch quantisiertes Kondensat mit zwei kollektiven Anregungen. Eine Anregung einer normalfluiden Komponente ohne Suprafluidität mit linearer Dispersion ($E \sim p = \hbar k$) und und die Anregung quadratischer Dispersion ($E = p^2/2\,m$), die wie bei der Supraleitung eine Anregung einer Mindestenergie $\Delta_R/k_B = 8{,}67$ K erfordert. Die Anregung mit linearer Dispersion bezeichnete er als „Phononen", die Anregungen der superfluiden Phase mit der Energie Δ_R als „Rotonen".

Die superfluide Phase nimmt mit Abnahme der Temperatur zu, sodass bei $T \to 0$ K nur noch diese Phase existiert. Und umgekehrt, bei Erhöhung der Temperatur wächst der Anteil der normalen Phase im Kondensat und geht an der λ-Linie in die normalfluide Phase über. Die Struktur des Anregungsspektrums, wie sie aus der Landau-Theorie folgt, konnten durch Neutronenstreuexperimente bestätigt werden [31]. Rotonen sind wie die Phononen thermische Anregungen des supraflüssigen Heliums. Der physikalische Hintergrund der Rotonen ist jedoch noch nicht vollständig verstanden (Abb. 3.12).

Feynman konnte 1953 zeigen, dass sich die Landau-Theorie aus quantenmechanischen Betrachtungen qualitativ ableiten lässt [32].

Erst 60 Jahre später, als von Eric A. Cornell, Carl E. Wieman und Wolfgang Ketterle an kaltem Alkalidampf die Bose-Einstein-Kondensation beobachtet wurde (s. IV. Abschn. 12.3), zeigte sich, dass die Landau-Theorie und die Theorie des Bose-Einstein-Kondensat äquivalent sind [33].

Der Unterschied zwischen dem Kondensat des Alkalidampfes und dem flüssigen Helium unterhalb des λ-Punktes besteht darin, dass die kalten Alkalidämpfe ideale Bose-Einstein-Kondensate sind, wogegen die Heliumatome in der flüssigen Phase unterhalb des λ-Punktes in diesem Zustand noch untereinander schwach wechselwirken. Wie im Vorhergehenden gezeigt wurde, fließt Helium bei $T_\lambda = 2{,}17$ K ohne Reibung und das Sieden verschwindet, die Temperatur ist homogen über die ganze Flüssigkeit verteilt.

Abb. 3.12 Zeigt von
links nach rechts I. M.
Chalatnikov, der eine erste
Theorie der Suprafluidität
aufstellte, Nobelpreisträger
Lew Davidovich Landau
und seinen Koautor
Eugen Michailovitch
Lifschitz, Herausgeber
des Standardwerks der
Theoretischen Physik
„Landau-Lifschitz" vor dem
Institut für Physikalische
Probleme. (Mit freundlicher
Genehmigung des P. L.
Kapitza-Instituts)

3.4   Die Kapitza-Schule

3.4.1   Die Seminare

In den 1960er-Jahren gab es im Institut für Physikalische Probleme zwei Seminare, das Kapitza-Seminar und das Theorie-Seminar von Lew Landau, der die Gruppe der theoretischen Physiker im Institut leitete. Im Kapitza-Seminar fanden sich stets die Experimentatoren und die Theoretiker ein. Die Theoretiker saßen im Vortragssaal in der ersten Etage des Hauptgebäudes des Instituts rechts, die Experimentatoren links neben der Bibliothek. Kapitza saß rechts auf der Bühne. Er hatte einen Gavel und ein Klopfbrett vor sich, womit er die Diskussionen leitete. In den 1960er Jahren assistierte Alexei Abrikosov als wissenschaftlicher Sekretär. Die Anwesenheit der Theoretiker brachte stets Spannung in die Diskussionen. Landaus Fragen waren gefürchtet.

Im Landau-Seminar wurde immer sehr scharf diskutiert. Der Höhepunkt war meist Landaus Schlusswort. Nach seinem schweren Autounfall auf eisglatter Straße auf dem Weg nach Dubna am 7. Januar 1962 lag Landau drei Monate im Koma. Als er nach langer Zeit wieder am wissenschaftlichen Leben teilnehmen konnte, sah man ihn oft mit großen Schwierigkeiten die Freitreppe im Foyer des Hauptgebäudes zum Seminarraum erklimmen. Einen Lift gab es im Gebäude nicht.

An den Wänden der Treppe, die zum Saal führte, und im oberen Korridor gab es oft Kunstausstellungen, darunter Bilder zeitgemäßer Künstler, die in der Öffentlichkeit weniger zu sehen waren. Über die ausgestellten Werke wurde zeitweilig ebenso kontrovers diskutiert, wie über die wissenschaftlichen Probleme in den Seminaren, in denen auch Nils Bohr, Paul Dirac, Kurt Mendelssohn, Schönberg und viele andere große Physiker auftraten.

Die Diskussionen wurden jedoch nicht nur in den Seminaren und auf den Korridoren geführt. Ständig wurde auch in den Laboren diskutiert und gestritten. Meist kamen Theoretiker mit „einfachen" Fragen ins Labor, setzten sich nach ersten Antworten auf einen Stuhl und schauten dem Treiben der Experimentatoren zu. Dann kamen wieder neue Fragen. Auf diese Weise wurden die von Chaikin entdeckten Mikrowellenoszillationen in schwachen Magnetfeldern, die kleiner als das Erdmagnetfeld sind, als magnetische Oberflächenzustände in Metalloberflächen erklärt, mit denen heute topologische Isolatoren, die Elektronenstruktur des Graphens und die Spin-Elektronik beschrieben werden können.

In den 1960er Jahren arbeitete in Institut für Physikalische Probleme Alexei Abrikosov, Schüler von Landau, an der Theorie der Supraleiter 2. Art. Dem Experimentator Savaritzky gelang es als Ersten, die von Abrikosov berechneten, magnetischen Wirbelgitter, die heute als Abrikosov-Gitter bekannt sind, nachzuweisen. U. Essmann vom Max-Plank-Festkörper-Institut Stuttgart demonstrierte 1968 auf der LT-11 in St. Andrews elektronenmikroskopische Aufnahmen des Abrikosov-Gitters.

Der Theoretiker Mark Asbel erklärte die magnetischen Oberflächenzustände auf der Grundlage der Asbel-Kaner-Zyklotronresonanz, die er zuvor mit Emanuel Kaner entwickelt hatte.

Damals gelang es auch Vassili Peschkow im Institut, die Entmischung der Isotope ^{3}He und ^{4}He bei Abkühlung unter einer Temperatur von 0,8 K experimentell nachzuweisen (s. Abb. 10.4b).

3.4.2   Die Wissenschaftler

Der internationale Trend, gut ausgerüstete Forschungsinstitute für die Grundlagenforschung zu gründen, die die besten Wissenschaftler anzogen, setzte sich auch in der Akademie der Wissenschaften der Sowjetunion durch. Für die Ansprüche dieser Institute fehlte aber oft ein gut ausgebildeter wissenschaftlicher Nachwuchs. Deshalb nahmen diese Einrichtungen die Ausbildung besonders begabter Studenten oft selbst in die Hand.

So entstand nach dem Zweiten Weltkrieg aus dem 1918 von Abram Fedorowitsch Joffe gegründeten Physikalisch-Technischen Institut das Institut für Physik und Technologie, kurz „Phystech" genannt, für das sich Kapitza persönlich engagierte. Wie der Nobelpreisträger Andre Konstantinowitsch Geim in seiner Biografie berichtete, waren die Aufnahmeprüfungen für das Physikalische-Technische Institut so streng, dass er noch in den 1970er-Jahren beim ersten Mal in der Prüfung scheiterte und im nächsten Jahr sich nochmal bewerben musste. Andre Geim erhielt 2010 zusammen mit Konstantin Novoselov, wie Geim ein Absolvent des Phystech, den Nobelpreis für die Erforschung des Graphens.

Abb. 3.13   Zeigt einen Teil der Wissenschaftler des Kapitza-Instituts (von links nach rechts vorn): I. M. Chalatnikov, L. P. Pitajevski, A. F. Andrejev, A. S. Borovik-Romanov, A. Ja. Parschi; (dahinter) M. S Kaganov, K. O. Keschischev, V. S. Edelman. Chalatnikov, Kaganov und Borovik-Romanov waren Schüler von Kapitza, Pitajevski, Andrejev, Keschischev und Edelman sind schon die Enkel. Alexander Andrejev, bekannt durch die Entdeckung des Andrejev-Effekts der Supraleitung, wurde Nachfolger von Kapitza als Direktor des Instituts für Physikalische Probleme. (Mit freundlicher Genehmigung des P. L. Kapitza-Instituts)

Um eine Diplomarbeit im Institut für Physikalische Probleme zu erhalten, mussten die experimentell interessierten Studenten des Instituts für Physik und technologie eine Prüfung, das „Kapitza-Minimum" ablegen. Die Studenten, die zur Theorie wollten, wurden von Landau oder seinen Mitarbeitern geprüft.

Wesentlich für die wissenschaftliche Arbeit der Studenten war neben einer strengen Ausbildung in den Grundlagen Physik, Mathematik und Chemie eine intensive Ausbildung in der Konstruktion von wissenschaftlichen Geräten.

Vom Institut für Physikalische Probleme waren Landau und Schalnikov Lehrstuhlinhaber an der Moskauer Universität, Lifschitz, Abrikosov und weitere Professoren gehörten zum Lehrkörper der Universität. Die Grundausbildung von Studenten im Physikalisch-Technischen Institut erfolgte durch die Professoren Chaikin, Ganthmaker, Scharvin u. a., die sich auch als Betreuer der Seminare engagierten (Abb. 3.13).

Literatur

1. Arms, N.: A Prophet in Two Countries. Pergamon Press (1966)
2. Mendelssohn, K.: Walther Nernst und seine Zeit, Physik-Verlag, Weinheim (1976)
3. Simon, F. (1933) Phys. Z. 34 232
4. Flügge S, Low Temperature Physics I, Springer Verlag 1956, S. 119
5. Simon, F.: Physica XVI, 10, 753/759 (1950)
6. Kürti, N., Simon, F.: Experiments at very low temperatures obtained by the magnetic method I—The production of the low temperatures, Proc. Roy. Soc. London, 149, 866, (1935)

7. Simon, F., Ruhemann, M., Edwards, W. A. M.: Untersuchungen über die Schmelzkurve des Heliums. I, Zeitschrift für Physikalische Chemie. Bd 2B, Heft 1, 340–344 (1929); 6 62 (1929); 6 331 (1930)
8. Giauque, W.F., MacDougall, D.P.: Attainment of Temperatures Below 1° Absolute by Demagnetization of $Gd_2(SO4)3 \cdot 8H2O$, Phys. Rev. 43, 768 (1933)
9. De Haas, W.J., Wirsma, E.C., Kramers, H.A.: Das Erreichen niedriger Temperaturen mittels adiabatischer Demagnetisierung, Naturwissenschaften, 21, 467 (1933)
10. Kürti, N. Simon, F.: Physica, Haag 1, 1107 (1934); Kürti, N., Simon, F.: Experiments at very low temperatures obtained by the magnetic method I—The production of the low temperatures, Proc. Roy. Soc. London, 149, 866 (1935)
11. Strehlow, P.: Der Sturz der Entropie, Phys. Jour. 12, 45 (2005)
12. Pobell, F., Scinexx.de 24.09.2015
13. „Priroda", (russ. Natur) Nr. 4, 102 (1994)
14. Borowik-Romanow, A.S., in Kapitza PL *Theorie, Experiment, Praxis* (russ.) Isdatelstvo, Nauka, Moskwa Einleitung (1974)
15. Deslandres, H. Pérot, A.: Compt. Rend. 148, 226 (1914)
16. Bitter, F.: The Design of Powerful Electromagnets Part III. The Use of Iron, Rev. Sci. Instrum., 8, 318 (1937). Bitter, F.: The Design of Powerful Electromagnets Part IV. The New Magnet Laboratory at M. I. T., Rev. Sci. Instrum., 10, 373 (1939)
17. Shachtman T: *Minusgrade* Rowohlt Taschenbuch Verlag, (2001)
18. Van Lammeren, J.A.: *Technik der tiefen Temperaturen*, Julius Springer Berlin, 131 (1941)
19. Aus den Unterlagen des Kapitza-Museums
20. Kamerlingh Onnes, H., Boks, J.D.A.: Commun. phys. Lab. Univ. Leiden 170b; Rep. Comm. 4. int. Congr. Refr. (1924)
21. Keesom, W.H. Clusius, K.: Commun. phys. Lab. Univ. Leiden 216b, Proc. Kon. Akad. Amst., 34, 605 (1931)
22. Schmidt, G., Keesom, W.H., v. Laar, J.J.: Proc. Kon. Akad. Amst., 39, 822 (1936)
23. Piket, G., *Suprafluidität* Natur (rus.), 4, 7 (1974)
24. Kapitza, P.L.: Viscosity of Liquid Helium below the λ-Point, Nature 141, 74 (1938)
25. Allen, J.F., Misener, A.D.: Flow of Liquid Helium II, Nature 141, 75 (1938)
26. Kapitza, P.L.: Experiment, Theorie, Praxis, Nauka Moskwa (1974); Akademie-Verlag Berlin 12 (1984)
27. Kapitza, P.L.: Collected scientific papers, *Low temperature physics and technology,* Nauka 195 (1989)
28. London, F. (1938): The λ-Phenomenon of Liquid Helium and the Bose-Einstein Degeneracy, Nature 141, 643–644. London, F. (1938): On the Bose-Einstein Condensation, Phys. Rev. 54, 947 (1938)
29. Einstein, A.: Sitzungsberichte der Preussischen Akademie der Wissenschaften, Berlin, 261 (1924). 3 (1925)
30. Landau, L.: *The Theory of suprafluidity of Helium II* J. Phys. U.S.S.R. 5, 71 (1941); JETP 11 592 (1941)
31. Donnelly, R.J.: Donnelly, J.A., Hills, R.H., (1981): Specific heat and dispersion curve for helium II, J. Low. Temp. Phys. 44, 5–6, 471–489
32. Feynman, R.P. (1953): The λ-Transition in Liquid Helium, Phys. Rev. 90, 1116
33. Balibar, S.: Séminaire Poincaré 1, 11(2003)

Teil II
Der Tradition der Berliner Universität verpflichtet

Der Neuanfang der Physik in Berlin nach dem Zweiten Weltkrieg

4

Zu Beginn des zweiten Teiles des Buches wird versucht, den Neuanfang der Physik an der Berliner Universität nach dem verheerenden Zweiten Weltkrieg aus der Sicht der Studenten des Matrikels 1954, zu dem auch der Autor gehörte, verbunden mit den Hoffnungen und der Aufbruchsstimmung, die unter den Studenten herrschten, darzustellen. Dabei werden auch die äußeren Bedingungen angesprochen, unter denen sich die Physik an der Universität entwickelte. Das Physik-Institut am Reichstagsufer lag in Trümmern und es waren nur noch wenige Angehörige des Lehrkörpers übriggeblieben, die an die große Physik in der ersten Hälfte des 20. Jahrhunderts erinnerten. Erstaunlich war, Walther Nernst war unter den Professoren und den Studenten allgegenwärtig.

Die ersten Physik-Institute nahmen 1946 ihre Arbeit wieder auf. Und es gelang mit Franz Xaver Eder, durch Rückbesinnung auf die Arbeiten von Walther Nernst und Franz Simon auch die Tieftemperaturphysik wieder ins Leben zu rufen.

4.1 Physikstudium am Beispiel Matrikel 1954

Die Immatrikulation der Humboldt-Universität zum Herbstsemester 1954 fand in den ersten Septembertagen im Senatssaal, im Hauptgebäude unter den Linden 6 statt. Die Studenten trugen sich in ein dickes Buch ein, in dem immer mehrere Studenten zu einer Seminargruppe zusammengefast waren. Die neuen Physikstudenten wurden in die Gruppen für das Diplomstudium und Gruppen für die Hauptfächer Geophysik, Meteorologie und Bibliothekswissenschaften eingeteilt, dazu kam die Gruppe der Physiklehrerstudenten. Die Diplomstudienplätze waren sehr begehrt. Vor allem Lehrerstudenten bemühten sich, in das Diplomstudium zu wechseln. Die Immatrikulationsfeier fand im alten Friedrichsstad Palast neben dem Brecht Theater am Schiffbauer Damm statt. Dort wo heute Berthold Brechts Denkmal steht.

© Springer-Verlag GmbH Deutschland, ein Teil von Springer Nature 2019
R. Herrmann, *Die Tieftemperaturphysik an der Humboldt-Universität im 20. Jahrhundert*, https://doi.org/10.1007/978-3-662-59575-6_4

Nach der Ausgabe der Abiturzeugnisse an meiner Schule, der Max-Planck-Schule[1] in Berlin-Mitte in der Auguststraße, hatten sich mehrere Schüler auf einen Studienplatz an der Humboldt-Universität beworben. Der Chemielehrer Dr. Göttel, der bis zum Kriegsende an der Universität Dozent war, hatte viele Schüler für die Naturwissenschaften begeistert. Im Unterricht wurde er öfter von Walter Haberditzel vertreten, der später zum Lehrkörper der Mathematisch-Naturwissenschaftlichen Fakultät als Professor der Physikalischen Chemie gehörte.

Zu den Klassenkameraden, die mit mir an der Humboldt-Universität studierten, gehörten u. a. Erika Pietrzenuck, die zur Paläontologie ging, einige Schüler, die zu den Polytechniklehrern gingen, und Dieter Brüntrup, damals schon ein bekannter Berliner Schachspieler, der auf Lehramt Mathematik/Physik studierte.

Zur zweiten Seminargruppe des Matrikels 54, die für das Diplomstudium Physik zusammengestellt wurde, gehörten u. a. die Studenten Manfred Becker, Rolf Enderlein, Karin Herrmann, Herbert Kirchner, Karl Lubitz, Hans Menninger, Helmut Leindecker, Ehrenfried Rohde, Lutz Rothkirsch und Stefan Schwabe. In dieser Gruppe begann auch ich mein Studium. Fast alle Studenten waren 18 Jahre alt. Nur Karl Lubitz kam über die Arbeiter-und Bauerfakultät[2] zum Studium. Militärdienst gab es zu dieser Zeit nicht. Es waren erst neun Jahre nach dem Zweiten Weltkrieg und acht Jahre nach der Wiedereröffnung der Alma Mater vergangen.

Das naturwissenschaftliche Leben an der Berliner Universität wurde nach dem Krieg 1946, auf Initiative von Robert Rompe, wieder aufgenommen. Die Physikausbildung begann im gleichen Jahr mit der Eröffnung des Instituts für Theoretische Physik. Als Institutsdirektor wurde Friedrich Möglich berufen, der mit Max von Laue an einer Theorie der Supraleitung arbeitete. Danach nahm auch das Max-von-Laue-Kolloquium seine Arbeit wieder auf. Wolfram Brauer war einer der ersten Mitarbeiter von Möglich. Es folgten das I. Physikalische Institut unter der Leitung von Christian Gerthsen und das II. Physikalische Institut, das Robert Rompe übernahm.

Das Studium der Studenten des Matrikels 1954 begann mit der Experimentalvorlesung von Professor Rudolf Ritschel, dem Nachfolger von Gerthsen, im Hörsaal X der Landwirtschaftlich-Gärtnerischen Fakultät der Universität in der Invalidenstraße, hinter dem Naturkundemuseum und im Anfängerpraktikum bei Professor Alexander Deubner. Das von Helmholtz erbaute Physikgebäude der Friedrich-Wilhelms-Universität am Reichstagsufer wurde in Frühjahr 1945 durch Bomben zerstört. Heute befindet sich an dieser Stelle das Studio der ARD. Nur der Flügel der Physikalischen Chemie in der Bunsenstraße steht noch (s. I.2 Abb. 2.3).

Professor Kaluschnin las im Hörsaal 3038 im Hauptgebäude die Lineare Algebra für Mathematiker und Physiker. Dr. Kaiser übernahm die Analytische Geometrie und die weitere Mathematikausbildung. Diese Vorlesungen fanden im

---

[1]Ihren Namen hatte die Schule von Max Planck persönlich verliehen bekommen (priv. Mitteilung von Dieter Hoffmann).

[2]Die Arbeiter- und Bauernfakultät war eine Vorstudienanstalt, in der Facharbeiter ihr Abitur machen konnten.

Bunsen-Hörsaal, dem späteren Nernst-Hörsaal, in der Physikalischen Chemie statt. Obwohl Kaiser die Mathematik sehr abstrakt vortrug, wurden seine Vorlesungen von den Studenten angenommen und sehr diszipliniert besucht. Professor Brauer las die Theoretische Physik und Professor Rompe Atomphysik und Spektroskopie. Dabei schöpfte er aus den Erlebnissen seiner Studienzeit und der Zeit seiner Doktorarbeit bei Pringsheim (1924–1930), in der er die große Berliner Physik mit den Nobelpreisträgern Albert Einstein (Nobelpreis 1922), Max von Laue (Nobelpreis 1914), Max Planck (Nobelpreis 1918), Erwin Schrödinger (Nobelpreis 1933) und Walther Nernst (Nobelpreis 1920) miterlebte.

In den ersten Monaten des Studiums fanden für die Studenten des Matrikels 54 die meisten Diskussionen im Hauptgebäude der Universität vor den Hörsälen statt, wo die Übungsaufgaben der theoretischen Physik und der Mathematik ausgehängt waren. Hier wurde oft heftig gestritten und Lösungen gefunden, manchmal auch abgeschrieben. Am Abend trafen sich die Studenten im Niquet-Keller, im Restaurant „Alt Bayern" und in den S-Bahnbögen. Die Winterferien verbrachten sie beim Skilaufen im Ferienlager im Thüringer Wald in Groß-Breitenbach. Im Sommer ging es in Zeltlager nach Binz oder nach Glove auf Rügen. Einige Studenten zog es aber auch zum Wannsee.

Die Ausbildung in Elektrizitätslehre lag in den Händen von Professor Franz Xavier Eder. Im Hörsaal neben dem Institut für Theoretische Physik im Hauptgebäude an der Universitätsstraße erschien er immer mit einer Schar von Assistenten, von denen die Studenten die Übungen erläutert bekamen. Vor dem Hörsaalfenster war zu dieser Zeit das Denkmal von Hermann von Helmholtz aufgestellt, das heute vor dem Gebäude steht.

4.2 Die Physikalischen Institute der Humboldt-Universität

Kurz nach dem Zweiten Weltkrieg wurden vier Physikinstitute eröffnet. Das Institut für Theoretische Physik unter der Leitung von Friedrich Möglich (1948–1957), Wolfram Brauer (1959–1965) und Frank Kaschlun (1965–1968). 1968, als die Sektion Physik der Mathematisch-Naturwissenschaftlichen Fakultät gegründet wurde, gab es eine Aufteilung des Instituts in zwei Forschungs- und Lehrbereiche. Frank Kaschlun wurde Bereichsleiter des Bereichs 01 für Hochenergie- und Elementarteilchenphysik und Rolf Enderlein Bereichsleiter des Bereichs 02 für theoretische Halbleiterphysik. Als experimentelles Institut wurde das I. Physikalische Institut 1946 unter der Leitung von Christian Gerthsen (1946–1948) eröffnet. Als Direktoren folgten Hans Larsen (1948–1949), Rudolf Ritschel (1949–1960), Alexander Deubner (1960–1961) und Fritz Bernhard (1962–1968). 1968 wurde das Institut unter seiner Leitung Bereich 06 der Sektion Physik, mit dem Namen „Atomstoßprozesse".

Das II. Physikalische Institut wurde ab 1968 von Joachim Auth als Bereich 03, mit dem Namen „Halbleiterphysik" übernommen. Das III. Physikalische Institut unter der Leitung von Franz Xavier Eder (1955–1960), Paul Täubert (1960–1967) und Oskar Hauser (1967–1968) wurde ab 1968 Bereich 08 Tieftemperatur-Festkörperphysik.

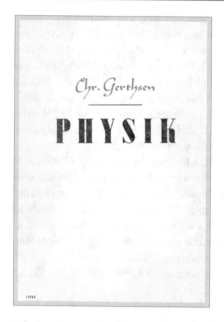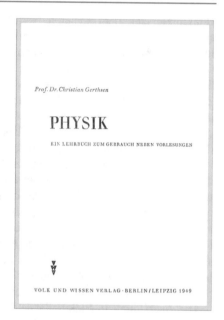

Abb. 4.1 Erste Auflage des legendären Physiklehrbuches von Christian Gerthsen. 1949 im Verlag „Volk und Wissen" Berlin/Leipzig 1949 erschienen

Der erste Direktor des I. Physikalischen Instituts nach dem Krieg, Christian Gerthsen, hielt in dem erhalten gebliebenen Hörsaal X der Landwirtschaftlichen Fakultät in der Invalidenstraße die große Experimentalphysikvorlesung mit beeindruckenden Experimenten. Diese Vorlesung erschien schon 1949 als Lehrbuch im Volk-und-Wissen-Verlag-Berlin/Leipzig, mit dem Untertitel *Ein Lehrbuch zum Gebrauch neben Vorlesungen (Abb. 4.1)*. Im Vorwort schreibt Gerthsen: „Dieses Buch ist aus Niederschriften hervorgegangen, die ich im Studienjahr 1946/1947 den Hörern meiner Vorlesung über Experimentalphysik an der Berliner Universität ausgehändigt habe." Das war notwendig, weil es zu dieser Zeit kaum Physiklehrbücher gab (Abb. 4.1).

Dieses berühmte Lehrbuch ist zum Standardwerk für die Experimentalphysikausbildung in ganz Deutschland geworden und liegt seit 2010 als 25. Auflage vor [1].

Gerthsen folgte 1948 einem Ruf an die Technische Hochschule Karlsruhe. Die Vorlesung übernahm Rudolf Ritschel. Da sich die Vorlesung zu einer Tradition entwickelte, gab es unter den Studenten das geflügelte Wort: „Ritschel liest nach dem Gerthsen". Er verwandte viel Energie auf den Aufbau neuer Experimente für die Vorlesung und den Ausbau des Anfängerpraktikums.

Rudolf Ritschel, der das Fachgebiet Atom- und Molekülspektren vertrat, wurde 1948 von der Physikalisch-Technischen Reichsanstalt über das Optische Institut Dr. Lau als Direktor des I. Physikalischen Instituts an die Berliner Universität berufen. Später wurde er auch erster Direktor des Instituts für Optik und Spektroskopie der Deutschen Akademie der Wissenschaften in Adlershof.

Das Anfängerpraktikum von Alexander Deubner wurde von Dr. Spickert durch ein spezielles Fortgeschrittenen-Praktikum erweitert, in dem die Studenten in Optik und Spektroskopie ausgebildet wurden.

Im II. Physikalischen Institut, das sich in der Fischer-Villa, dem ehemaligen Wohnhaus des Chemienobelpreisträgers Emil Fischer, in der Hessischen Straße 2 befand, wurde ein thematisch sehr umfangreiches Fortgeschrittenen-Praktikum aufgebaut, das auch alle Studenten des Matrikels 1954 besuchten.

Der Leiter des II. Physikalischen Instituts, Robert Rompe (1905–1993), war seit 1953 Mitglied der Berliner Akademie der Wissenschaften, in der er über lange Zeit die Klasse Physik leitete. Nach der 1992 erfolgten Abwicklung der Berliner Akademie der Wissenschaften, die seit 1972 Akademie der Wissenschaften der DDR hieß, gründete er mit weiteren Wissenschaftlern aus dieser Akademie 1993 die Leibniz-Sozietät der Wissenschaften zu Berlin e. V., welche die Arbeit der Leibniz'schen Akademie fort setzte. Wie schon betont, wurde diese Akademie von Leibniz am 11. Juli 1700 in Berlin als Kurfürstlich-Brandenburgische Sozietät der Wissenschaften durch den brandenburgischen Kurfürsten Friedrich III. ins Leben gerufen. Als Initiator der Sozietät wurde Leibniz zum ersten Präsidenten ernannt.

Rompe studierte von 1924 bis 1927 erst an der Technischen Hochschule in Berlin Fernmeldetechnik, ging dann zu Peter Pringsheim an die Berliner Universität, wo er 1930 zum Dr. phil. promovierte. Bei der Studiengesellschaft für elektrische Beleuchtung der Osram KG forschte er auf dem Gebiet der Gasentladungsphysik. Neben den Arbeiten zu den Grundlagen für Lichtquellen mit hohen Leuchtdichten und hohen Lichtausbeuten arbeitete er zusammen mit Friedrich Möglich auf dem Gebiet der Festkörperphysik.

Politisch stand Rompe links. Als Werkstudent bei der Barthelmess-Bohrer Co. in Berlin-Wittenau, bei der Firma Dr. G. Seibt und in den Dr. Dorning Laboratorien finanzierte er sein Studium. Dabei kam er auch mit den sozialen Problemen der Arbeiter in Berührung. Die Verfolgung und Ausweisung namhafter Gelehrter seine Alma Mater aus Deutschland durch die faschistische Diktatur brachte ihn 1933 zur KPD. Entsprechend setzte er sich 1945 für ein antifaschistisches, demokratisches Deutschland ein und hatte wesentlichen Anteil an der Wiedereröffnung der Berliner Universität sowie an der Eröffnung der Deutschen Akademie der Wissenschaften auf der Grundlage der vormaligen Königlichen-Preußischen Akademie der Wissenschaften [2].

Im Lehrkörper, der die Studenten des Matrikels 54 ausbildete, waren auch Alexander Deubner und Rudolf Ritschel von der Physikalisch-Technischen Reichsanstalt. Durch sie blieb Nernsts Schaffen an der Universität auch nach 1945 aktuell.

Nach dem Krieg arbeitete Rompe in der Deutschen Zentralverwaltung für Volksbildung in der sowjetischen Besatzungszone[3]. Er leitete den Bereich

---

[3]Die Deutsche Zentralverwaltung für Volksbildung in der sowjetischen Besatzungszone wurde 1945 gegründet und war seit 1949 das Ministerium für Volksbildung in der Wilhelmstraße 68 in Berlin.

Hochschule und Wissenschaft [3], was ihm ermöglichte, sich intensiv um die Entwicklung der Physik an der Berliner Universität zu kümmern. Dabei war ihm auch die Nachwuchsausbildung sehr wichtig. So habilitierten sich im II. Physikalischem Institut Franz Xavier Eder und Karl Wolfgang Böer. Eder hatte in München studiert und noch im Krieg bei Walter Meißner promoviert. Mit seiner Habilitation 1947 erhielt er eine Abteilung im II. Physikalischen Institut und wurde 1950 auf den Lehrstuhl Tieftemperaturphysik berufen.

1955 wurde Eder Direktor des neu gegründeten III. Physikalischen Instituts. Er knüpfte an die Arbeiten von Franz Simon an, der ab 1922 die Tieftemperaturarbeiten von Nernst im Physikalisch-Chemischen Institut fortgesetzt hatte, nachdem dieser zum Präsidenten der Physikalisch-Technischen Reichsanstalt berufen wurde.

Schon im II. Physikalischen Institut begann Eder mit dem Aufbau von Gasverflüssigungsanlagen für die Erzeugung von tiefen Temperaturen. Die erste Anlage war ein Luftverflüssiger, der mit einem U-Bootkompressor ausgerüstet wurde, der bei den Studenten viel Aufsehen erregte. Es war die erste Luftverflüssigungsanlage nach dem Krieg in Deutschland. Mit dem Bau von Verflüssigern war Eder auch der Erste in ganz Berlin, der über verflüssigte Gase für die Tieftemperaturforschung verfügte.

Karl Wolfgang Böer wurde 1959 zum Direktor des IV. Physikalischen Instituts berufen. Es wurde in der Neuen Schönhauser Straße 20 in einem Fabrikgebäude untergebracht. Boer hielt schon vor seiner Berufung Vorlesungen über Festkörperphysik und Halbleiterphysik. Auch für die Studenten des Matrikel 1954. Sein konkreter Forschungsgegenstand war der Halbleiter Cadmiumsulfit (CdS), mit dem er schon im II. Physikalischen Institut als Modellsubstanz gearbeitet hatte. CdS scheint heute ein beträchtliches Anwendungspotenzial als Katalysator für die Photolyse zur Wasserstoffgewinnung und die Photovoltaik zu haben, wodurch die Arbeiten von Böer möglicher Weise noch eine Technische Anwendung finden werden[4].

Nach dem Fortgeschrittenen-Praktikum bei Rompe und den Spezialisierungsvorlesungen von Eder, Böer und Brauer begann für Matrikel 1954 die Suche nach Plätzen für die Diplomarbeiten in den Universitätsinstituten, in den Instituten der Akademie der Wissenschaften und in der Industrie. Die Akademieinstitute in Adlershof und in der Mohrenstraße waren zum Teil noch im Aufbau und suchten dringend Diplomanden. Trotzdem hatten die Universitätsinstitute eine besondere Anziehungskraft. Die Wissenschaftler in diesen Instituten waren den Studenten schon vertraut. Die Studenten kannten die Räumlichkeiten und wussten was sie erwartete. So wurden Rolf Enderlein Diplomand im Institut für Theoretische Physik, Stefan Schwabe wurde Diplomand im I. Physikalischen Institut, Lutz Rotkirsch im II. Physikalischen Institut, Herbert Kirchner im III. Physikalischen

---

[4]Böer selbst ist auch noch Anfang des 21. Jahrhunderts auf dem Gebiet der Hochfeld- Domänenbildung in CdS in seinem eigenen Institut in Delaware Newark, aktiv gewesen. Die sogenannten Böer-Domains aus CdS-Einkristallen, mit 20 nm dicken Goldschichten kontaktiert, erhöhen die Effektivität von CdS-Solarzellen von 8 auf 16 %, wie er in einer Arbeit von 2015 beschreibt [3].

Institut, Karl Lubitz im IV. Physikalischen Institut. Hans Menninger ging zur Akademie der Wissenschaften in das Zentralinstitut für Elektronenphysik in der Mohrenstaße. Karin Herrmann bekam einen Diplomarbeitsplatz im Institut für Kristallphysik der Akademie der Wissenschaften in Adlershof bei Dr. Teltow. Da das Institut für Kristallphysik damals schon über einen leistungsstarken Wasserstoffverflüssiger verfügte und im Institut ernsthaft bei tiefen Temperaturen, auf die Eder in seien Lehrveranstaltungen neugierig gemacht hatte, gearbeitet wurde, ging auch ich in dieses Institut, wo ich von Prof. Ostap Stasiv ein Diplomarbeitsthema bekam. Ehrenfried Rohde ging in die Industrie.

Durch die Arbeiten mit den tiefen Temperaturen im Institut für Kristallphysik wurde das Interesse an dem sich damals stürmisch entwickelnden Gebiet der Supraleitung geweckt und es entstand, nach der Verteidigung der Diplomarbeiten, der Wunsch, tiefer in das Gebiet der Physik tiefer Temperaturen einzudringen. Das war zu dieser Zeit aus unserer Sicht, der Sicht der Studenten, jedoch nur im Ausland möglich. Diskussionen in der Studienabteilung der Universität zeigten, dass sich mehrere Absolventen, allein von der Physik, für ein Auslandsstudium interessierten und es gab, wenn auch beschränkt, Möglichkeiten die Ausbildung im Ausland fortzusetzen. Die Studienabteilung schlug den Physikern die Universitäten in Budapest, Prag, Moskau, oder auch die Leningrader Universität vor. Angehörige des Lehrkörpers vertraten die Meinung, dass Pjotr Leonidowitsch Kapitza in Moskau international der wichtigste Tieftemperaturphysiker zu dieser Zeit war.

Literatur

1. Meschede, D.: Gerthsen Physik, Springer-Verlag, Berlin (2015)
2. Auth, J.: Würdigung von Robert Rompe zu seinem 100. Geburtstag, Sitzungsberichte der Leibniz-Sozietät, 85, 147–151 (2006)
3. Böer, K. W.: The importance of gold-electrode-adjacent stationary high-field Böer domains for the photoconductivity of CdS, Annalen der Physik 527, 5–6, 378–395 (2015)

Anknüpfung an historische Wurzeln bei Max Planck und Walter Nernst

5

Nach dem ZweitenWeltkrieg bemühten sich die Physiker in Ost und West um einen grundlegenden Neuanfang. In gemeinsamen Konferenzen zur Schöpfung der Relativitätstheorie und zum 100. Geburtstag von Max Planck in Berlin trafen sie schon auf Grenzen, die sich durch die zu dieser Zeit auseinanderdriftende Politik abzeichneten.

Die Herausbildung der theoretischen Grundlagen der Thermodynamik und ihre Weiterentwicklung, die im folgenden Abschnitt dargelegt wird, ist aus der Feder von Werner Ebeling, dem die Weiterführung der Thermodynamik im Sinne von Nernst und Planck an der Humboldt-Universität gelungen ist.

5.1 Fünfzig Jahre Relativitätstheorie und der 100. Geburtstag von Max Planck

Die Studenten und der neue Lehrkörper standen im Bann der großen Physiker, die an ihrer Universität Studenten ausgebildet und geforscht hatten. Aus Tradition befand sich das Institut für Theoretische Physik in den Räumen im linken Flügel des Hauptgebäudes direkt an der Straße Unter den Linden, in denen Max Planck von 1889 bis 1928 gearbeitet hatte und seine genialen Ideen entstanden sind.

Im Dezember des Jahres 1900 stellte Max Planck in einem Vortrag vor der Berliner Physikalischen Gesellschaft sein Strahlungsgesetz vor, das er mit der Quantelung des Lichts begründete. Diese Quantelung heißt, strahlende Atome schwingen und geben ihre Energie nicht kontinuierlich, sondern in unwahrscheinlich kleinen Portionen ab.

Das war die Geburtsstunde der Quantenphysik. Planck entdeckte das Naturgesetz:

$$E = h\nu.$$

© Springer-Verlag GmbH Deutschland, ein Teil von Springer Nature 2019
R. Herrmann, *Die Tieftemperaturphysik an der Humboldt-Universität im 20. Jahrhundert*, https://doi.org/10.1007/978-3-662-59575-6_5

Es besagt, die Energie E der Lichtquanten wird durch die Frequenz v der Lichtwellen und dem elementaren Wirkungsquantum $h = 6{,}34 \cdot 10^{-34}$ J s, einer
Naturkonstante, bestimmt. Und in dieser Darstellung liegt auch gleich ein funda-
mentaler Widerspruch der Quantentheorie. Licht, ein intensives Wellenphänomen,
besteht gleichzeitig aus gequantelten Teilchen.

Die Lichtquanten im sichtbaren Spektralbereich haben Frequenzen um 10^{15} Hz
und entsprechend die Energie von $6 \cdot 10^{-19}$ J. Allein die 18 Nullen hinter dem
Komma zeigen, wie klein die Quanten sind (was von Politikern oft gegenteilig
interpretiert wird).

Hinter der Bronzeplatte am Westflügel des Universitätshauptgebäudes
(Abb. 5.1), die an die Schöpfung der Quantenphysik erinnert, war Plancks Arbeits-
zimmer. Hier hatten auch die Studenten des Matrikels 1954 bei den Professoren
Friedrich Möglich und Wolfram Brauer ihre erste Prüfung in Theoretischer Physik.

Abb. 5.1 Gedenktafel für Max Planck am Westflügel der Humboldt-Universität, an der Straße
unter den Linden, und sein Denkmal im Ehrenhof des Hauptgebäudes vor seinem Arbeitszimmer
im Erdgeschoss von Bernhard Heiliger. (1948/1949, Standbild, Bronze, Fotos vom Autor)

Das Max-von-Laue-Kolloquium fand in den 1950er Jahren im Institut für Theoretische Physik statt. Es ging auf das im Jahre 1843 gegründete „Physikalische Colloquium" im Magnus-Haus zurück, aus dem 1845 die Physikalische Gesellschaft zu Berlin entstand. Um 1920, als Einstein, Planck, von Laue, Nernst, Ladenburg, Liese Meitner, Pringsheim und Schrödinger ständige Besucher waren, traf man sich mittwochs am späten Nachmittag von fünf bis sieben Uhr. In einem kleinen, langen Raum mit fünf Sitzreihen wurden Veröffentlichungsentwürfe und neue Forschungsergebnisse vorgetragen. Jede Reihe hatte damals Platz für 15 Zuhörer, manchmal drängten sich bis zu 25 Besucher auf einer Reihe, der Rest saß auf den Stufen [1]. Erst wurde es als Planck- und später als Max-von-Laue-Kolloquium im Physikalischen Institut der Friedrich-Wilhelms-Universität durchgeführt [2].

Im Kolloquium erlebten die Studenten des Matrikels 54 Max von Laue noch persönlich. Der Dozent Tausendschön organisierte für unser Studienjahr ein Seminar über Max von Laues Theorie der Supraleitung.

Die Räume des Instituts für Theoretische Physik wurden über Jahrzehnte von den Physikern gegen jeglichen Versuch der Entfremdung durch die Universitätsleitung verteidigt. Erst in den 1980er Jahren gelang es der Universitätsleitung, mit der Einrichtung von Rechenanlagen in diesem Teil des Gebäudes und durch den Umzug der Theoretiker erst in die Kommode, gegenüber der Universität, und später in den Neubau in die Invalidenstraße, die Physik aus Plancks Arbeitsräumen zu verdrängen.

Im Jahr 1955, dem ersten Studienjahr des Matrikels 54, wurde von den Physikern Gustav Hertz in Ostberlin und Max von Laue in Westberlin das Jubiläum zum 50. Jahr der wichtigsten Publikationen Albert Einsteins in den „Annalen der Physik" zur Relativitätstheorie organisiert. Albert Einstein wurde in einem gemeinsamen Schreiben von Gustav Hertz und Max von Laue sehr herzlich eingeladen. Einstein dankte mit einem sehr freundlichen Antwortschreiben (vom 10. Februar 1955), bedauerte aber, dass er aus gesundheitlichen Gründen nicht kommen könne und wünschte der Feier einen guten Verlauf.

Zehn Jahre nach dem Zweiten Weltkrieg erlebten die Physikstudenten der Berliner Universitäten die Bemühungen der Physiker in Ost und West um einen grundlegenden Neuanfang, die Besinnung auf die hohe Kultur der Physik Ende des 19. Jahrhunderts und in der ersten Hälfte des 20. Jahrhunderts in Deutschland.

Max Born aus Göttingen sprach über „Einstein und die Lichtquanten" an der TU Berlin im Westteil der Stadt und Leopold Infel aus Warschau über „Die Geschichte der Relativitätstheorie" im Festsaal der Akademie der Wissenschaften der DDR in der Otto-Nuschke-Straße im Ostteil der Stadt.

Und 1958 wurde von den Physikalischen Gesellschaften die Max-Planck-Feier zum 100. Geburtstag von Max Planck am 24. und 25. April 1958 in beiden Teilen Berlins begangen.

So sprach Max von Laue am 24. April in der Staatsoper Unter den Linden im Ostteil Berlins, unter Anwesenheit von Liese Meitner und Otto Hahn. Anschlie-

Abb. 5.2 Zwischen den
Nobelpreisträgern Werner
Heisenberg (links) und
Gustav Hertz (rechts) sind
Robert Rompe, dahinter
Radelt und Albers,
Assistenten aus dem II.
Physikalischen Institut, im
April 1958 zu sehen [3]

ßend fand für geladene Gäste die Übergabe des Magnus-Hauses[1] durch den
Oberbürgermeister Ostberlins, Friedrich Ebert, dem Sohn des Reichspräsidenten
Ebert, an die Physikalische Gesellschaft der DDR statt. Abram Joffe aus Leningrad (heute wieder St. Petersburg), bei dem Kapitza studiert hatte, übergab die
Max-Planck-Bibliothek, die sich nach dem Krieg in der Sowjetunion befand, an
die Physikalische Gesellschaft der DDR (Abb. 5.2). Ein Vortrag von Liese Meitner
„über die Persönlichkeit Plancks" war der Höhepunkt dieser Veranstaltung.

Die Festveranstaltung wurde am 25. April in der Kongresshalle im Tiergarten
im Westteil der Stadt mit Vorträgen von Werner Heisenberg über die „Plancksche
Entdeckung und die philosophischen Grundfragen der Atomlehre", von Gustav
Hertz zur „Bedeutung der Planck'schen Strahlungsformel für die Experimentalphysik" und einem Vortrag von Wilhelm Westphal fortgesetzt.

Die Studenten bildeten in der Eingangshalle der Kongresshalle ein Spalier, für
die ihnen meist nur aus Lehrbüchern oder der Literatur bekannten Größen der
Physik. In den Saal gelangten nur wenige Studenten.

Vom Matrikel 54 nahm Karin Herrmann an der Veranstaltung teil, die mit Ruth
Benario Viktor Weißkopf begleitete[2]. Die Vorträge wurden für die Studenten aus
dem Saal über Lautsprecher in die Eingangshalle übertragen.

Welche Bedeutung die Politik in beiden Teilen Deutschlands diesem Treffen
der Physiker beimaß, zeigte die Anteilnahme der Politiker an der Konferenz. Am
24. April nahmen an der Festveranstaltung in der Staatsoper Unter den Linden der
Präsident der DDR, Wilhelm Pieck, und der Ministerpräsident Otto Grotewohl teil.

---

[1]2001 wurde das Magnus-Haus, in dem auch der Regisseur Max Reinhart gelebt und gearbeitet
hatte, an den Siemens-Konzern verkauft. Für das Haus selbst hat die Physikalische Gesellschaft
Deutschlands ein unbefristetes Nutzungsrecht.

[2]Ruth Benario, die Cousine von Olga Benario, der Frau von Luis Prestes, war mit dem Nobelpreisträger Victor Weißkopf verbunden. Sie flüchteten zusammen vor den Nazis nach China.

Am 25. April gab der Bundespräsident Theodor Heuss, auch Physiker, im Haus des Regierenden Bürgermeisters von Westberlin zusammen mit dem Regierenden Bürgermeisters Willy Brandt einen Empfang für die Physiker aus ganz Deutschland.

Otto Grotewohl hatte zur Lösung der Deutschen Frage vorgeschlagen, Deutschland als neutralen Staat zu vereinigen. Den Österreichern war das gelungen. Für Deutschland kam diese Anregung zu spät. Beide Teile des Landes gerieten immer stärker unter den Einfluss der Siegermächte. Man sollte immer so früh wie möglich und lange genug miteinander reden!

Danach fiel unter dem Einfluss der Politik auch die Physik in Deutschland auseinander, was besonders in Berlin zu spüren war. Angehörige des Lehrkörpers der Humboldt-Universität, die in Westberlin wohnten, konnten ihre Miete nicht mehr mit dem Geld, das sie unter den Linden bekamen, bezahlen und verließen die Universität. Viele gingen an die von den Amerikanern und dem Westberliner Senat schon 1948 gegründete Freie Universität. 1949 erhielt unsere Universität Unter den Linden den Namen „Humboldt-Universität".

5.2   Die Schule der Thermodynamik von Planck und Nernst – und ihre Weiterführung

Werner Ebeling

Die Thermodynamik hat in Berlin eine große Tradition. Sie ist verbunden mit einer wissenschaftlichen Schule, die in Berlin durch Hermann Helmholtz und Rudolf Clausius in den 40er Jahren des 19. Jahrhunderts begründet wurde [4] und durch die Arbeiten von Max Planck und Walther Nernst zu einem Höhepunkt geführt wurde [5].

Große Wissenschaftler, die die Thermodynamik-Schule von Planck und Nernst fortführten, waren Konstantin Caratheodory (1875–1950), Albert Einstein (1879–1955), Otto Warburg (1883–1970), Peter Debye (1884–1955), Walter Schottky (1886–1976), Erwin Schrödinger (1887–1963), Leo Szilard (1898–1964) und John von Neumann (1903–1957) und noch viele andere. Alle genannten Wissenschaftler haben sich nicht nur um die Weiterführung der drei Hauptsätze, sondern auch um viele wichtige Anwendungen, insbesondere auf chemische Reaktionen und auf Strahlungsprozesse sowie die statistische Begründung der Thermodynamik, verdient gemacht.

Um einen Anknüpfungspunks zu haben, möchten wir erst noch einmal auf die theoretische Hauptleistung von Nernst zurückgehen. Da Walther Nernst gleichzeitig als einer der Begründer der Tieftemperaturphysik, wie im Kap. 2 dargelegt wurde, gilt, ist diese Tradition im Kontext dieses Buches so wichtig, dass wir dieser Tradition hier einen speziellen Abschnitt widmen möchten.

Es war Nernsts kritischer Geist, der als Erster die schwache Stelle im Gebäude der bisherigen Thermodynamik entdeckt hatte. Die wichtigsten thermodynamischen Funktionen, wie die Helmholtz'sche Freie Energie und die Affinitäten, d. h. gerade die Schlüsselgrößen für chemische Berechnungen, waren nur schwer aus direkten Messungen bestimmbar, und sie konnten auch nicht aus der inneren Energie abgeleitet werden. Die entscheidende Idee von Nernst resultierte aus der in Kap. 2 dargestellten Auswertung von Messresultaten für chemische und elektrochemische Reaktionen in der flüssigen Phase bei tieferen Temperaturen. In diesem Bereich hatten viele Messungen eine gute Übereinstimmung von freier und innerer Energie ergeben.

Berthelot hatte das Zusammenfallen beider Größen bereits als Arbeitshypothese formuliert. Nernst fand bei der Analyse der Daten heraus, dass die Übereinstimmung von innerer und freier Energie umso schlechter ist, je höher die Reaktionstemperaturen sind. Das brachte ihn auf den Gedanken, dass die Differenz beider Energien am absoluten Nullpunkt exakt und bei Annäherung an $T = 0$ K asymptotisch verschwindet. Was er durch exakte Messungen, wie die in Abb. 2.8 dargestellten Messkurven der spezifischen Wärmekapazität, erhärtete.

Als die fundamentale Bedeutung von Nernsts neuem Wärmesatz deutlich wurde, erhielt er später den Namen „III. Hauptsatz der Thermodynamik". Planck gab diesem Prinzip die allgemeingültige Formulierung: Die Entropie aller Körper, die im Gleichgewicht bezüglich der inneren Variablen sind, verschwindet am absoluten Nullpunkt der Temperatur.

Während in Nernsts Labor noch intensiv gemessen wurde, erschien 1907 eine theoretische Arbeit von Albert Einstein, der aus einem quantenstatistischen Modell das Verschwinden der spezifischen Wärme von Festkörpern bei $T = 0$ K folgerte. Nernst war von dieser Arbeit so begeistert, dass er gemeinsam mit Planck alles daransetzte, diesen jungen Theoretiker nach Berlin zu holen. 1913 gelang dieses Vorhaben. Einstein akzeptierte den Ruf auf den ehemaligen Lehrstuhl von Van't Hoff und leistete in seiner Berliner Zeit auch weitere wichtige Beiträge zur Thermodynamik.

Insbesondere konnte er 1924 mit der Ausarbeitung der Quantenstatistik von Gasen, der Bose-Einstein-Statistik, die Deutung der Gasentartung geben, welche Nernst aus seinem Wärmesatz gefolgert hatte.

Es ist hier nicht der Raum, um auf die zahlreichen Beiträge zur Thermodynamik, welche von der Berliner Schule noch geleistet wurden, ausführlich einzugehen. Wir beschränken uns daher auf einige Stichworte.

1909 wurden von Caratheodory, Inhaber des Lehrstuhls für Mathematik an der Berliner Universität, fundamentale Resultate zur Analyse der logischen Grundlagen und der Axiomatik der Thermodynamik vorgelegt. Caratheodory brachte die Grundbegriffe der Thermodynamik wie Temperatur und Entropie in einen engen Zusammenhang mit der mathematischen Theorie der Lösbarkeit Pfaffscher Differenzialformen.

Die Leistung Caratheodorys trug Pioniercharakter. Sie wurde lange Zeit von der Fachwelt nicht beachtet, gilt aber heute als Fundament eines wichtigen Zweiges der Thermodynamik. Während Caratheodory insbesondere zu den theoretischen Grundlagen beitrug, leistete Walter Schottky Entscheidendes für die praktische Anwendung der Theorie. Schottky studierte an der Berliner Universität Physik und promivierte 1912. Schottkys Tätigkeit war in der Folgezeit eng mit den Laboratorien der Firma Siemens & Halske verbunden.

Die Thermodynamik verdankt Schottky die Ausarbeitung der thermodynamischen Grundlagen der Gas- und Halbleiterelektronik sowie auch ein seinerzeit grundlegendes Lehrwerk, das er gemeinsam mit Ullrich verfasste.

Zur Ausarbeitung der statistischen und quantentheoretischen Grundlagen der Thermodynamik haben in Berlin besonders Einstein, Schrödinger und von Neumann beigetragen.

Unter Einsteins Leistungen verdient neben der Ausarbeitung der Bose-Einstein-Statistik besonders die Begründung kinetischer Gleichungen für die Wechselwirkung der Strahlung mit Atomen besondere Hervorhebung. Diese 1916 gefundenen Gleichungen sowie Einsteins Voraussage der induzierten Lichtemission bilden die Grundlage der modernen Laserphysik.

Die allgemeinen Grundgleichungen zur statistischen Behandlung makroskopischer Quantenprozesse wurden von John von Neumann Ende der 1920er-Jahre ausgearbeitet. Von Neumann, der von 1927–1930 Privatdozent an der Berliner Universität war, verfasste in dieser Zeit das grundlegende Werk „Mathematische Grundlagen der Quantenmechanik". Hier wurde erstmalig die „von-Neumann-Gleichung" formuliert, welche seither die Basis der quantenstatistischen Thermodynamik darstellt. Eine andere Richtung der Thermodynamik, welche die Zusammenhänge von Entropie und Information zum Gegenstand hat, wurde durch Szilards Arbeiten eingeleitet. Leo Szilard hatte 1922 ein Physikstudium an der Berliner Universität abgeschlossen und arbeitete dort noch bis zum Jahre 1932 auf den verschiedensten Gebieten. Im Jahre 1929 publizierte Szilard die Arbeit „Über die Entropieverminderung in einem thermodynamischen System bei Eingriffen intelligenter Wesen", welche einen thermodynamischen Zugang zur Theorie von Informationsprozessen darstellte. Szilard gehört damit auch zu den Pionieren der modernen Informationstheorie, welche eine ihrer Wurzeln in der Thermodynamik hat. Szilard beschäftigte sich ebenfalls mit den thermodynamischen Aspekten von Messprozessen, ebenso auch von Neumann in dem oben erwähnten Buch „Über die Grundlagen der Quantenmechanik". Nicht unerwähnt bleiben sollten die Arbeiten von Debye in Berlin. Der außerordentlich vielseitige holländische Physiker und Chemiker Peter Debye übernahm 1934–1939 die Leitung des Kaiser-Wilhelm-Institutes für Physik. Er hat auf fast allen Gebieten der Molekularphysik Großes geleistet und wichtige Beiträge zum Ausbau der Thermodynamik erbracht; 1936 wurde er mit dem Nobelpreis für Chemie ausgezeichnet. Schließlich wollen wir noch die fundamentalen Beiträge nennen, welche in Berlin zur Entwicklung einer biologischen Thermodynamik beigesteuert wurden. Diese, bereits von Helmholtz eingeleitete Richtung erhielt einen kräftigen Auftrieb durch Warburgs Arbeiten.

Warburg hatte in Berlin Chemie studiert und 1906 bei Emil Fischer promoviert. Er arbeitete dann acht Jahre in Heidelberg und folgte 1914 einer Berufung zum Leiter einer Abteilung des damaligen Kaiser-Wilhelm-Institutes für Biologie in Berlin. Seine Untersuchungen zu thermodynamischen Prozessen in lebender Zellen begründeten seinen Weltruhm; 1931 erhielt er den Nobelpreis für Physiologie und Medizin.

Wir wollen nicht unerwähnt lassen, dass auch Erwin Schrödinger fundamentale Beiträge zur Grundlegung einer biologischen Thermodynamik geleistet hat. Allerdings publizierte er seine Überlegungen dazu erst 1944 in Dublin, wo er Zuflucht vor den Machthabern des „Dritten Reiches" gefunden hatte, sein kleines Buch *What is Life?*, das nachweisbar einen tiefen Einfluss auf die weitere Entwicklung der Naturwissenschaften gehabt hat.

Schrödinger verdankt die Thermodynamik u. a. das Verständnis von Lebewesen als offene, mit hochwertiger Energie gepumpte thermodynamische Systeme. Wiederum nahm eine ganze Untersuchungsrichtung, die Thermodynamik der Selbstorganisation, hier ihren Ausgangspunkt. Zu ihrer Entwicklung hat besonders Ilya Prigogine beigetragen.

Die Thermodynamik ist eine relativ alte Disziplin der Naturwissenschaften. Die von Berliner Gelehrten geleisteten Beiträge zur Thermodynamik, hier konnten nur die wichtigsten kurz erläutert werden, betreffen ihre Fundamente sowie auch die wichtigsten Anwendungsrichtungen. Zu Recht dürfen wir diese Beiträge zur „Großen Berliner Physik", zählen und sie gleichberechtigt neben die bedeutenden Leistungen für die Mechanik, Quantenphysik und relativistische Physik stellen [6].

An der Humboldt-Universität wurde erst 1979 wieder ein Lehrstuhl eingerichtet, der sich speziell mit Problemen der statistischen Thermodynamik befasste. Er wurde mit Werner Ebeling, einem Schüler des bekannten Debye-Schülers und Elektrolytforschers Hans Falkenhagen aus Rostock besetzt. Ab 1992 vertrat Lutz Schimansky-Geier das Gebiet der stochastischen Thermodynamik in Lehre und Forschung und nach Ebelings Eintritt in den Ruhestand Igor Sokolow die Statistische Physik und Thermodynamik.

So wurde die Tradition bis heute weitergeführt.

Wir haben uns soweit auf die Wissenschaftler an der Berliner Universität konzentriert.

Wir nennen weiter die Beiträge von Richard Becker und Klaus Döring an der Technischen Hochschule Berlin, die nach dem Kriege zur TU wurde. Bereiche mit Spezialisierung auf Probleme der Thermodynamik sind die von Wolfgang Muschik, Ingo Müller und Harald Engel. Es soll auch erwähnt werden, dass wichtige historische Beiträge zur Aufarbeitung der Geschichte und des Erbes von Max Planck von Dieter Hoffmann [7] und des chemischen Erbes von Walter Nernst von Hans-Georg Barthel [8] geleistet wurden.

Literatur

1. Zeitz, K.: Max von Laue (1879–1960). Seine Bedeutung für den Wiederaufbau der deutschen Wissenschaft nach dem Zweiten Weltkrieg, Stuttgart, *Franz Steiner Verlag* (2006)
2. Arms, N.: A Prophet in Two Countries, Pergamon Press (1966)
3. Link, R.: Das II. Physikalische Institut der Humboldt-Universität zu Berlin, Wissenschaftliche Zeitschrift der Humboldt-Universität zu Berlin 5 (1983), Abbildung 4, 609
4. Ebeling, W., Hoffmann, D.: Grand Schools of Physics The Berlin School of Thermodynamics founded by Helmholtz and Clausius, European J. Phys., 12, 1–9 (1991)

5. Ebeling, W., Hoffmann, D. (Hrsg.): Thermodynamische Gleichgewichte (Ostwalds Klassiker der exakten Wissenschaften Bd. 299), Verlag Harri Deutsch, Frankfurt (2008)
6. Rompe, R., Treder, H.-J., Ebeling, W.: Zur Großen Berliner Physik, Teubner, Leipzig (1987)
7. Hoffmann, D. (Hrsg.): Max Planck: Annalen Papers, Wiley-VCH, Weinheim (2008)
8. Bartel, H.-G.: Walther Nernst, BsB B.G. Teubner Verlagsgesellschaft, Leipzig (1989), Barthel H.-G., Huebner R.P.: Walther Nernst. Pioneer of Physics and of Chemistry, World Scientific, New Jersey, London, Singapore (2007)

Die Tieftemperaturphysik nach 1945

Die Tieftemperaturphysik an der Berliner Universität begann nach dem Zweiten Weltkrieg, 1946, mit der Entscheidung im II. Physikalischen Institut eine Tieftemperaturabteilung einzurichten. Für ein Forschungsgebiet, das durch die Arbeiten von Walther Nernst an der Universität und Walther Meißner an der Physikalisch-Technischen Reichsanstalt in Berlin eine gute Tradition hatte. Sir Francis Simon und Pjotr Kapitza waren die Paten für den Neubeginn der Tieftemperaturforschung. Franz Xavier Eder begann mit der Entwicklung von Verflüssigern nach dem Prinzip von Simon.

Pjotr Kapitza förderte die Tieftemperaturphysik an der Humboldt-Universität, indem er seit 1964 Nachwuchswissenschaftler der Humboldt-Universität in seinem Institut für Physikalische Probleme aufnahm und für den Wissenschaftleraustausch beider Einrichtungen sorgte. Michail Chaikin, Valerian Edelmann und Alexei Abrikosov und in späteren Jahren auch Ivan Khlyoustikov vom Kapitza-Institut waren oft in Berlin zu Gast.

6.1 Das III. Physikalische Institut der Berliner Universität

Nach dem Zweiten Weltkrieg gab es mit dem Kontrollratsgesetz Nr. 25 vom 29. April 1946 Beschränkungen für wissenschaftliche Arbeiten an den deutschen Universitäten und Forschungseinrichtungen. Der Alliierte Kontrollrat verfolgte damit das Ziel, „naturwissenschaftliche Forschung für militärische Zwecke und ihre praktische Anwendung zu verhindern, um sie auf Gebieten, wo sie ein Kriegspotenzial schaffen könnten, zu überwachen und in friedliche Bahnen zu lenken". Zu den verbotenen Forschungsgebieten gehörten Kernphysik, Flugzeugbau, Schiffsbau, Raketentechnik, Radar- und Sonartechnik, Kryptographie und die Herstellung hochexplosiver Sprengstoffe. Außer Kernphysik und Radartechnik waren die anderen Themen für die Berliner Universität nicht relevant. Trotzdem war es, wie in Kap. 4 schon betont, eine weitsichtige Entscheidung von Robert Rompe,

© Springer-Verlag GmbH Deutschland, ein Teil von Springer Nature 2019
R. Herrmann, *Die Tieftemperaturphysik an der Humboldt-Universität im 20. Jahrhundert*, https://doi.org/10.1007/978-3-662-59575-6_6

1946 im II. Physikalischen Institut eine Tieftemperaturabteilung einzurichten. Für ein Forschungsgebiet, das durch die fruchtbaren Arbeiten von Walther Nernst an der Universität und Walther Meißner an der Physikalisch-Technischen Reichsanstalt in Berlin eine gute Tradition hatte und für die Festkörperphysik, mit der er sich damals beschäftigte, stark an Bedeutung gewann. Nach dem Krieg waren mit den Erfolgen bei der Erzeugung von tiefen Temperaturen durch die Entwicklung effektiv arbeitender Heliumverflüssiger die Voraussetzungen gegeben, die Quantenstruktur der Materie weiter zu erforschen. Dazu gehörten die elektronischen Eigenschaften. Anknüpfungspunkte waren die Arbeiten von Nernst und Simon in der Physikalischen Chemie der Universität und die Forschungsarbeiten von Meißner an der Physikalisch-Technischen Reichsanstalt in Charlottenburg in der ersten Hälfte des 20. Jahrhunderts.

So erfolgte 1955, auf einen Antrag von Rompe an die Mathematisch-Naturwissenschaftliche Fakultät der Universität, die Gründung des III. Physikalischen Instituts, für das bis dahin im II. Physikalischen Institut von Eder wieder aufgebaute Forschungsgebiet der Physik tiefer Temperaturen [1].

Nach der Inbetriebnahme seines Luftverflüssigers setzte Eder die Tradition der Nernst'schen Schule mit dem Bau von zwei Wasserstoffverflüssigern fort und nahm die Entwicklung eines Heliumverflüssigers in Angriff. Neben seinen Vorlesungen schrieb Eder, gemeinsam mit seinen Mitarbeitern, das Lehrbuch *Moderne Meßmethoden der Physik* (Bd. I *Mechanik, Akustik,* Berlin 1952; Bd. II *Thermodynamik,* Berlin 1956; Bd. III *Elektrophysik,* Berlin 1972) und gründete an der Universität die Zeitschrift „Experimentelle Technik der Physik", die für die Physiker im Ostteil Deutschlands eine wichtige Möglichkeit war, ihre Arbeiten schnell zu publizieren. Besonders für die Experimentatoren war es eine geeignete Möglichkeit, die meist in allen Einzelheiten selbstgebauten Messapparaturen vorzustellen.

Das III. Physikalische Institut wurde im Garagengebäude der Chemischen Institute in der Hessischen Straße 6, am Ende des Geländes hinter der Fischer-Villa, die, wie bereits an früherer Stelle erwähnt, als Wohnhaus für den Nobelpreisträger Emil Fischer auf dem Gelände der Chemischen Institute 1897 gebaut worden war, untergebracht. In der Fischer-Villa befand sich das II. Physikalische Institut. Das Garagengebäude wurde durch einen Anbau mit Laborräumen erweitert. Es blieb aber bis 1986, als die Physikinstitute der Universität in einen Neubau in die Invalidenstraße 100 umzogen, ein Provisorium. Der Anbau reichte bis zum Ende des Chemiegebäudes, wo die ehemalige Holzwerkstatt stand, in der Otto Hahn mit Liese Meitner 1907 mit den Arbeiten begannen, die zur Kernspaltung führten [2]. Er grenzte an den Dorotheentätischen Friedhof, auf dem die Philosophen Fichte und Hegel, bedeutende Wissenschaftler und Unternehmer, wie Hufeland und Borsig, die Architekten Schinkel, Schadow und Stüler ihre Ruhe gefunden hatten, später auch Bertolt Brecht, Helene Weigel, ihre Familie und die Schriftsteller Heinrich Mann, Arnold Zweig, Anna Seghers, Heiner Müller, Hans Mayer und Christa Wolf.

Nach Versuchen mit dem Philips-Prozess, Helium zu verflüssigen, konzentrierte sich Eder auf einen Verflüssiger, der mit dem von Simon entwickelten Prinzip arbeiten sollte. Simon hatte mit der Entwicklung dieses Verflüssigers Ende der 1920er Jahre an der Berliner Universität in der Bunsenstraße begonnen und das erste Gerät 1932 in Breslau fertiggestellt.

Seit 1952 war Heinz Meister, ein sehr talentierter Mechaniker, am Bau der Verflüssiger beteiligt. Ihm gelang es, mit der Luftverflüssigungsanlage 1954 eine Verflüssigungsleistung 8,7 L/h zu erreichen. Im Jahre 1960 kam der erste Wasserstoffverflüssiger mit einer Verflüssigungsleistung von 9,0 L/h dazu. Dann erfolgte 1962 der Bau einer Helium-Neon-Trennanlage mit flüssigem Wasserstoff zur Neongewinnung für die Industrie und Heliumgas für den Eigenbedarf.

1960 wechselte Eder nach München, wo er zum Direktor der von Walther Meißner 1946 gegründeten Kommission für Tieftemperaturforschung der Bayrischen Akademie der Wissenschaften ernannt wurde. Er befasste sich mit dem Bau eines Tieftemperatur-Instituts, das 1967 als Zentralinstitut für Tieftemperaturforschung der Bayerischen Akademie der Wissenschaften unter seiner Leitung die Arbeit aufnahm. Seit 1984 ist es das Walther-Meißner-Institut für Tieftemperaturforschung in Garching.

Am 09.10.1962 wurde zum ersten Mal nach dem Krieg in Berlin von Fritz Thom und Heinz Meister mit dem von ihnen fertiggestellten Simon-Verflüssiger flüssiges Helium gewonnen. Ab dem 05.05.1964 begann der Dauerbetrieb der Anlage, die mit Stickstoff und Wasserstoff vorgekühlt wurde. Die Verflüssigungsleistung betrug 4,0 L/h.

Neben der Entwicklung von Gasverflüssigern wurden im III. Physikalischen Institut mechanische Eigenschaften von Metallen bei tiefen Temperaturen, wie die Festigkeit von Kupferwhiskern, Gleitprozesse in Metallen und Ermüdungserscheinungen bei Infraschallfrequenzen, untersucht. Außerdem erfolgte tiegelfreies Schmelzen von Metallen. Dazu kamen Untersuchungen zur paramagnetischen Temperaturmessung.

6.2   Die Tieftemperaturphysik nach dem Weggang von Eder

Nach dem Weggang von Eder übernahm Prof. Dr. Paul Täubert die Leitung des Instituts kommissarisch. Er war ein sehr befähigter Metallphysiker und ein guter Hochschullehrer, der viele Jahre lang Mathematik- und Physik-Lehramtsstudenten in der großen Experimentalvorlesung ausbildete. Sein Buch *Metallphysik* [3] war bei Nebenfachstudenten genauso beliebt, wie bei den Hauptfach-Physikstudenten. Die mechanischen Eigenschaften der Metalle waren bei ihm in guten Händen. Im Zweiten Weltkrieg war Täubert an der Entwicklung und am Bau von Geschützen und Raketen beteiligt gewesen. Er wurde, wie viele andere Wissenschaftler, nach dem Ende des Zweiten Weltkrieges in die Sowjetunion gebracht, wo er auf diesem Gebiet weiterarbeitete. Täubert berichtete, dass bei seiner Ankunft in Russland die für ihn vorbereitete Wohnung genauso wie seine Berliner

Wohnung mit seinen eigenen Möbeln, die extra nach Russland geschafft wurden, eingerichtet war. Sogar der Kohlenkasten stand wie in Berlin an der gleichen Stelle in der Küche. Täubert kam zusammen mit Fritz Bernhard nach seinem Aufenthalt in Russland an die Humboldt-Universität.

Das Anliegen der Fakultät, die Tieftemperaturforschung mit den Untersuchungen der elektronischen Eigenschaften von Halbleitern und Metallen in Angriff zu nehmen, um auf diesem Gebiet Studenten für die sich entwickelnde Elektronikindustrie auszubilden, war jedoch allein mit der Entwicklung von Gasverflüssigern nicht gelöst.

6.3   Nachwuchs für die Tieftemperaturphysik

6.3.1   Auslandsstudium

Die Mathematisch-Naturwissenschaftliche Fakultät der Universität wollte die Tieftemperaturphysik auch nach dem Weggang von Eder nicht aufgeben und suchte nach neuen Lösungen. Es war klar, dass das Wissenschaftsgebiet nur mit Wissenschaftlern, die als Tieftemperaturphysiker ausgebildet waren, vorankommen konnte. Das war für uns Absolventen, die sich stark für die Tieftemperaturphysik interessierten, eine günstige Situation. Unsere Lehrer in der Universität und an der Akademie der Wissenschaften waren der Meinung, dass Pjotr Leonidowitsch Kapitza der international erfolgreichste und bekannteste Tieftemperaturphysiker dieser Zeit war. Da jedoch ein direkter Zugang zu sowjetischen Akademie Instituten für Ausländer nicht möglich war, musste eine andere Lösung gefunden werden. Das Studium sollte bei Wissenschaftler der Akademie, die an der Moskauer Staatlichen Universität als Lehrstuhlinhaber tätig waren, beginnen und später im Kapitza-Institut für Physikalische Probleme fortgesetzt werden. So kam es zu Absprachen mit den Lehrstühlen für Tieftemperaturphysik, Halbleiterphysik und Kristallphysik der Moskauer Universität, über die Ausbildung von Nachwuchswissenschaftlern der Humboldt-Universität.

So wie es auch heute noch üblich ist, bilden großen Forschungslabore oft mit den Universitäten und Hochschulen eine Gemeinschaft, in der den Studierenden eine qualifizierte Ausbildung durch Vorlesungen, Seminare und Praktika an der Universität angeboten wird und sie dann für die Promotion Arbeitsmöglichkeiten in gut ausgerüsteten Laboratorien der Forschungsinstitute erhalten. Dadurch haben Studierende aus dem Ausland auch die Möglichkeiten, Angebote der Universität, wie Sprachausbildung und die kulturellen Angebote der Universität zu nutzen. So begannen viele ausländische Studenten erst mit der Ausbildung an den Universitäten, um dann in den Forschungseinrichtungen der Akademie an ihrer Promotion zu arbeiten.

Ein internationaler Austausch von Nachwuchswissenschaftlern wie in den westlichen Ländern fand so, zwar in eingeschränkter Form, auch zwischen den Ländern in Osteuropa statt. Er wurde vielleicht stärker als in den westlichen Ländern staatlich gelenkt, betraf aber viele Wissenschaftsbereiche von den Naturwissenschaften bis zur Altertumsforschung, der Außenwirtschaft und der Zahnmedizin. Deutsche Nachwuchswissenschaftler studierten an den Universitäten in Prag, Budapest, in Moskau und an anderen Universitäten der osteuropäischen Länder.

Dabei hatten die Naturwissenschaftler und insbesondere die Physiker, die an der Moskauer Universität eine Studienmöglichkeit fanden, besonderes Glück. Denn zu dieser Zeit konnten sie bei einer ganzen Reihe von Nobelpreisträgern Vorlesungen hören und wurden auch teilweise bei ihnen in den Akademieinstituten ausgebildet.

Das betraf in Moskau u. a. das Kernforschungszentrum in Dubna, das Physikalische Institut der Akademie der Wissenschaften (FIAN) und das Kapitza-Institut. Die Vorlesungen und die Seminare der Nobelpreisträger Lew D. Landau, Vitali L. Ginzburg, A. M. Prochorov und A. D. Sakharov wurden mit Begeisterung besucht.

Der Inhaber des Lehrstuhls für Tieftemperaturphysik an der Physikalischen Fakultät der Moskauer Universität, Alexander Iosowitch Schalnikov, war nach dem erzwungenen Wechsel von Kapitza aus Cambridge nach Moskau, 1934 bis 1936 Kapitzas rechte Hand beim Aufbau des Instituts für Physikalische Probleme auf den Sperlingsbergen. Er übernahm die Logistik für die Ausrüstungen des 1933 in Cambridge fertiggestellten Monde-Labors, die durch den Einsatz Rutherfords für Kapitza, von England mit dem Schiff über Leningrad (heute St. Petersburg), zu Kapitzas neuem Institut nach Moskau geschickt wurden. Schalnikovs Lehrstuhl befasste sich mit der Physik des Heliums, mit Supraleitung und der Festkörperphysik bei tiefen Temperaturen. Der zweite Lehrstuhl, der die Tieftemperatur vertrat, war der Lehrstuhl für Magnetismus, der von Eugen I. Kandorsky geleitet wurde, wo ich mit den Arbeiten zu meiner Dissertation begann. Arbeitsgebiete dieses Lehrstuhls waren die quantenmechanischen Grundlagen des Magnetismus, magnetische Kühlung und Tieftemperaturphysik in hohen Magnetfeldern. Das waren die Themen, mit denen Kapitza seine „Tieftemperaturlaufbahn" im Cavendish Laboratorium in Cambridge begonnen hatte.

Neben Landau und Schalnikow lehrte auch Ilya Michailovitch Lifschitz aus dem Kapitza-Institut an der Moskauer Universität. Der bekannte Kristallographie Aleksei Vasiljevitsch Shubnikow, nach dem die „Heesch-Shubnikow-Gruppen" benannt sind, war Inhaber des Lehrstuhls für Kristallphysik, den er als Direktor des Instituts für Kristallphysik der Akademie der Wissenschaften wahrnahm. Bei ihm begann Karin Herrmann ihre Dissertation über den Faraday-Effekt in Indiumantimonid. Der dritte Absolvent des Matrikels 54 der Humboldt-Universität, der an die Moskauer Universität kam, war Karl Lubitz. Er begann am Lehrstuhl für Halbleiterphysik mit seiner Dissertation, ging später aber an die Leningrader Universität, wo er auch promovierte.

An der Staatlichen Moskauer Universität auf den Leninbergen trafen sich 1961 neben vielen anderen auch Studierende aus Europa, China, Japan, Afrika und dem Nahen Osten. Doktoranden, Studentinnen und Studenten kamen aus Rostock, Greifswald, Freiberg, Merseburg und Berlin. Die wissenschaftliche Arbeit fand in einer Atmosphäre statt, die durch die Vorlesungen und Seminare der genannten Hochschullehrer und einer internationalen Studentengemeinschaft geprägt wurde.

6.3.2 Heisenbergs Ferromagnetismus

Es war nicht die Supraleitung, die mir als Dissertationsthema vorgeschlagen wurde, sondern das Verhalten der Ferromagnete Eisen, Kobalt und Nickel in starken Magnetfeldern. Dabei ging es um die klassische Aufgabe der Experimentalphysik, eine grundlegende Theorie zu bestätigen, nämlich die Heisenberg'sche quantenmechanische Austauschwechselwirkung der Spins der Ferromagnetika.

Gegenstand der Untersuchungen war das Verhalten der Sättigungsmagnetisierung dieser Ferromagnetika bei Annäherung an den absoluten Nullpunkt zur Überprüfung des Bloch'schen $T^{3/2}$-Gesetzes, das Bloch auf Basis der Heisenberg'schen Austauschwechselwirkung berechnet hatte.

Diese Theorie der Austauschwechselwirkung war zwar schon in den 1920er Jahren von Heisenberg entwickelt und von Bloch konkretisiert worden, indem dieser die Sättigungsmagnetisierung dieser Ferromagnetika durch ein Modell von Spinwellen zu erklären versuchte und daraus sein $T^{3/2}$-Gesetz ableitete. Die experimentellen Bedingungen für diese Messungen konnten erst in den 1950er Jahren realisierbar werden. Das notwendige Magnetfeld muss über der Sättigungsmagnetisierung der Ferromagnetika liegen und mindestens 2 T betragen. Das hatte Kapitza im Auge, als er eine wassergekühlte Kupferspule konstruierte, durch die bis zu 360 A fließen können. Mit dieser Spule, die bald in größerer Stückzahl gefertigt wurde, konnten Magnetfelder erzeugt werden, die die Sättigungsmagnetisierung der klassischen Ferromagetika Eisen, Kobalt und Nickel überstiegen. Die Messung der Änderung des magnetischen Flusses in Abhängigkeit von der Temperatur erfolgte mit einem ballistischen Spiegelgalvanometer. Wobei die zu untersuchende ferromagnetische Probe und die Messspule in einem Glaskryostaten mit Stickstoffvorkühlung bis auf die Temperatur des flüssigen Heliums abgekühlt wurden. Erste Ergebnisse wurden 1964 auf der Internationalen Magnetismus-Konferenz in Nottingham vorgestellt [4].

Im ferromagnetischen Zustand richten sich unterhalb einer bestimmten Temperatur, der Curie-Temperatur T_c, die magnetischen Momente der Atome, die Spins, spontan parallel aus. Dabei entsteht ein Wechselwirkungsfeld, das die Magnetisierung erzeugt. Die Quantenmechanik liefert für diese Wechselwirkung der Spinmomente, die mit einem fetten **S** bezeichnet werden (fett, weil sie Vektoren sind), für die Atome i und j die Wechselwirkungsenergie

$$U = 2J\,\mathbf{S}_i\,\mathbf{S}_j \qquad (6.1)$$

J ist das magnetische Austauschintegral [5].

Bei hohen Temperaturen, über der Curie-Temperatur, sind die ferromagnetischen Metalle paramagnetisch. Erst bei Temperaturen unterhalb der kritischen Temperatur T_c richten sich die magnetischen Spinmomente der Atome durch das Austauschintegral in Domänen aus, die der Richtung des äußeren Magnetfeldes folgen, wobei die Anzahl der ausgerichteten Domänen von der Stärke des Magnetfeldes abhängt. Diese kritischen Temperaturen sind für Eisen 1033 °C, für Kobalt 1395 °C und für Nickel 627 °C. Solange die Temperatur aber noch weit über dem absoluten Nullpunkt liegen, wird die strenge Ausrichtung der Spins durch die Wärmebewegung der Spinmomente gestört. Dabei drehen sich jedoch nicht einzelne Spins in die Richtung des Magnetfeldes, sondern diese Störungen breiten sich in Form von Wellen aus. Die Anregungen dieser Spinwellen werden als „Magnonen" bezeichnet. Sie sind neben den Photonen und den Phononen, den Quanten von Lichtwellen und den Gitterschwingungen eine dritte Art von Quantenteilchen, die nach der Quantelungsbedingung

$$E_k = \left(n_k + \frac{1}{2} \right) \hbar \omega_k \qquad (6.2)$$

gequantelt sind. Wobei n_k die Zahl der Quantenteilchen und $k = 2\pi/\lambda$ n ihr Wellenvektor (mit λ als Wellenlänge, n als Ausbreitungsrichtung) ist.

Die Dispersion der Spinwellen (Dispersion ist die Abhängigkeit der Energie von der Wellenlänge der Welle), kann durch eine Cosinus-Beziehung dargestellt werden.

$$\hbar \omega_k = 4JS \, (1 - \cos ka) \qquad (6.3)$$

wobei a der Gittervektor des ferromagnetischen Kristalls ist (s. Abb. 6.1). In der Abbildung ist die Ausbreitung einer Spinwelle schematisch, zweidimensional dargestellt.

Die Abbildung zeigt Spinwellen der sich parallel ausgerichteten Spins in einem linearen Ferromagneten. Im oberen Bild sind die durch thermische Energie angeregten Winkelauslenkungen der durch das Austauschintegral gekoppelten Spins in Richtung des äußeren Feldes zu sehen. Das untere Bild zeigt den Blick auf die Magnetfeldrichtung.

Die thermische Anregung der Spinwellen liefert nach Bloch als eine Änderung der Sättigungsmagnetisierung mit der Temperatur die Beziehung

$$\Delta M = M_0 \wedge T^{\frac{3}{2}}. \qquad (6.4)$$

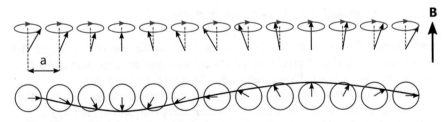

Abb. 6.1 Eine Spinwelle im Magnetfeld B, oben Seitenansicht, unten Draufsicht. Die Abbildung zeigt Spinwellen der parallel ausgerichteten Spins in einem linearen Ferromagnet. Im oberen Bild sind die durch thermische Energie angeregten Winkelauslenkungen der durch das Austauschintegral gekoppelten Spins in Richtung des äußeren Feldes zu sehen. Das untere Bild zeigt den Blick auf die Magnetfeldrichtung

M_0 ist die Sättigungsmagnetisierung bei $T \to 0$ K, die für Eisen 1740 G (0,174 T), für Kobalt 1400 G (0,14 T) und für Nickel 485 G (0,0485 T) beträgt. Λ fasst die thermischen und die Parameter der Spinwellen zusammen. Diese Beziehung ist das Bloch'sche Gesetz [6].

So wie die quantenmechanische Interpretation der spezifischen Wärme und damit der Wärmesatz von Nernst mit Inbetriebnahme seines Wasserstoffverflüssigers um 1911 in Berlin überprüft werden konnte, wurde die quantenmechanische Erklärung des Ferromagnetismus durch Heisenberg und Bloch seit den 1920er-Jahren experimentell bei Temperaturen des flüssigen Wasserstoffs untersucht [7]. Da aber hierfür die Sättigungsmagnetisierung bei Annäherung an den absoluten Nullpunkt notwendig war, waren nicht nur sehr tiefe Temperaturen, sondern auch hohe Magnetfelder notwendig. Damals erfolgten Messungen bei 20,4 K in Elektromagneten, deren Feld durch das Sättigungsmagnetfeld der Pohlkerne bei Zimmertemperatur begrenzt wurde. Heute kann man mit diesen Magneten auch Felder von 2 T erreichen, jedoch nur in sehr kleinen Volumina. Erst mit der Entwicklung von wassergekühlten Magnetspulen erfolgte die experimentelle Klärung der Bloch'schen Theorie mit Messungen in stärkeren Magnetfeldern bei Heliumtemperaturen. Neben den Messungen von E. D. Thomson, E. P. Wohlfarth und A. C. Bryan [8] sowie unseren Messungen, die mit impulsförmigen Temperaturänderungen erfolgten, wurden auch Messungen mit Temperaturwellen im Institut für Physikalische Probleme von Savaritzki durchgeführt. Alle diese Messergebnisse lieferten die experimentelle Bestätigung der Heisenberg-Theorie des Ferromagnetismus und der Bloch-Theorie der Spinwellen. Für das Metall Gandolium und für Legierungen von Ferromagnetika wurden von uns jedoch Abweichungen vom Bloch'schen Gesetz gemessen [9, 10].

Die magnetischen Eigenschaften von ferromagnetischen Materialien sind der Menschheit schon seit Jahrtausenden bekannt. Aber erst mit der Heisenberg'schen Austauschwechselwirkung auf der Grundlage der Quantenphysik konnten in den 20er-Jahren des 20. Jahrhunderts die starken Kräfte, die diese magnetischen Stoffe ausüben, erklärt und, wie gezeigt, erst in den 60er Jahren experimentell bestätigt werden.

6.3.3 Magnetische Oberflächenzustände

Nach meiner Promotion im Juli 1964 wurde mir von Kapitza vorgeschlagen, im Institut für Physikalische Probleme die Untersuchungen der Ferromagnetika fortzusetzen und mich an den Experimenten von Savaritzki zu beteiligen.

Kapitza selbst befasste sich zu dieser Zeit mit energiereichen Mikrowellen, elektromagnetische Wellen im Bereich von Gigahertz-Frequenzen (10^9 Hz).

Das spannendste Thema im Kapitza-Institut war jedoch ein völlig neues Phänomen, das vonMichail Semjonowitsch Chaikin gemeinsam mit Valerian Samsonowitsch Edelmann im gleichen Frequenzbereich an dem der Tieftemperaturphysik wohl bekanntesten Metall Wismut entdeckt wurde. Es war eine der Zyklotronresonanz verwandte Erscheinung, die von der Lorentz-Kraft jedoch in sehr

schwachen Magnetfeldern, kleiner als das magnetische Feld der Erde, hervorgerufen wurde. Diese Erscheinung erhielt später die Bezeichnung „magnetische
Oberflächenzustände".

Kapitza war erst erstaunt, fand dann aber meinen Wunsch, mich an den Unter-
suchungen in sehr schwachen Magnetfeldern zu beteiligen, gut. Da ich Michael
Chaikin und Valerian Edelman schon aus Seminaren kannte, wurde ich in ihrem
Labor aufgenommen.

Zyklotronresonanz ist bei Helium-Temperaturen in elektrisch leitenden Einkristallen deshalb möglich, weil bei diesen Temperaturen die freie Bewegung von
Ladungsträgern bis zu einem Millimeter erreicht, bevor sie gestreut werden. Diese
Resonanz erfolgt bei Temperaturen von 1 bis 4,2 K in Magnetfeldern um 1 T. Sie
erlaubt die Quantelung der Energie der Elektronen von Metallen und Halbleitern
zu bestimmen und die Energieflächen, d. h. die Verteilung der Ladungsträger,
die am Ladungstransport teilnehmen, im Impulsraum auszumessen (s. Kap. 7 in
Teil III). Denn so wie die Geschwindigkeiten der Ladungsträger, die eine Energie haben, mit der sie sich im realen Raum bewegen können, verteilt sind, sind
auch die Teilchen im Impulsraum auf Flächen, den Energieflächen verteilt. Die
Ladungsträger bewegen sich dann von der Lorentz-Kraft des Magnetfeldes
gezwungen auf kreisbahnähnlichen Kurven auf den Energieflächen, was zur Resonanz mit äußeren Hochfrequenzfeldern führt.

Als aber völlig unerwartet Resonanzen auch in sehr kleinen Magnetfeldern, die
kleiner als 1 G (10^{-4} T) waren, beobachtet wurden und damit in Feldern wesentlich kleiner als das Erdmagnetfeld, wurde bald klar, dass es sich hierbei um ein
neues physikalisches Phänomen handeln musste [11]. Doch diese Resonanzen
blieben noch längere Zeit ein Rätzel.

Bis Mark J. Asbel aus der Landau-Gruppe die Vermutung aussprach, dass die
Ursache dieser Oszillationen in so schwachen Magnetfeldern langgestreckte
Elektronenbahnen sein müssten, die sich durch Reflexion an der inneren Oberfläche der Kristalle ausbilden (s. Abb. 6.2). Das sind Teilstücke von Zyklotronbahnen, deren Mittelpunkt außerhalb des Kristalls liegt, sodass die Elektronen
entlang der inneren Oberfläche des Kristalls Girlandenbahnen durchlaufen, wobei
sie an der Innenseite der Kristalle reflektiert werden.

Mit diesen Resonanzen in verschwindend kleinen Magnetfeldern hatte Chaikin
die magnetischen Oberflächenzustände entdeckt, die heute die Eigenschaften von
zweidimensionalen Strukturen, wie dem Quanten-Hall-Effekt, dem Graphen und
den topologischen Isolatoren, erklären.

Besonders intensiv wurde das Metall Wismut untersucht. Dabei entwickelte
sich die Arbeit von Edelman, „Electrons in Bismuth" in *Advance Physics* [12] zum
Standardwerk für das Wismut, von dem auch heute noch bei den Untersuchungen
von topologischen Isolatoren ausgegangen wird.

Die Mikrowellenspektroskopie der Energiebandstruktur von Metallen und
Halbleitern war zu dieser Zeit ein sich gerade international herausbildendes
Forschungsgebiet. Da bisher Metalle, die bei niedrigen Temperaturen schmelzen und deshalb ohne komplizierten Aufwand als Einkristalle gezüchtet werden konnten, im Vordergrund standen, erschien es als lohnende Aufgabe, auch

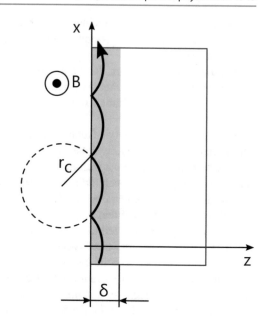

Abb. 6.2 Girlanden- oder Skipping-Bahnen im schwachen Magnetfeld B in der Skinschicht δ eines Metalls. Das ist das klassische Bild der von Chaikin entdeckten magnetischen Oberflächenzustände. Das Zentrum der Bahn liegt außerhalb des Kristalls. Das Magnetfeld B liegt parallel zur Oberfläche

die hochschmelzenden Metalle Wolfram, Molybdän und den Supraleiter Niob zu untersuchen [13], die in höchster Reinheit im Institut Angewandte *Physik* der Reinstoffe in Dresden hergestellt wurden.

So stand die Wirkung von Magnetfeldern mit der Lorentz-Kraft, durch die Walther Nernst zusammen mit Albert von Ettingshausen die thermoelektrischen Effekte am Wismut gefunden hatte, und das Metall Wismut, wieder im Mittelpunkt der Erforschung der Struktur der Materie.

6.4   Das III. Physikalische Institut der Berliner Universität wird zum Bereich Tieftemperatur- Festkörperphysik

Nach dem Beginn der Forschungsarbeiten im Kapitza-Institut wurde ich am 1. August 1964 im III. Physikalischen Institut der Humboldt-Universität eingestellt. Zu dieser Zeit hatte sich die Tieftemperaturphysik international, neben dem Bestreben immer tieferer Temperaturen zu erreichen, verstärkt der Erforschung der elektronischen Eigenschaften fester Körper zugewandt. Um zu klären, welche Eigenschaften und welche Materialien für die Entwicklung elektronischer Schaltkreise geeignet waren, war es notwendig, die Festkörper in reinster Form und bei sehr tiefen Temperaturen zu untersuchen. Die tiefen Temperaturen waren notwendig, um den Einfluss der Wärmebewegungen auf die Bewegung der Ladungsträger zu unterdrücken. Die traditionellen Halbleiter Germanium und Silizium, aber auch Tellur und Selen, wurden intensiv untersucht. Sowie eine Gruppe neuer Materiealien wie die Verbindungshalbleiter mit Antimon und Tellur und Mischkristalle auf der Basis von Wismut und Tellur.

Rompe war als Plasmaphysiker an den Plasmaphänomenen in Festkörpern interessiert, da er hier auch potenzielle Anwendungsmöglichkeiten in der Halbeiterelektronik vermutete. So schlug er für den Neubeginn meiner Forschungsarbeiten im III. Physikalischen Institut das Thema „Plasmonen" vor, d. h. die Untersuchung der elektronischen Eigenschaften und das Verhalten der Elektronen-Loch-Plasmen in Festkörpern. Hierfür waren insofern gute Voraussetzungen vorhanden, da das II. Physikalische Institut die elektro-optischen Eigenschaften von Tellur und von Cadmiumsulfit untersuchte. Das IV. Physikalische Institut war auf Cadmiumsulfit spezialisiert und das Institut für Theoretische Physik befasste sich mit der Elektronentheorie der Festkörper. Der damals aktuelle Halbleiter Tellur wurde nicht nur in Berlin, sondern auch an der Universität Würzburg und der Universität Aachen untersucht.

In Würzburg wurde von Klaus von Klitzing und G. Landwehr der Shubnikow-de-Haas-Effekt am Tellur gemessen [14], sodass es interessant war, die Elektronenstruktur dieses Halbleiters auch mit der Zyklotronresonanz genauer zu analysieren. Da aber von uns im Kapitza-Institut schon mit Untersuchungen der hochschmelzenden Metalle begonnen worden war, blieben auch diese Metalle weiter aktuell.

Die Anregung, das Festkörperplasma zu untersuchen, lenkte die Aufmerksamkeit wieder auf Halbmetalle und insbesondere auf Wismut. Wismut gehört zu den Halbmetallen, in dem sowohl Elektronen als auch Löcher die Ladungsträger bilden. Da durch Legieren der Halbmetalle mit anderen Metallen ihre elektronische Struktur verändert werden kann, wurden in den Wismut-Legierungen ausgeprägte Plasmaerscheinungen vermutet. Besondere Aufmerksamkeit hatten deshalb schon vor Beginn unserer Arbeiten die Legierungen des Wismuts mit Antimon gefunden. Interessant war dabei, dass sich die mittleren freien Weglängen und damit auch die Lebensdauer der Ladungsträger in diesen Legierungen gegenüber dem reinen Wismut nicht allzu stark verringerten. Deshalb konnten bei der Untersuchung dieser Verbindungen auch Untersuchungsmethoden eingesetzt werden, die bisher nur an reinen Materialien erfolgreich waren. Die Messmethoden auf der Grundlage der Zyklotronresonanz waren deshalb nicht nur eine Ergänzung der galvanomagnetischen Methoden, sondern führten auch zur Erfassung bisher völlig unbekannter Eigenschaften.

Der Kontakt zum Lehrstuhl für Tieftemperaturphysik der Moskauer Universität, der sich mit entsprechenden galvanomagnetischen Untersuchungen am Wismut-Antimon befasste, ermöglichte einen schnellen Einstieg in diese Materialklasse. Da für die Charakterisierung der Legierungen Hall-Effekt-, Leitfähigkeitsmessungen und thermoelektrische Untersuchungen notwendig wurden, ergab sich auch auf diesem Gebiet, wie bei der Entwicklung der Heliumverflüssigung durch Eder, ein weiterer Bezug zu den früheren Arbeiten von Nernst.

Wismut-Antimon-Legierungen sind in Abhängigkeit vom Legierungsgrad Halbmetalle oder Halbleiter. Da in den Legierungen Elektronen und Löcher nebeneinander existieren können, durchlaufen die Legierungen mit Veränderung der Antimonkonzentration unterschiedliche Plasmazustände, die weit über die des Gasplasmas hinausgehen.

Jedoch waren die Untersuchungen der hochschmelzenden Metalle in Zusammenarbeit mit dem Institut Angewandte Physik der Reinstoffe in Dresden schon weit fortgeschritten und sollten deshalb auch fortgesetzt werden. Da Professor Hans Barthel vom Institut Angewandte Physik der Reinstoffe in der Lage war, hochreine Einkristalle aus Wolfram, Molybdän und Niobium mit dem Zonenschmelzverfahren zu züchten, wurden die Untersuchungen an beiden Materialklassen parallel durchgeführt.

Die Züchtung und auch die Präparation der Kristalle war nicht ganz einfach, da die Schmelzpunkte von Wolfram und Molybdän bei 3695 K und 4995 K, jedoch für Niob etwas niedriger, bei 2750 K, liegen. Das Ausgangsmaterial war ein Stab aus diesen Metallen. Er wurde im Vakuum in einem Ring mit Elektronen beschossen, wodurch eine schmale Zone des Stabes aufgeschmolzen wurde. Der Stab wurde langsam durch den Elektronenring gezogen, wodurch die Schmelzzone mit den Verunreinigungen durch den Stab wanderte. Die Erstarrung begann an einem Keim mit vorgegebener kristallographischer Orientierung. Die Verschmutzungen im Ausgangsmaterial werden dabei in der Schmelzzone durch den ganzen Stab aus dem Einkristall entfernt.

Die Reinheit der Kristalle wird mit dem Restwiderstand bei der Abkühlung von Zimmertemperatur auf Heliumtemperatur gemessen. Im Ergebnis verringerte sich der Widerstand der Kristalle um mehr als fünf Größenordnungen, d. h. wenn der Widerstand eines Kristalls bie Zimmertemperatur 1 Ω betrug, dann hatte der Kristall bei Heliumtemperaturen nur noch einen Widerstand von 0,00001 Ω. Dadurch vergrößert sich die mittlere freie Weglänge der Elektronen in den Kristallen, die bei Zimmertemperatur im Bereich von Nanometern liegt, bei tiefen Temperaturen bis in den Millimeterbereich.

Da sich die experimentelle Basis an der Humboldt-Universität erst im Aufbau befand und noch nicht genügend flüssiges Helium für die neuen Messmethoden vorhanden war, wurde ein Teil der Messungen in Berlin vorbereitet und nach Absprache im Kapitza-Institut in Moskau durchgeführt. Das führte in den Jahren 1964 bis 1968 zu kontinuierlichen Forschungsaufenthalten von Institutsmitarbeitern im Kapitza-Institut, woran auch bald unsere Doktoranden teilnehmen sollten. Sie wurden an der Moskauer Universität immatrikuliert und arbeiteten im Institut für Physikalische Probleme. Daraus entwickelte sich eine jahrzehntelange Zusammenarbeit.

Da das III. Physikalische Institut auf dieses, sich vom bisherigen Forschungsprofil des Instituts stark unterscheidende Thema nicht vorbereitet war und die Experimente in Kapitza-Institut durchgeführt wurden, wurde erst einmal für dieses neue Tieftemperaturthema eine Arbeitsgruppe im II. Physikalischen Institut gebildet. Diese Arbeitsgruppe bestand nach kurzer Zeit aus den Kollegen Siegfried Hess und Hans-Ullrich Müller, aus der Ultraschall-Abteilung des II. Physikalischen Instituts von Professor Grützmacher, und Lutz Rothkirsch vom Matrikel 54, der bei Rompe promoviert hatte und im Fortgeschrittenen-Praktikum Verantwortung trug. Als Doktoranden kamen Horst Krüger, Wolfgang Braune und Gerhard Oelgart in die Gruppe.

Im Rahmen der 1968 an der Universität durchgeführten Hochschulreform wurden, wie an allen anderen ostdeutschen Universitäten, die Fachrichtungen in Sektionen umgewandelt. Die Physikalischen Institute wurden mit den Instituten für Kristallographie, Biophysik, Meteorologie und der Methodik des Physikunterrichts in einer Sektion Physik vereint (s. Anhang 1).

Die Tieftemperaturgruppe des II. Physikalischen Instituts wurde mit dem III. Physikalischen Institut zum Forschungsbereich Tieftemperatur-Festkörperphysik zusammengeschlossen.

Neben den Tieftemperaturthemen des III. Physikalischen Instituts wurden die neuen Untersuchungen zur Elektronenstruktur von Halbleitern und Metallen aufgenommen.

Der Halbleiter Tellur, Forschungsschwerpunkt im II. Physikalischen Institut, wurde gemeinsam untersucht. Um die Kristalle genau in die Mikrowellen-Resonatoren einzupassen, begann eine Züchtung von flachen Tellurkristallen in Graphit-Formen, deren Geometrie durch einen kristallographisch orientierten Keim mit dem Kristallgitter zusammenfiel (s. Anhang 2).Die ersten Arbeiten zum neuen Thema wurden mit flüssigem Helium von der Arbeitsstelle für Tieftemperaturphysik der Akademie der Wissenschaften in Dresden, die von Prof. Dr. Ludwig Bewilogua geleitet wurde, durchgeführt, bis im Januar 1971 ein eigener Philips-Heliumverflüssiger, der mit großen Schwierigkeiten durch Umgehung des Embargos beschafft wurde, in Betrieb genommen (Abb. 6.3). Dieser Verflüssiger lieferte in einer Woche durchschnittlich 150 L flüssiges Helium. So konnten auch die Experimente mit dem hochschmelzenden Supraleiter Niobium in Berlin aufgenommen werden. Anfang der 1980er Jahre wurde ein neuer Verflüssiger von Bruker aus der Schweiz angeschafft, mit dem auch die unterschiedlichsten Forschungsinstitute in Ost-Berlin mit flüssigem Helium versorgt werden konnten.

Der Verflüssiger der Firma Phillips arbeitete mit dem Stirlingprozess. Im Kältekopf läuft der Kühlvorgang in groben Zügen folgendermaßen ab: Zwischen dem Hauptzylinder (Main Piston 1) und dem Displacer 3 wird das Gas im Zylinder (2) komprimiert.

Durch die Bewegung des Displacers gelang das komprimierte Gas in das obere Volumen V_E, wo es die Kompressionswärme über die Kühlflächen (6; *heat transfer surfaces*) abgibt und durch das Zurückziehen des Displacers expandiert, wobei es sich abkühlt.

Es strömt durch den Regenerator (5) und kühlt durch Wärmeaufnahme den Cooler (4) ab, gelangt in den sich öffnenden Kompressionsraum V_C, wo es wieder zwischen Zylinder und den Displacer komprimiert wird. Die Kühlung wird dabei durch eine Phasenverschiebung zwischen der Bewegung des Hauptzylinders und der des Displacers erreicht.

Anfang der 1970er Jahre war der Forschungsbereich Tieftemperatur-Festkörperphysik in sechs Laboratorien organisiert: ein Metall-Labor von Horst Krüger, Winfried Kraak und Gerhard Oelgart, ein Halbleiter-Labor von Wolfgang Braue mit Georg Kuka, ein Kristallzüchtungslabor von Georg Schneider mit Alica Krapf, Reiner Röstel und Reiner Kuhl, ein Hochfrequenz-Labor von Siegfried Heß

 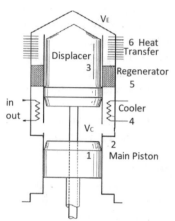

Abb. 6.3 a Unser Verflüssigungsmechaniker Heinz Meister am Stirling-Heliumverflüssiger PH 110 der Firma Philips im Forschungsbereich Tieftemperatur-Festkörperphysik, daneben der Kältekopf des Philips-Verflüssigers. Die Anlage arbeitete mit zwei derartigen Stirling-Maschinen (s. Kap. 1 und in Teil IV, Kap. 10). **b** Der Kühlkopf eines Philips-Verflüssigers. Er besteht aus dem Hauptkolben (Main Piston 1), dem Arbeitszylinder (2), dem Displacer (3), dem Kühler (4 Cooler) und den beiden Arbeitsvolumen V_E und V_C sowie dem Wärmetauscher (Regenerator 5) und den Kühlflächen 6 (heat transfer surface). (b aus: Flügge 1956, S. 12)

mit Hans-Ullrich Müller und Thomas Schurig, ein Mikrowellen-Labor von Lutz Rotkirch mit Uwe Preppernau und Helmut Dwelk sowie eine Verflüssiger-Abteilung mit Heins Meister, dem Leiter Fritz Thom, später Dieter Kusnick mit Bernhard Schnakenburg und Agathe Kottke, in der die Verflüssiger entwickelt, Kryostate und supraleitende Magnetspulen hergestellt wurden.

Literatur

1. Forstner C., Hoffmann D. (Hrsg.): Physik in Kalten Krieg, Springer Fachmedien, Wiesbaden (2013)
2. Sexel, L. Hardy, A.: Lise Meitner, Rowohlt Taschenbuch Verlag (2002)
3. Täubert, P.: Metallphysik, Teubner, Leipzig (1963)
4. Institute of Physics (Great Britain), Physical Society (U.K.): Proceedings of International Conference on Magnetism, Nottingham September 1964, Published in Association with Proceedings of the Physical Society (1964); Rode, V.E. Herrmann, R.: Cryogenics 141 (1965)
5. Heisenberg, W.: Zur Theorie des Ferromagnetismus, Zeitschrift für Physik 49, 9, 619–636 (1928)
6. Bloch, F.: Zur Theorie des Ferromagnetismus, Zeitschrift für Physik. 61, Nr. 3–4 206–219 1930)
7. Fallot, H.: Ferromagnétisme des alliages de fer, Ann. Phys. 11, 6, 305–387 (1936); Weiss, P., Forrer, R.: La saturation absolue des ferromagnétiques et les lois d'approche en fonction du champ et de la température, Ann. Phys. 10, 12, 279–372 (1929)
8. Thomson, E.D. Wohlfarth, E.P. Bryan, A.C.: The low temperature variation of the saturation magnetization of ferromagnetic metals and alloys, Proc. Phys. Soc. 83, 59 (1964)

9. Rode, V.E., Herrmann, R., Korolev, L.M.: Journal of experimental and theoretical Physics (rus. JETP 46 (4) 5 (1964); Rode, V.E., Herrmann, R., Grischina, I.V.: JETP 49 (7) 3 (1965)

10. Rode, V.E. Herrmann, R.: Untersuchung der Sättigungsmagnetisierung von Fe, Co und Ni, JETP 46 Bd.5 1598 (1964)

11. Khaikin, M.S.: JETP 39 212 (1969)

12. Edelman, V.S.: Electrons in bismuth, Adv. Phys. 25, 6, 555–613 (1976)

13. Herrmann, R.: Oszillationen der Oberflächenimpedanz von Wolfram in schwachen Magnetfeldern, Phys. stat. sol. 21, 2, 703–707 (1967); Proc. LT 13 St. Andrews (1968)

14. von Klitzing, K. Landwehr, G.: Surface quantum states in tellurium, Sol. State Commun. 9, 24, 2201–2205 (1971)

Teil III
Elektronenstrukturen von Festkörpern bei tiefen Temperaturen

Metalle und Halbleiter bei tiefen Temperaturen

7

Seit Ende der 1960er Jahre konzentrierte sich die Tieftemperaturforschung der Humboldt-Universität auf das Verhalten der Ladungsträger von Metallen und Halbleitern in einem äußeren Magnetfeld. Diese von Hall, Nernst und von Ettingshausen gefundene Kraft des Magnetfeldes auf die Bewegung der Ladungsträger in festen Körpern führt bei tiefen Temperaturen, bei denen die Ladungsträger relativ große Strecken ohne Störung im Festkörper durchfliegen können, zur Quantisierung der Ladungsträgersysteme auf magnetische Energieniveaus. Die Quantentheorie der Ladungsträger in festen Körpern im Magnetfeld wurde schon 1920 von Lew Landau in dem Artikel „Diamagnetismus der Metalle" in der Zeitschrift für Physik, Nummer 64 auf den Seiten 629–636 entwickelt. Diese Theorie ist die Grundlage der galvanomagnetischen Effekte, des Shubnikow-de-Haas-Effekts, des de-Haas-van-Alphen-Effekts, der Zyklotronresonanz, sowie des Quanten-Hall-Effekts und der topologischen Isolatoren.

7.1   Die Landau-Quantelung

Die Quantelung der Ladungsträger in Metallen und Halbleitern, die bei tiefen Temperaturen unter 10 K sehr ausgeprägt ist, wurde von uns am Bereich Tieftemperatur-Festkörperphysik in sehr schwachen, aber auch in sehr starken Magnetfeldern untersucht. Dabei standen zu Beginn die galvanomagnetischen Effekte, die Zyklotronresonanz der Ladungsträger und die magnetischen Oberflächenzustände im Mittelpunkt. Diese Oberflächenzustände wurden, wie in Kap. 6 geschildert, von Michael Chaikin und Valerian Edelman 1961 am Wismut entdeckt.

Eine vollständige Quantentheorie der elektronischen Struktur fester Körper entwickelten 1928 Arnold Sommerfeld und Hans Bethe mit der Monographie *Quantentheorie der Festkörper* im *Handbuch der Physik XXIV/2*. Das Verhalten der Ladungsträgersysteme der Festkörper in Magnetfeldern wurde später in dem Lehrbuch *Elektronen im Kristall* [1] zusammengefasst.

© Springer-Verlag GmbH Deutschland, ein Teil von Springer Nature 2019
R. Herrmann, *Die Tieftemperaturphysik an der Humboldt-Universität im 20. Jahrhundert,* https://doi.org/10.1007/978-3-662-59575-6_7

Mit der Zyklotronresonanz konnten die Fermi-Flächen[1] der hochschmelzenden Metalle Wolfram, Molybdän und Niobium ausgemessen werden. Wobei am Wolfram auch das Verhalten der magnetischen Oberflächenzustände untersucht wurde. Das gleiche gelang am Halbleiter Tellur, wobei die Oberflächenzustände damals von uns als Oberflächensupraleitung interpretiert wurden. Heute charakterisiert diese Oberflächenleitfähigkeit das Verhalten der topologischen Isolatoren.

Mit dem Radiofrequenz-Größen-Effekt wurden die Eigenschaften der Elektronen des Halbmetalls Wismut, wie ihre Impulse im ganzen Impulsraum, und damit die Geometrie ihrer Energieflächen bestimmt. Für die Elektronen wurden Geschwindigkeiten um 10^8 cm/s gemessen.

Bei der Untersuchung des Legierungssystems Wismut-Antimon standen die Metall-Halbleiter-Übergänge im Mittelpunkt. Die Messung der elektronischen Energiestruktur, die diese Übergänge bestimmt, erfolgte mit der Zyklotronresonanz und den galvanomagnetischen Effekten. Dabei wurde das für topologische Isolatoren typische Verschwinden der effektiven Massen bei der Inversion von Energiebändern gefunden. Außerdem konnten an diesen Legierungen die Eigenschaften des Festkörperplasmas systematisch untersucht werden. In den 1980er Jahren kamen Messungen des Quanten-Hall-Effekt an Korngrenzen der Halbleiter Indium-Antimonid (InSb) und Quecksilber-Cadmium-Tellurid (p-$Hg_{(1-x)}Cd_xTe$) hinzu.

Im klassischen Bild wird die Wirkung eines Magnetfeldes auf bewegte Ladungsträger durch die Lorentz-Kraft beschrieben, die die Ladungsträger aus ihrer Flugrichtung ablenkt und auf gekrümmte Bahnen zwingt. Dem entspricht in der Quantenmechanik die Landau-Quantelung der Energieniveaus.

Um das Wesen dieser Quantelung zu verdeutlichen, betrachten wir ein Metall als einen Potenzialtopf, in dem die Valenzelektronen ein Gas quasifreier Elektronen bilden, wobei die Elektronen nicht miteinander wechselwirken und ihre Massen effektive Werte, die mit m* bezeichnet werden, annehmen. Diese effektive Masse unterscheidet sich von der Masse eines freien Elektrons m_0, da das Kristallgitter die Bewegung der Elektronen beeinflusst, wodurch ihre Masse von der Richtung, in der sie sich in einem Kristall bewegen, abhängig wird.

Der Quantenzustand der Elektronen wird durch ihren Impuls p charakterisiert. Im magnetfeldfreien, isotropen Fall ist die Energie der Elektronen

$$E(p) = \frac{p^2}{2m^*}. \tag{7.1}$$

Die Abhängigkeit der Energie vom Quadrat des Impulses bezeichnet man als quadratische Dispersion. Die Impulse der Elektronen im Kristall sind eng mit den Wellenvektoren der Ladungsträger verbunden. Der Zusammenhang $\mathbf{p} = \hbar\mathbf{k}$ mit $\mathbf{k}$ als Wellenvektor, zeigt, dass die Energiezustände der Ladungsträger in gleicher Weise wie im Impulsraum auch im k-Raum verteilt sind. Meist wird die Verteilung

---

[1]Die Fermif-Fläche ist die Grenze zwischen den mit Ladungsträgern besetzten und den unbesetzten Zuständen in einem Metall.

der Energiezustände und der Elektronen im Kristall auf diese Zustände im k-Raum betrachtet. Denn dieser k-Raum oder Wellenvektorraum enthält alle Eigenschaften des Kristallgitters, sodass die Elektronen in diesem Raum als „Kristallelektronen" bezeichnet werden können. Dieser Raum ist in Zonen, den sogenannten Brillouin-Zonen, aufgeteilt.

Enthält der Kristall nur wenige Ladungsträger, dann befinden sich diese in der ersten Brillouin-Zone. Bei vielen Elektronen übersteigt die Energie die Größe der ersten Brillouin-Zone und es sind auch Zustände in höheren Brillouin-Zonen besetzt[2].

Durch die Quantisierung im Magnetfeld, wie sie von Landau durchgeführt wurde, spaltet die Energie E(k), die ohne Magnetfeld über dem Wellenvektor eine Parabel bildet, in zusätzliche Landau-Niveaus auf:

$$E_n(p, B) = \left(n + \frac{1}{2}\right)\hbar\omega_c + \frac{p^2}{2m^*} \tag{7.2}$$

Das sind die Landau-Quantenniveaus mit den Quantenzahlen n (n = 0, 1, 2, ...) und der Zyklotronfrequenz

$$\omega_c = \frac{e\,B}{m^*}. \tag{7.3}$$

Die Darstellung dieser Quantelung im Impulsraum zeigt Abb. 7.1. Oben ist die Verteilung der Energieniveaus im ein- und dreidimensionalen Impulsraum ohne Magnetfeld und unten im Magnetfeld dargestellt.

Die Energiezustände $E(p_x, p_y, p_z)$ liegen im eindimensionalen Fall in Abhängigkeit vom Impuls p_x nach (Abb. 7.1) auf einer Parabel. Die Zustände sind aufgrund der Fermi-Dirac-Statistik, die mit zwei Elektronen (Spin auf, Spin ab) gefüllt werden können, bis zur Fermi-Energie gefüllt. Nur die Elektronen, die an der Fermi-Grenze liegen, haben über sich freie Energiezustände und können sich bewegen. Mit anderen Worten, nur die Elektronen, die direkt auf der Fermi-Grenze liegen, können beim Anlegen eines elektrischen Feldes am Strom teilnehmen. Die Elektronen, die sich auf Energieniveaus darunter befinden, können sich nicht bewegen, da sie in ihrer Umgebung keine freien Zustände finden. Im eindimensionalen Fall besteht die Fermi-Grenze aus zwei besetzten Zuständen. Im zweidimensionalen Fall ist die Fermi-Grenze ein Kreis und im Dreidimensionalen ist sie, wie in der Abb. 7.1 dargestellt, im einfachsten Fall eine Kugeloberfläche. Beim Quanten-Hall-Effekt, der ein zweidimensionales Phänomen ist, ist auch die Fermi-Energie nur zweidimensional.

Der Einfluss des Kristallgitters auf die Bewegung der Ladungsträger führt dazu, dass die Impulse richtungsabhängig werden. Entsprechend sind die Energieflächen

---

[2]Da hier im Text nicht näher auf die Eigenschafen der Ladungsträger als Kristallelektronen eingegangen wird, werden die Brillouin-Zonen nur als Raum der Energiezustände betrachtet.

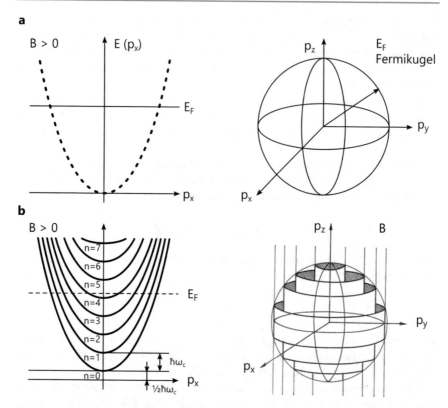

Abb. 7.1 a Darstellung der Energie $E(p) = p^2/2m$ über dem Impuls. Im eindimensionalen Impulsraum liegen die Zustände auf einer Parabel, die bis zur Fermie-Energie E_F mit Ladungsträgern gefüllt ist. Im Dreidimensionalen füllen diese einen symmetrischen Körper, der im einfachsten Fall eine Kugel, die Fermi-Kugel, ist. Darunter in **b** ist die Aufspaltung der Energieniveaus im Magnetfeld dargestellt. Die Quantelung der Energieparabel führt zu einer Parabelschar, wobei jede Parabel die Fermi-Energie schneidet. Im Dreidimensionalen führt die Quantelung zu Landau-Zylindern mit dem Abstand $\hbar\omega_c$ zwischen den Parabeln bzw. den Zylindern. (Abbildungen aus: Herrmann R, Preppernau U: Elektronen im Kristall, Springer Verlag, 1979)

realer Festkörper Ellipsoide oder eine Schar von Ellipsoiden (s. Abb. 7.13), oder noch wesentlich kompliziertere Flächen.

Entsprechend der Quantenbeziehung (Gl. 7.2) spalten die Energiezustände im Magnetfeld in eine Schar von Parabeln, den Landau-Niveaus, auf. Das unterste Landau-Niveau wird um die Energie $\frac{1}{2}\hbar\omega_c$ nach oben verschoben. Die höher liegenden Landau-Niveaus haben den energetischen Abstand $\hbar\omega_c$ (s. Abb. 7.1).

Im Zweidimensionalen bilden die besetzten Zustände an der Fermi-Energie Kreise. Und im dreidimensionalen Fall werden die Zustände in Landau-Zylinder um die Magnetfeldrichtung gequantelt. Denn die Quantelung erfolgt nur in der Ebene senkrecht zum Magnetfeld.

Mit Erhöhung des Magnetfeldes wird der energetische Abstand der Landau-Niveaus kontinuierlich größer. Die Parabeln in Abb. 7.1 verschieben sich nach oben. Beim Übergang der Parabel über die Fermi-Energie springen die noch verbliebenen Elektronen von diesem Landau-Niveau auf das darunter liegende. Im Dreidimensionalen verlassen die Landau-Zylinder die Fermi-Kugel. Dieser Übergang zeigt starke Wirkung auf die Leitfähigkeit und den Diamagnetismus. Die Änderungen in der Leitfähigkeit werden als „Shubnikow-de-Haas-Effekt" und die Wirkung auf den Diamagnetismus als „de-Haas-van-Alphen-Effekt" bezeichnet.

7.2 Die Fermi-Flächen von Wolfram, Molybdän und Niobium

Zur Untersuchung der Elektronenstrukturen der hochschmelzenden Metalle wurden rechteckige, kristallographisch orientierte Streifenresonatoren hergestellt. Die Messungen der Resonanzen erfolgten mit 9,38 GHz oder 36 GHz bei 1,6 K, meist in der (110)-Ebene mit dem Magnetfeld B ∥ [001]-Richtung, wobei der Strom I in der [110]-Richtung orientiert war. Die Streifenresonatoren hatten die Abmessungen $13 \times 4 \times 0,8$ mm^3.

Das Restwiderstandsverhältnis für die Wolframkristalle betrug bei der Abkühlung von Zimmertemperatur auf $4,2$ K $R_{4,2\,K}/R_{293\,K} = 1,8\ 10^{-5}$ d. h. der Widerstand verringerte sich bei Abkühlung von Zimmertemperatur auf 4,2 K um den Faktor 10^5 [2].

Die Apparatur (s. Abb. 7.2) für diese Messungen der hochschmelzenden Metalle hatte Chaikin aufgebaut. Sie stand im Kapitza-Institut in einem Kellerlabor auf einem vom Gebäude getrenntem Fundament. Zwei Resonanzkreise mit je einer Wanderfeldröhre mit Frequenzen im 9-GHz-Bereich waren als Heterodynspektrometer zusammengeschaltet. Ein Resonanzkreis war als Messkreis ausgelegt, der zweite mit einem supraleitenden Bleiresonator hoher Güte mit der Vergleichsfrequenz [3].

Als Kurt Mendelssohn Ende der 1960er Jahre das Labor von Chaikin besuchte, war er so begeistert von der Apparatur, dass er einige Zeit an den Messungen teilnahm.

Mit dieser Anlage wurden unsere ersten Asbel-Kaner-Zyklotronresonanz-Messungen am Wolfram durchgeführt. Bei dieser Resonanz, die zwischen einer Mikrowelle und dem Umlauf von Ladungsträgern auf Zyklotronbahnen im Magnetfeld erfolgt, dringt die Mikrowelle nur in eine dünne Oberflächenschicht, die Skinschicht δ des Metalls ein. Im Inneren des Metalls bewegen sich die Ladungsträger frei von der Mikrowelle auf geschlossenen, gekrümmten Bahnen wieder in die Skinschicht zurück. Stimmt die Periode der Mikrowelle und die Umlaufzeit der Ladungsträger überein, kommt es zur Resonanz. Wenn sich bei Verringerung des Magnetfeldes die Umlaufzeit der Ladungsträger erhöht, kommt es bei einem Umlauf, während die Mikrowelle zwei Perioden durchläuft, zur

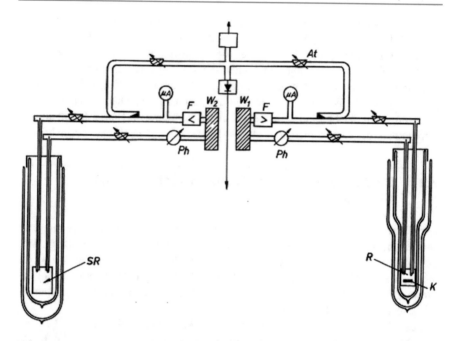

Abb. 7.2 Heterodyn-Messanlage: Der rechte Resonanzkreis mit der Wanderfeldröhre W_1 und dem Resonator R, in dem sich der Messkristall K befindet, ist der Messkreis. Der linke Kreis mit der Wanderfeldröhre W_2 und dem supraleitenden Resonator (SR) liefert die Vergleichsfrequenz. Ph sind Phasenschieber, At sind notwendige Attenuatoren und <, > geben die Verstärkungs-richtungen der Röhren W_1 und W_2 an

nächsten Resonanz. Dadurch entsteht eine periodische Folge von Resonanzen, die sogenannte Asbel-Kaner-Zyklotronresonanz[3].

Die experimentelle Anordnung, mit der das Metalls Wismut mit 36,18 GHz gemessen wurde, ist in Abb. 7.3 dargestellt.

Elektromagnetische Wellen mit Frequenzen, die kleiner als die Plasmafrequenz $\omega_p = (e^2 N/\varepsilon_0\, m^*)^{1/2}$ sind (siehe Abschn. 7.5), dringen nur in eine Oberflächen-schicht ein, die als „Skinschicht" bezeichnet wird und in Abhängigkeit von der Frequenz nur wenige Mikrometer bzw. Nanometer dick ist. Konkret beträgt die Skinschicht für Kupfer bei der Frequenz von 10^{12}/s nur 160 nm. Voraussetzungen, dass es zur Resonanz kommt, sind eine Skinschicht δ wesentlich kleiner als der Bahnradius der Ladungsträger r_c und ein Radius der Bahn wesentlich kleiner als die mittlere freie Weglänge l der Ladungsträger:

$$\delta \ll r_c \ll 1. \tag{7.4}$$

---

[3]Emanuel Kaner war ein talentierter theoretischer Physiker aus dem Khakower Tief-temperatur-Institut, das 1960 von Boris Ieremievich Verkin, einem Physiker und virtuosen Pianisten, gegründet wurde und heute B.I. Verkin Institut heißt.

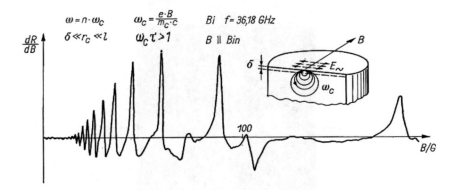

Abb. 7.3 Asbel-Kaner-Resonanz bei $\omega = n\omega_c$, mit der Mikrowellenfrequen $\omega = 36,18$ GHz im Wismut. Das Spektrum zeigt die Grundresonanz $n = 1$ (rechts am Ende der Magnetfeldskala) mit 10 Harmonischen für Wismut [4]

Außerdem muss die Lebensdauer der Ladungsträger τ wesentlich größer als die Mikrowellenperiode T sein. Mit $\omega_c = 1/T$ lautet die Bedingung

$$\omega_c \tau \gg 1. \tag{7.5}$$

Die Beziehung zwischen der Mikrowelle und dem Magnetfeld ist durch die Zyklotronfrequenz (Gl. 7.3) gegeben. Die Resonanzbedingung für die Grundresonanz ist dann $\omega = \omega_c$.

Wird das Magnetfeld auf die Hälfte verringert, dann ist die Zyklotronfrequenz nur noch halb so groß wie bei der Grundresonanz, dann kommt es bei $\omega = 2\omega_c$ zur nächsten Resonanz. So entsteht bei weiter abnehmendem Magnetfeld eine ganze Resonanzserie

$$\omega = n\omega_c \tag{7.6}$$

mit $n = 1, 2, 3, \ldots$ Die Resonanzen mit $n > 1$ werden als „Harmonische bezeichnet". Das ist die Asbel-Kaner-Resonanz, die mit den Parametern des Experiments und den Resonanzbedingungen in der Abb. 7.3 zusammengefasst sind.

So wie im realen Festkörper bewegen sich die Elektronen auch im Impulsraum auf Bahnen, die durch die Fermi-Fläche vorgegeben werden. Wolfram hat ein kubisch raumzentriertes Kristallgitter. Die Berechnung der Fermi-Fläche von Wolfram ergab einen zentralen Elektronenkörper im Zentrum des Impulsraumes und Löcherflächen in den H-Eckpunkten [5]. Der zentrale Körper, der sogenannte Elektronen-Jack, hat aufgrund seiner Geometrie eine Reihe von Extremalquerschnitten. Das ist deshalb wichtig, weil die Bewegung der Ladungsträger auf anderen Bahnen, die auch eine Impulskomponente in Richtung des Magnetfeldes haben, solange auf dieser Bahn in Richtung des Magnetfeldes verläuft, bis ein Extremalquerschnitt erreicht ist und die Impulskomponente in Richtung des Magnetfeldes verschwindet. Erst dann kommt es zur Resonanz. Der

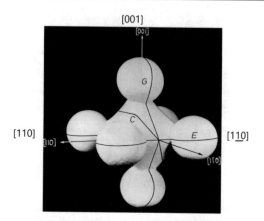

Abb. 7.4 Modell des Elektronen-Jacks, dem zentralen Körper der Fermi-Fläche von Wolfram mit Oktaedersymmetrie und sechs kugelförmigen Ausstülpungen in den Eckpunkten H. An diesen Eckpunkten H befinden sich noch ellipsoidförmige Löcherflächen (hier nicht gezeigt). Die Bahnen C, E und G. in den kristallographischen Hauptrichtungen [100] bis [001] sind die Extremalbahnen, auf denen Zyklotronresonanz stattfindet

Elektronen-Jack und die für die Zyklotronresonanz wichtigen Extremalquerschnitte sind in Abb. 7.4 zusammengestellt.

Mit der Asbel-Kaner-Zyklotronresonanz wurde die Anisotropie der effektiven Massen der Ladungsträger (hier mit μ bezeichnet) auf den Fermi-Flächen von Wolfram und Molybdän gemessen. Die hohe Auflösung der Heterodynanlage ermöglichte die Messung fast alle Extremalbahnen. In Abb. 7.5 ist das aus den Zyklotronresonanzmessungen bestimmte Anisotropiediagramm der effektiven Massen von Wolfram dargestellt.

Mit der Anisotropie der effektiven Massen kann die Form der Fermi-Flächen der Metalle rekonstruiert werden, indem die mit Modellen berechneten effektiven Massen mit den Messwerten verglichen werden. Das Ergebnis war, dass die Fermi-Fläche des Molybdäns der Fermi-Fäche des Wolframs sehr ähnlich ist und die effektiven Massen nur geringfügig kleiner sind.

Die effektiven Massen der hochschmelzenden Metalle sind mit Werten bis zu 2,8 m_0 (wobei m_0 die Masse des freien Elektrons ist) im Vergleich zu den normalen Metallen wie Cu, Ag, Au sowie Na und K, deren effektive Massen um 1 m_0 liegen, schwerer. Im Vergleich zu den effektiven Massen von Halbleitern sind sie sehr schwer.

Wie Wolfram und Molybdän ist auch Niobium ein hochschmelzendes Metall mit einer kubisch-raumzentrierten Gitterstruktur. Der Schmelzpunkt liegt bei $T_s = 2477$ °C. Die Fermi-Fläche des Niobs ist den Fermi-Flächen der anderen beiden Metalle ähnlich [7]. Sie verteilt sich jedoch über drei Brillouin-Zonen. Die erste Brillouin-Zone ist mit Elektronen gefüllt. Die zweite Brillouin-Zone enthält im Zentrum einen Löcher-Oktaeder. Die Fermi-Fläche in der dritten Brillouin-Zone besteht wie beim Wolfram und dem Molybdän aus einem sechsarmigen Zentralkörper. Dadurch können sich im Magnetfeld drei Löcher-Extremalbahnen

Abb. 7.5 Anisotropie
der effektiven Massen von
Wolfram in der (110)-Ebene.
μ sind die effektiven Massen
m/m$_0$ [6]

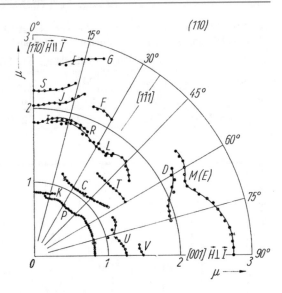

um die Arme sowie eine Elektron-Extremalbahn im erweiterten Zonenschema ausbilden. Zwischen den Armen befinden sich zusätzlich sechs Löcherellipsoide.

Alle drei Metalle sind Supraleiter. Wolfram mit einem kritischen Wert von
$T_c = 0{,}0154$ K und $B_c = 0{,}115$ mT, Molybdän mit $T_c = 0{,}915$ K und $B_c = 9{,}6$ mT
und Niob mit $T_c = 9{,}25$ K. Niobium ist ein Supraleiter 2. Art, in dem Zyklotronresonanz nur in Magnetfeldern auftreten kann, die größer als das das kritische
Feld der Oberflächensupraleitung $B_{c3} = 0{,}6$ T sind. Entsprechend wurden die
Experimente in einer supraleitenden NbTi-Spule im Magnetfeld bis 4 T durchgeführt. Die Proben des hochreinen Niobiums hatten einem Restwiderstand von
$R_{4,2}/R_{300} = 2{,}86 \ 10^{-5}$. Die Messtemperatur für die Zyklotronmesssungen im Niob
betrug 4,2 K, die Messfrequenz 35,3 GHz [7].

Die experimentell erhaltenen Zyklotronmassen vom Niob sind um einen Faktor von
2,2 größer als die von Mattheiss berechneten Werte [8]. In Tab. 7.1 werden die von uns
gemessenen experimentellen Werte mit den theoretisch berechneten Werten verglichen.

Diese Massenerhöhung bei den experimentellen Werten ist auf die Wechselwirkung von Phononen mit den Elektronen zurückzuführen. Die Theorie der
Elektron-Phonon-Wechselwirkung von McMillan liefert einen Faktor von 1,82
[9]. Da Wasserstoff, Sauerstoff und auch Stickstoff schnell in das Gitter der Nio-
biumeinkristalle eindiffundieren, erhält man nur gut aufgelöste Impedanzsignale,
wenn die Kristalle gründlich im Vakuum getempert und gleich danach (von der
Atmosphäre isoliert) im flüssigen Helium auf 4,2 K abgekühlt werden.

Diese Präparation der Kristalle erforderte von Dr. Lutz Rothkirch und seinen
Mitarbeitern, denen die Untersuchung der Elektronenstruktur von Niob erstmals gelang, sehr viel Geduld. Er konnte zeigen, dass lange Abkühlzeiten notwendig sind, bis Mikrowellenresonanzen überhaupt aufgelöst werden. Nachdem
die Messkristalle in flüssiges Helium (4,2 K) getaucht wurden, zeigten sich außer

Tab. 7.1 Experimentelle Werte der Zyklotronmassen auf den Extremalbahnen ELL(1), ELL(2), ELL(3,4), Ell(5,6) und OCT im Niobium und ihr Verhältnis zu den berechneten Werten [7]

Bahn	ELL(1)/m_0	ELL(2)/m_0	ELL(3,4)/m_0	Ell(5,6)/m_0	OCT/m_0
m_c* exp.	1,36	2,14	1,73	2,01	4,8
m_c* theo.	0,64	0,97	0,79	0,92	2,23
m_c* exp./m_c* theo.	2,12	2,21	2,19	2,19	2,15

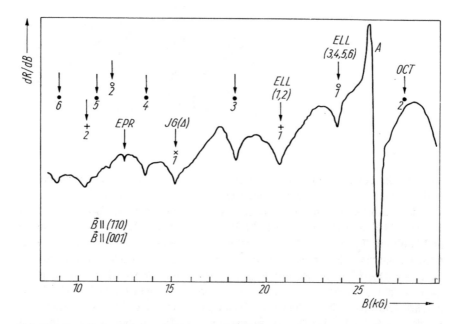

Abb. 7.6 Impedanzspektrum von Niobium im Magnetfeld von 0,8 bis 2,8 T. Das Magnetfeld ist größer als das kritische Feld der Oberflächensupraleitung $H_{c3} = 0,6$ T. Die Niobium-Kristalle sind in diesem Magnetfeldbereich normalleitend. Die Minima in diesem Spektrum wurden entsprechend der Anisotropie ihrer Extremalbahnen den von Mattheiss theoretisch berechneten Fermi-Flächen zugeordnet

der paramagnetischen Resonanz der Elektronen (EPR in Abb. 7.6) keine weiteren Resonanzen. Signale der Asbel-Kaner-Zyklotronresonanz sind erst nach 24 h Abkühlung zu beobachten, dann, nach 48 h sind die Signale voll ausgebildet.

Mit den auf diese Weise vorbereiteten Experimenten wurde zum ersten Mal auch Zyklotronresonanz an Niobium nachgewiesen. In dem Spektrum der Abb. 7.6 ist die Asbel-Kaner-Resonanz mit vier Resonanzserien dargestellt, die entsprechenden Extremalflächen zugeordnet werden konnten.

Das Spektrum zeigt neben den Resonanzserien das EPR-Signal eine sehr auffällige Resonanz bei 26 kG (bzw. 2,6 T), die mit A bezeichnet wurde. Diese intensive, scharfe Linie wird wahrscheinlich durch einen „magnetischen Durchbruch" zwischen Teilen der Fermi-Fläche erzeugt, wie schon Scott und Sprigford [10] vermuteten.

Da die Grundresonanz des Hauptquerschnitts der Fermi-Fläche außerhalb des Mess-
bereiches bei 5,45 T liegt, müsste jedoch die zweite Harmonische, wie in der Abbildung
angedeutet, bei 2,7 T liegen. Diese Harmonische fehlt jedoch. Da aber in schwächeren
Magnetfeldern keine Harmonischen dieser Grundresonanz existieren, sich aber in diesem Bereich die Harmonischen der zweiten Resonanzbahn befinden, weist das darauf
hin, dass der magnetische Durchbruch erst in Magnetfeldern über 1,8 T erfolgt.

Befindet sich das Niob im supraleitenden Zustand (s. Supraleitung, Teil III,
Kap. 9), dann beobachtet man schon ohne Tempern der Kristalle Impedanzsignale.
Diese Signale werden von den Übergängen zwischen der Meißner-Phase und der
Shubnikow-Phase H_{c1}, sowie der Shubnikow-Phase und der Oberflächensupra-
leitung H_{c2} sowie dem Verschwinden der Oberflächensupraleitung H_{c3} verursacht.

In frisch getemperten Kristallen sind die Phasenübergänge zwischen Meißner-
und Shubnikow-Phase ausgeprägt. Die Impedanz in der Meißner-Phase wird
durch die Wechselwirkung der Hochfrequenzwelle mit magnetischen Oberflächenzuständen in der supraleitenden Energielücke bestimmt; die Impedanz in der
Shubnikow-Phase durch die Wechselwirkung der Hochfrequenzwelle mit dem magnetischen Wirbelfäden des Abrikosov-Gitters [11].

Nachwuchswissenschaftler der Humboldt-Universität waren oft zu Gast im
Kapitza-Institut. Chaikin und Edelman beteiligten sich aber auch an den Messungen in Berlin. Bei ihren Besuchen berichteten sie über ihre neuesten Ergebnisse
und über internationale Trends. Chaikin verabschiedete sich aus Berlin nie, ohne
dass in Diskussionen neue Anregungen für Experimente entstanden waren. Für
sein Engagement in der Forschung und auch in der Ausbildung wurde Michael
Chaikin als international geachtete Forscherpersönlichkeit, die die magnetischen
Oberflächenzustände entdeckt hatte und einen grundlegenden Beitrag zur experimentellen Klärung der Elektronenstruktur der Metalle geleistet hat, 1987 Ehren-
doktor der Humboldt-Universität (Abb. 7.7).

DER WISSENSCHAFTLICHE RAT
DER HUMBOLDT-UNIVERSITÄT ZU BERLIN
VERLEIHT AN

Herrn Prof. Dr. Michail S. Chaikin

DIE EHRENDOKTORWÜRDE UNSERER UNIVERSITÄT.

Ich erlaube mir, Sie zu dieser feierlichen Ehrenpromotion,
die am Freitag, dem 22. Mai 1987, um 15.30 Uhr
im Senatssaal stattfindet, recht herzlich einzuladen.

Prof. Dr. Dr. h. c. H. Klein
Rektor

Abb. 7.7 Einladung zum Kolloqium zur Verleihung der Ehrendoktorwürde an Prof. Dr. Michail
S. Chaikin am 22. Mai 1987, an der auch der spätere Rektor der Universität Heinrich Fink als
Dekan der theologischen Fakultät teilnahm. Portrait von Michail Samsonowitch Chaikin

7.3   Zyklotronresonanz und magnetische Oberflächenzustände des Halbleiters Tellur

Zu Beginn der Erforschung der elektronischen Eigenschaften von Halbleitern wurden neben Silizium und Germanium auch Tellur und Selen intensiv untersucht. Die erste grundlegende Arbeit zur Zylkotronresonanz in Halbleitern ist die Arbeit von Dresselhaus, Kipp und Kittel [12]. Von den Autoren wurden die effektiven Massen für Germanium und Silizium in den wichtigsten kristallographischen Richtungen [100], [111] und [110] ausgemessen.

Der erste Halbleiter, der am Tieftemperatur-Lehrstuhl der Berliner Universität untersucht wurde, war Tellur [13]. Tellur ist ein Löcher-Halbleiter. Das Kristallgitter ist trigonal, in dem rechtsdrehende Spiralketten in einem hexagonalen Gitter angeordnet sind (s. Abb. 7.8a). Die Bandstruktur besteht aus einem leeren parabelförmigen Leitungsband im H-Punkt und einem Valenzband, das entlang der Richtung – P–H–P – eine Kamelhöckerstruktur um den H-Punkt hat. Die H-Punkte bilden die Eckpunkte der Kannten der Brillouin-Zone (s. Abb. 7.8b).

Wesentlich für die Resonanzmessungen ist die Oberflächenpräparation der Kristalle. Die für die hier beschriebenen Experimente eingesetzten Messproben waren Streifenresonatoren, die bei Stickstofftemperaturen entlang der trigonalen Achse gespalten und sofort im Mikrowellen Resonator auf Heliumtemperaturen gebracht wurden oder es waren Einkristalle, die in Graphitformen gezüchtet wurden. In diesem Fall, könnte sich bei der Erstarrung des Tellurs eine Graphenschicht auf der Telluroberfläche zurückgeblieben sein.

Die Untersuchung von Tellur erfolgte mit Resonanz von Mikrowellen bei 9 und 36,1 GHz. Aus der Messung der effektiven Massen der Ladungsträger wurde die Form der Isoenergieflächen bestimmt.

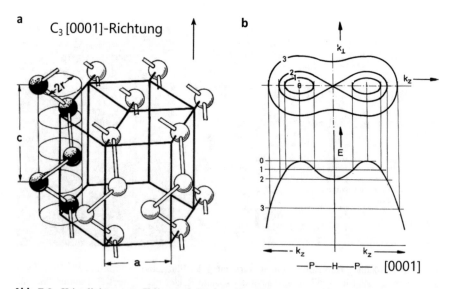

Abb. 7.8 Kristallgitter von Tellur und Struktur des Valenzbandes in der Brillouin-Zone. (P. Grosse, Springer [14]). Die Energielücke E_g von Tellur beträgt bei 0 K 0,33 eV

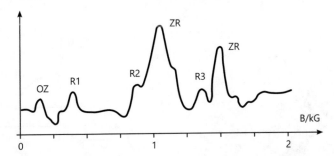

Abb. 7.9 Zyklotronresonanzspektrum von Tellur mit 36,14 GHz für ein Magnetfeld in der (1210)-Ebene, bei einem Winkel von 40 des Magnetfeldes zur [0001]-Richtung. Neben den Zyklotronresonanzen bei 1,19 kG und 1,51 kG zeigt die Messung Signale in sehr schwachen Feldern (OZ), die zu Oberflächenzuständen gehören, und eine Oszillationsserie R1, R2, R3 [15]

Die Abb. 7.9 zeigt ein Resonanzspektrum mit zwei ausgeprägten Resonanzen zwischen 1 und 2 kG, die der Zyklotronresonanz der Löcher in der Kamelhöcker-bandstruktur zugeordnet werden.

Die Abb. 7.10 zeigt die Anisotropie der Resonanzen in der (1210)-Ebene mit der Frequenz 36,10 GHz bei 1,6 K in einem Tellurkristall mit einer Ladungsträger-konzentration von $p = 10^{14}$ cm^{-3}. Das Magnetfeld wurde bei dieser Messung in der (1210)-Ebene aus der [0001]-Richtung in die [1010]-Richtung gedreht [15].

In der ($\underline{1}2\underline{1}0$)-Ebene werden drei Gruppen von Resonanzen gemessen: Die erste Gruppe (a, b, c) zeigt die Zyklotronresonanzen. Sie liegen bei Magnetfeldern 0,174 T, 0,151 T und 0,119 T mit B parallel zur [10$\underline{1}$0]- sowie bei 0,135 T und 0,109 T, mit B parallel zur [0001]-Richtung.

Die zweite Gruppe (R1, R2, R3) besteht aus drei quasi äquidistanten Signa-len 0,076 T, 0,148 T und 0,212 T, nahe an der [0001]-Achse, fast in der Kristall-oberfläche. Die dritte Gruppe (OZ) besteht aus Signalen, die in sehr schwachen Magnetfeldern <300 Oe (G) bzw. (<0,03 T) beobachtet werden. Die Kurven a, b, c in der Abb. 7.10a sind die Zyklotronresonanzen. Der Hügel der Resonanz b um den Winkel 60 zur [0001]-Achse entspricht der Kamelhöckerstruktur der Energie-bänder des Tellurs.

Die Maxima der drei äquidistanten R- Signale bei 0,076 T, 0,148 T und 0,212 T, die bei einem Winkel von 5 zur [0001]-Achse ein Maximum haben, sind durch die Kristalloberfläche bestimmt. (Dem ersten Maximum entspricht eine Zyklotronmasse von 0,056 m_0). Diese Resonanzserie genügt der Beziehung eines Größeneffekts (s. Abschn. 7.4.1)

$$B = n\,B_0, \tag{7.7}$$

was eigentlich nur durch eine Schichtung in der Ladungsträgerstruktur parallel zur Oberfläche im Tellurkristall erzeugt werden kann. Dabei beträgt $B_0 = 0,076$ T.

Die in Abb. 7.10 nahe der Oberfläche an der [0001]-Achse mit OZ bezeichneten Signale sind unten in der Abbildung durch höher aufgelöste Messun-gen besser dargestellt. Sie liegen bei Magnetfeldern um 30 (0,003 T) und 300 G (0,03 T) im Bereich der magnetischen Oberflächenzustände [15].

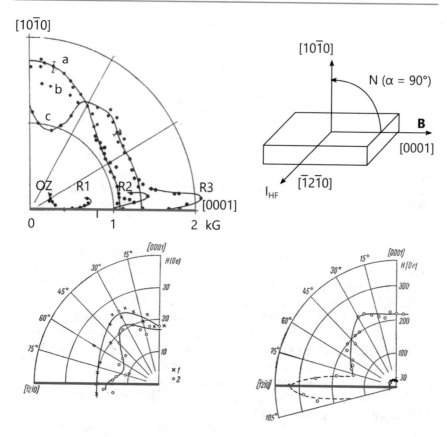

Abb. 7.10 Das Diagramm oben links **a** zeigt drei Gruppen von Resonanzen bzw. Impedanz-Phänomene ZR, Ri (i = 1, 2, 3) und OZ für das Magnetfeld in der (1210)-Kristalloberfläche. Unten ist die Anisotropie der Signale OZ in sehr schwachen Magnetfeldern, **c** links im Bereich bis 30 G, rechts **d** bis 300 G, dargestellt. Die blaue Linie markiert die Lage der Oberfläche des Kristalls [15]

In beiden Fällen wurde das Magnetfeld bei diesen Messungen in der $(10\bar{1}0)$ -Oberfläche von der [0001]-Achse zur $[10\bar{1}0]$-Achse gedreht.

Die Kreise o auf der Anisotropiekurve in der Abbildung (c) unten rechts gehören zu einer Probe mit einer Ladungsträgerkonzentration von 10^{14} cm^{-3}, die Kreuze x stehen für einen Kristall mit einer Ladungsträgerkonzentration von 10^{17} cm^{-3}. Die Signale liegen im Bereich der Oberflächenzustände und ihre Anisotropie weist darauf hin, dass sie durch die Kristalloberfläche bestimmt werden.

Erst die beeindruckende Entwicklung der Festkörperphysik, die in den letzten Jahren zur Entdeckung der topologischen Isolatoren führte, zeigt, dass der Oberfläche von Halbleitern und Isolatoren eine besondere Bedeutung zu kommt. Ein topologischer Isolator ist ein Isolator mit stabilen, leitenden Oberflächenzuständen, die durch eine Kombination von Spin-Bahn-Wechselwirkung und Zeitumkehrsymmetrie entstehen.

Topologische Isolatoren findet man unter halbleitenden Mischkristallen, Telluriden und Seleniden von Quecksilber und Cadmium, Wismut und Antimon [16]. Rechnungen zeigen, dass Tellur unter Druck durch Inversion vom primitiven „Isolator" in einen topologischen Isolator übergehen kann. Da die Telluratome im Kristall hexagonal angeordnete Spiralen bilden, geht die Kristallbindung beim Spalten der Kristalle in der obersten Spiralschicht teilweise verloren. Dabei werden sehr wahrscheinlich Scherspannungen in der Oberfläche erzeugt, wie sie von Luis A. Agapito in der Arbeit [17] diskutiert wurden.

Entsprechend lassen sich aus heutiger Sicht die in den 1960er Jahren erhaltenen Erscheinungen, die neben der Zyklotronresonanz gemessen wurden, vermuten, dass Tellur unter gewissen Umständen zu den topologischen Isolatoren gehört. Eine erstaunliche Leitfähigkeit der Oberflächen der Tellurkristalle war damals der Grund, die Kristalle auf Oberflächensupraleitung zu untersuchen. Es kann aber auch sein, dass sich, wie oben schon erwähnt, beim Erstarren des Tellurs in der Graphitform an der Telluroberfläche eine Graphenschicht, gebildet haben. Diese Arbeiten fanden international jedoch nur geringe Resonanz.

7.4   Wismut und Wismut-Antimon-Legierungen

Das Halbmetall Wismut aber auch Legierungen von Wismut mit anderen Metallen waren seit der Entdeckung der thermoelektrischen Effekte durch Nernst und von Ettingshausen immer öfter Gegenstand der Untersuchungen der elektronischen Eigenschaften von Festkörpern. In den 1950er und 1960er Jahren erregten Wismut-Antimon-Legierungen, in denen in Abhängigkeit von der Antimonkonzentration Phasenübergänge aus der metallischen Phase in eine halbleitende und auch die Umkehrung, ein Übergang aus der halbleitenden Phase in die metallischen Phase auftreten, besondere Aufmerksamkeit.

So entwickelte sich zwischen dem Forschungsbereich Tieftemperatur-Festkörperphysik und dem Lehrstuhl Tieftemperaturphysik der Moskauer Staatlichen Universität, an dem galvanomagnetische Effekte dieser Legierungen untersucht wurden, eine Zusammenarbeit.

Zu Beginn der Arbeiten wurde in Berlin reines Wismut mit dem Hochfrequenz-Größen-Effekt untersucht, eine spektroskopische Methode, die den Skineffekt ausnutzt, um Eigenschaften der Ladungsträger zu messen. Dieser Effekt wurde erstmals 1958 von Kaner theoretisch untersucht [18] und 1961 von Chaikin nachgewiesen [4]. Ganthmaker gelang dieser Effekt bei wesentlich niedrigeren Frequenzen im Megahertz-Bereich [19]. Dabei wurden die Elektronen in der Skinschicht auf der einen Seite des Kristalls beschleunigt, durchdringen den magnetfeldfreien Raum im Inneren des Kristalls und reproduzieren die Skinschicht auf seiner Rückseite.

7.4.1   Der Radiofrequenz-Größen-Effekt im Wismut

Mit dem Radiofrequenz-Größen-Effekt, der auch nach seinem Erfinder als Ganthmaker-Effekt bezeichnet wird, konnten die Abmessungen und die Anisotropie der Fermi-Flächen von Wismut mit Frequenzen zwischen 2 bis 20 MHz

von uns gemessen werden [20]. Die Messtemperatur lag zwischen 1,7 und 4,2 K. Gemessen wurden die Ableitungen von Real- und Imaginärteil der Oberflächenimpedanz, dR/dB = F(B) und dX/dB = F(B). Der Parameter war die Amplitude des einfallenden HF-Feldes. Für diese Untersuchungen wurden Einkristalle mit Dicken von D = 0,8 und 2,0 mm in Formen gezüchtet.

Abb. 7.11 zeigt das Grundprinzip des Effekts. Die Skinschicht wird, wenn der Durchmesser einer Zyklotronbahn im Magnetfeld die Dicke des Kristalls erreicht, von der Oberfläche, auf die die Hochfrequenzwelle eingestrahlt wird, durch die Zyklotronbewegung der Elektronen auf der Rückseite des Kristalls reproduziert. Zum Durchgang der Radiowelle durch das Metall kommt es aber nicht nur, wenn der Durchmesser der Zyklotronbahn der Kristalldicke D entspricht, sondern auch, wenn bei stärkeren Magnetfelder zwei Bahndurchmesser a oder mehrere (D/2, D/3 …, mit n = 1, 2, 3, …) gerade in die Probe passen, also bei der doppelten und dreifachen Magnetfeldstärke. Dann ist der Zyklotronradius a = D/n, (n = 1, 2, 3, …). Unter den Bedingungen δ ≪ D ≪ l und ω ≪ ω_c wird der Fermi-Impuls durch die Beziehung

$$a = \frac{D}{n} = \frac{2p_F}{neB} \tag{7.8}$$

bestimmt.

Durch Drehen der Magnetfeldrichtung kann die Anisotropie des Fermi-Impulses im Kristall gemessen werden. Denn mit dem Bahndurchmesser, der sich aus der Probendicke bestimmt, ergibt sich der Impuls zu $p_F = a\,eB/2$.

Die für diese Messungen eingesetzte Apparatur wurde von Hans-Ullrich Müller und Siegfried Heß entwickelt und gebaut. Sie konnten dabei ihre Erfahrungen aus den Ultraschallmessungen bei Grützmacher nutzen. Der Wismutkristall liegt zwischen zwei Messspulen. Die obere Spule ist der Sender, die untere der Empfänger.

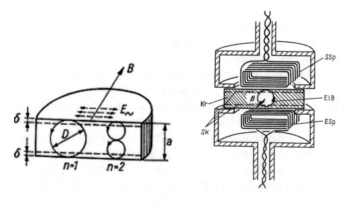

Abb. 7.11 Die elektromagnetische Welle wird in die Skinschicht an der Oberseite δ des Kristalls eingestrahlt. Die Zyklotronbewegung trägt die Skinschicht δ zur Rückseite, wo sie reproduziert wird [20]. Daneben ist der Messaufbau des Radiofrequenz-Größen-Effekts, mit einem Kristall zwischen zwei abgeschirmten Spulen, dargestellt. Kr ist der Kristall, Sk die Skinschicht, B das Magnetfeld, ElB die Elektronenbahn, SSp die Sendespule und ESp die Empfangsspule

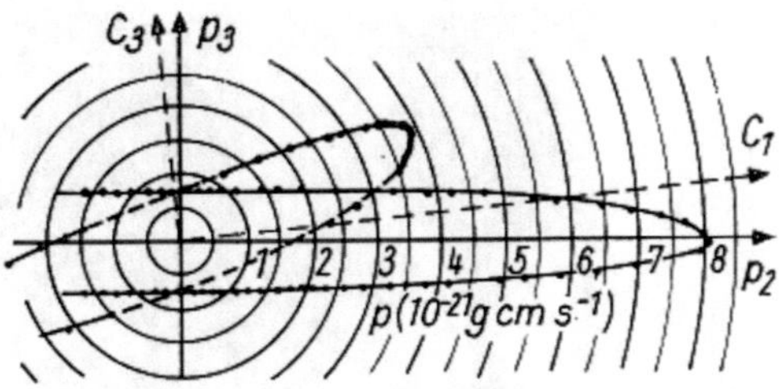

Abb. 7.12 Anisotropie der Fermi-Impulse p_F von Wismut in der C2-Ebene aus Messungen des Radiofrequz-Größen-Effekts mit 18,96 MHz bei 1,7 K [21]

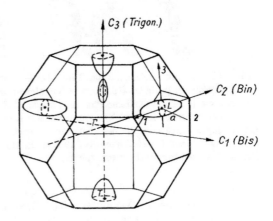

Abb. 7.13 Die Fermi-Fläche von Wismut besteht in der Brillouin-Zone aus drei identischen Elektronenellipsoiden in den L-Punkten, die zur C1–C2-Ebene um 6° geneigt sind und aus einem Löcherellipsoid auf der C3-Achse im T-Punkt. Die Energieflächen der Ladungsträger in den Legierungen sind dieser Topologie sehr ähnlich

Bei der Frequenz von 18,96 MHz ergibt sich eine Geschwindigkeit der Elektronen von $1,19 \cdot 10^8$ cm/s. Für den Impuls in C1-Richtung des Wismutkristalls (Richtungen im Gitter s. Abb. 7.12) folgt eine effektive Masse des Ladungsträgers von $m_{eff} = 1,68 \cdot 10^{-28}$ g, bzw. $0,18 \, m_0$ (wobei $m_0 = 9,11 \cdot 10^{-28}$ g die Masse eines freien Elektrons ist). Die Messung der Fermi-Impulse in den Hauptachsen der Quasiellipsoide der Fermi-fFäche ergaben die Impulse $p_1 = 0,545 \cdot 10^{-21}$ gcm/s, $p_2 = 8,05 \cdot 10^{-21}$ gcm/s, $p_3 = 0,754 \cdot 10^{-21}$ gcm/s [20].

Mit der Messung der Anisotropie der Impulse in der C3-Ebene konnte die konkrete Form der Elektronen-Fermi-Flächen (Ellipsoite in Abb. 7.12) von Wismut in den L-Punkten des Inpulsraumes bestimmt werden (Abb. 7.13).

Die folgende Abb. 7.14 zeigt die Generation der Enkel von Kapitza, Emanuel Kaner, Alexander Andrejew und W. F. Ganthmaker, die zu den Pionieren bei der Ausmessung der Fermi-Flächen und grundlegenden Effekten der Elektronenstruktur und der Supraleitung gehören.

7.4.2 Die Phasen der Wismut-Antimon-Legierungen

In dem Legierungssystem von Wismut mit Antimon, $Bi_{(1-x)}Sb_x$, treten in Abhängigkeit vom Antimonanteil zwei elektronische Phasenübergänge auf. Wismut und Wismut-Legierungen mit geringem Anteil von Antimon sind Halbmetalle. Bei

Abb. 7.14 Von links: Emanuel Kaner, Entdecker der Asbel-Kaner-Resonanz, Alexander Andrejew, Entdecker der Andrejew-Reflexion in Supraleitern und Nachfolger von Kapitza als Direktor des Instituts für Physikalische Probleme, sowie W. F. Ganthmaker, Entdecker des Radiofrequenz-Größen-Effekts auf der XXIV Internationalen Konferenz der RGW-Länder (RGW, Rat der Gegenseitigen Wirtschaftshilfe der Länder des Warschauer Vertrages.) zur Physik und Technik tiefer Temperaturen, 17.–20. Septempber 1985 an der Humboldt-Universität in der Kongresshalle Berlin am Alexanderplatz (Foto vom Autor)

5–6 at.-% Antimon im Wismut ($x = 0{,}05$–$0{,}06$) erfolgt ein Übergang vom Metall zum Halbleiter. Mit Erhöhung des Antimongehalts entsteht eine Energielücke bei 6,5 at-% ($x = 0{,}065$), die ihr Maximum bei 18 at.-% mit 25 meV erreicht, um bei einem Gehalt von 22–23 at.-% ($x = 0{,}22$–$0{,}23$) Antimon wieder zu verschwinden. Die Legierungen mit höherem Antimongehalt sind, bis zum reinen Antimon, wieder Halbmetalle. Entsprechend bilden sich in den Legierungen, in Abhängigkeit von der Antimonkonzentration, unterschiedliche, teilweise mehrkomponentige Festkörperplasmen aus. Diese Plasmen und die Phasenübergänge mit den damit verbundenen Grenzfällen der Bandstruktur eröffneten einen Zugang zur Vielfalt der elektronischen Struktur fester Körper.

In der Zeit der Entwicklung von Strahlungsdetektoren und Lasern mit schmalbandigen Halbleitern, für den infraroten Frequenzbereich des Spektrums, war das Legierungssystem Wismut-Antimon eine Modellsubstanz, die mit der Inversion der Bänder im L-Punkt der Brillouin-Zone prinzipielle neue Einblicke in die elektronische Struktur von Festkörpern ermöglichte. Die dreizählige Entartung der Elektronenzustände in den L-Punkten der Brillouin-Zone erzeugt mit den Löchern im T-Punkt sehr unterschiedliche Plasmaphasen.

Im niedriglegierten, halbmetallischen Bereich existieren Elektron-Loch-Plasmen, in der halbleitenden Phase entweder ein Elektron oder ein Lochplasma und im hochlegierten Bereich wieder ein Elektron-Loch-Plasma.

Für die Aufnahme dieser Materialklasse in das Forschungsprogramm des Lehrstuhls sprach die erstaunlich hohe Lebensdauer der Ladungsträger in den Legierungen. Denn trotz der Mischung von zwei unterschiedlichen Metallen verringerte sich die mittlere freie Weglänge der Ladungsträger bei tiefen Temperaturen gegenüber reinem Wismut moderat, sodass sich alle Legierungen für Resonanzuntersuchungen im Giga- und Terahertzbereich eigneten. In der Abb. 7.15 ist die Bandstruktur des Legierungssystems mit den Phasenübergängen dargestellt.

Wismut und wismutreiche Legierungen ($0 \leq x \leq 0{,}065$) sind Halbmetalle, deren Parameter wie Fermi-Energie E_F, Energielücke E_g und Ladungsträgerkonzentration $N_{n,p}$ mit zunehmendem Legierungsgrad x abnehmen. Im reinen Wismut bilden das Leitungsband L_s und das Valenzband L_a eine Energielücke von 10–12 meV, die jedoch vom Valenzband im T-Punkt mit 50 meV überlappt wird. Die Energielücke im L-Punkt wird bei $x = 0{,}04$ (4 at-% Sb) null. Solch ein Punkt wird heute als Ladungsneutralitätspunkt oder als Dirac-Punkt bezeichnet. Die Bänder L_s und L_a invertieren. L_a wird zum Leitungsband, L_s zum Valenzband. Die Energie der Überlappung nimmt zwar ab, wird aber erst bei $x = 0{,}065$ (6,5 at-%) aufgehoben. Es bildet sich eine Energielücke, die bei $x = 0{,}18$ (18 at.-%) 25 meV erreicht. Die Legierungen zwischen $x = 0{,}065$ (6,5 at.-%) und 0,23 (23 at.-%) sind stark entartete Halbleiter. In dieser Phase bildet das L_a-Band das Leitungsband und das L_s-Band das Valenzband. Bei $x = 0{,}18$ (18 at.-%) verkleinert das Band Σ die Lücke, sodass diese bei $x = 0{,}23$ (23 at.-%) verschwindet. Für $x > 0{,}23$ (23 at.-%) sind die Legierungen wieder Halbmetalle.

Die Ladungsträgerkonzentration ändert sich im gesamten Legierungsbereich von $x = 0$ (0 at.-%) bis $x = 0{,}23$ (23 at.-%) von $3 \cdot 10^{17}$ cm^{-3} für reines Wismut auf 10^{14}–10^{13} cm^{-3} in den halbleitenden Legierungen. Dadurch ändern sich auch die Hochfrequenzeigenschaften.

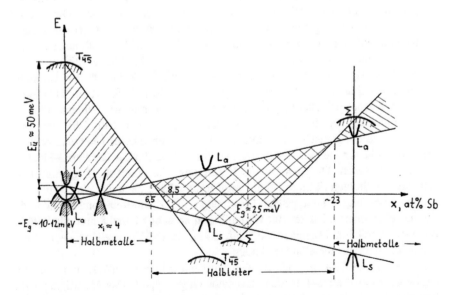

Abb. 7.15 Bandstruktur des Wismut-Antimon-Legierungssystems (aus der Dissertation B von W. Kraak [22]) mit den beiden Phasenübergängen. Ls- und La-Band in den L-Punkten der Brillouin-Zone invertieren bei 4 at-% Sb ($x = 0{,}04$). Bei 6,5 at-% ($x = 0{,}065$) erfolgt ein Übergang aus einer halbmetallischen Phase in eine halbleitende Phase, die sich bei 23 at-% ($x = 0{,}23$) durch Überlappung des La-Bandes mit dem Σ-Band wieder verschwindet

Im Wismut und in den schwachlegierten Legierungen liegt für Mikrowellen ein anomaler, bis schwach anomaler Skineffekt vor. Es besteht kein lokaler Zusammenhang zwischen dem Strom und dem elektrischen Feld, d. h. das Ohm'-sche Gesetz gilt nicht.

In den halbleitenden Legierungen ist der Skineffekt normal. Es besteht ein lokaler Zusammenhang zwischen Strom und elektrischem Feld. Für den Strom und dem elektrischen Feld gilt das Ohm'sche Gesetz. Entsprechend erfolgt in den halbleitenden Legierungen mit größerer Energielücke ein Übergang vom nicht-lokalen Plasma zum lokalen Plasma.

Die elektronischen Eigenschaften und die Plasmaeffekte des Legierungs-systems lassen sich mit hochfrequenzspektroskopischen Methoden, wie Asbel-Kaner-Zyklotronresonanz, Radiofrequenz-Größen-Effekt, Zyklotronresonanz, Plasmawellen und Galvanomagnetische Effekte, bei Temperaturen nahe dem absoluten Nullpunkt, gut erfassen.

Im Abschn. 7.4.3 werden die Eigenschaften der Ladungsträger des Legierungs-systems zusammengefasst dargestellt.

7.4.3 Die halbmetallischen Wismut-Antimon-Legierungen mit geringem Antimonanteil

Die Wismut-Antimon-Legierungen mit 0 bis 6,5 at.-% Sb sind Halbmetalle. Durch die Überlappung von Valenzband und Leitungsband sind Elektronen und Löcher exakt kompensiert. Die Elektronen befinden sich in den L-Punkten. Die Löcher verteilen sich in Abhängigkeit der Ladungsträgerkonzentration auf das Valenzband im T-Punkt und auf die drei L-Punkte (s. Abb. 7.13). In den Halbmetallen ver-kleinern sich die Fermi-Flächen gegenüber denen im reinen Wismut [23].

Der Widerstand der Legierungen erhöht sich mit der Zunahme der Antimon-konzentration. Für reines Wismut beträgt er bei 20 K $\rho(20\,\text{K}) = 0{,}46\ 10^{-5}\ \Omega\text{cm}$. Aufgrund anisotroper Elektronen-Phonon-Streuung nimmt der Widerstand $\rho(x)$ bei Verringerung der Temperatur linear ab, um bei einer kritischen Tempera-tur T* in eine quadratische Abhängigkeit überzugehen. Dieser Übergang erfolgt, wenn die Vektoren der Phononen die maximale Ausdehnung der Fermi-Flächen $q = 2k_p^{max}$ erreichen. Dagegen hat die Unordnung, die durch die Legierung ent-steht, keinen direkten Einfluss auf die Temperaturabhängigkeit des Widerstands.

Abb. 7.16 zeigt eine typische Messanlage für Zyklotronresonanz- und die Plasmawellenuntersuchungen mit Wellenlängen zwischen 2 und 8 mm. Sie besteht aus einem regelbaren Magneten mit Modulation, einem Mikrowellengenerator und einem Schreiber zur Signalaufzeichnung.

Das Klystronsignal im GHz-Bereich wird mit 5 kHz moduliert und über ein magisches Mikrowellen-T in den Resonator eingekoppelt. Das Messsignal wird über eine HF-Diode ausgekoppelt und in Abhängigkeit vom Magnetfeld, das mit einer Hall-Sonde gemessen wird, aufgezeichnet. Der Resonator befindet sich im flüssigen Helium, dessen Temperatur zwischen 1,4 und 4,2 K regelbar ist.

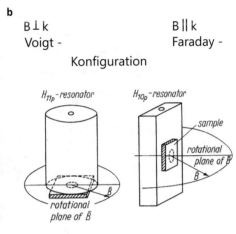

B ⊥ k   B ∥ k
Voigt -   Faraday -
      Konfiguration

Abb. 7.16 **a** Mikrowellenresonanzanlage: Im Vordergrund der Magnet, zwischen den Polen das Stickstoff-Glas-Dewar, darin das Helium-Dewar mit dem Resonator. Der Klystrongenerator befindet sich oben rechts, darunter in der Mitte der Signalschreiber. In **b** sind ein H_{11p}-Zylinder- und H_{18p}-Rechteck-Resonator für die Voigt- und Faraday-Konfiguration dargestellt [24]

Mit diesem Messsystem wurden die Zyklotronmassen der Ladungsträger der Legierungen in Abhängigkeit von der Legierungszusammensetzung gemessen. Für reines Wismut ergaben diese Messungen, dass die effektiven Massen der Elektronen für das Magnetfeld, parallel zu den kristallographischen Achsen C1 und C2, mit den Werten von Edelman und Chaikin mit $m_{c1} = 0{,}0081\,m_0$ und $m_{c2} = 0{,}0093\,m_0$ sowie für die Löcher mit $m_{c1} = m_{c2} = 0{,}203\,m_0$ und ∥ C3 $mc3 = 0{,}063\,m_0$ übereinstimmen [25].

Die Erwartung, dass sich die Zyklotronmassen in den Legierungen mit der Antimonkonzentration linear verringert, erfüllt sich nicht. So ändert sich die effektive Masse der Elektronen für B ∥ C1 erst kaum, um bei ca. 2 at.-% steil gegen null zu streben, und zwar so stark, dass man vermuten kann, dass sie bei der Inversion der Bänder im L-Punkt verschwindet. Diese Vermutung wird unterstützt, wenn diese Masse mit den in Richtung Inversionspunkt abnehmenden Massen im halbmetallischen Bereich zusammen betrachtet wird. Da die L-Bänder jedoch vom Valenzband im T-Punkt überlappt werden, sind Messungen an den Legierungen mit einer Antimonkonzentration um 4 % schwierig.

Die in der Abb. 7.17 dargestellte Abhängigkeit der effektiven Massen der Legierungen um 4 at.-% Antimon zeigt mit großer Wahrscheinlichkeit, dass in dieser Legierung ein Dirac-Punkt erreicht wird.

Die Entdeckung des Zustandes von Festkörpern, der heute als „topologischer Isolator" bezeichnet wird, erfolgte von D. Hsieh et al. an einer 10 %-igen Wismut-Antimon-Legierung, $Bi_{(1-x)}Sb_x$, mit $x = 0{,}1$ [29]. Wie oben festgestellt wurde, werden in den halbleitenden Legierungen von 6,5 bis 18 at.-% Sb die Bandkanten von den invertierten Niveaus in den L-Punkten der Brillouin-Zone gebildet. 2007

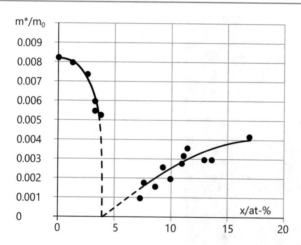

Abb. 7.17 Effektive Masse der Elektronen m^*/m_0 für B ∥ C1. Die Trendlinien weisen auf ein Verschwinden der Massen bei 4 at.-% Sb ($x = 0{,}04$) hin. Die Werte der Halbmetalle, von 0 bis 4 at.-% Sb im Bi, sind aus den Arbeiten [26, 28], die der Halbleiter aus der Arbeit [27] entnommen

fanden diese Autoren, dass in dieser Wismut-Antimon-Legierung die effektiven Massen unter bestimmten Bedingungen gegen Null gehen. Unsere in den 1970er Jahren durchgeführten Untersuchungen des Legierungssystems, die, wie in Abb. 7.17 dargestellt, ein Verschwinden der effektiven Massen vermuten lassen, zeigten schon damals das Verhalten, das heute topologische Isolatoren charakterisiert. In ihrer Arbeit stellen die Autoren der neuen Messungen fest, dass es derartige Anzeichen vor ihrer Arbeit nicht gegeben hat, obwohl unsere Ergebnisse schon in den 1970er-Jahren in der Zeitschrift *physica. status. solidi* [26–28] veröffentlicht wurden.

7.4.4   Die halbleitenden BiSb-Legierungen vom n-Typ

In den halbleitenden Legierungen liegt entweder Elektronenleitfähigkeit oder Löcherleitfähigkeit vor. Die Struktur der Bänder für einen n-Typ-Halbleiter, also für Elektronenleitfähigkeit, ist in Abb. 7.18 dargestellt. Abb. 7.19 zeigt zwei diamagnetische Resonanzen und eine Helikonwelle in dieser Legierung.

Die maximale Zyklotronmasse der n-halbleitenden Legierung mit $x = 0{,}114$ und einer Ladungskonzentration von $1{,}6 \cdot 10^{12}$ cm^{-3} ist in der C_3-Ebene für B ∥ C_2 $m^* = 0{,}043\ m_0$, und in der C_2-Ebene $0{,}034\ m_0$.

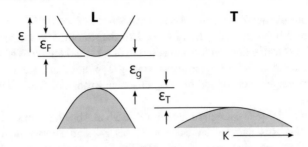

Abb. 7.18 Das Valenzband ist in den Punkten T und L gefüllt. ε_g (E_g) ist die Energielücke, das Leitungsband ist im L-Punkt bis zur Fermi-Energie ε_F (E_F) besetzt. Die Valenzbänder in den T- und L-Punkten haben die Energiedifferenz E_T (ε_T). Ihre Topographie entspricht der des Wismuts [28]

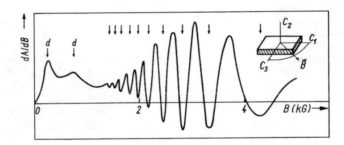

Abb. 7.19 Diamagnetische Resonanz (Die Zyklotronresonanz in Halbleitern ohne Skineffekt, in die die elektromagnetische Welle vollständig eindringt, wird als „diamagnetische Resonanz" bezeichnet.) bzw. Zyklotronresonanz und eine Helikonwelle in einerhalbleitende BiSb-Legierung vom n-Typ mit x = 0,105. Die Messung erfolgte mit 69,3 GHz. Das Magnetfeld B ist parallel zur Achse 3 des Elektronenellipsoids (s. Abb. 7.13). d, d′ bezeichnen zwei Zylkotronresonanzen. Die Pfeile zeigen Oszillationen einer in $B^{-1/2}$ periodischen Helikonwelle [27]

7.4.5 Die halbleitenden BiSb-Legierungen vom p-Typ

In den halbleitenden BiSb-Legierungen vom p-Typ befinden sich in Abhängig-keit von der Antimonkonzentration und der Ladungsträgerkonzentration Löcher entweder in den L-Punkten und im T-Punkt oder nur in den L-Punkten oder den T-Punkt.

Im Bereich x = 0,065–0,23 sind die Legierungen bei geringer Ladungsträger-konzentration Halbleiter mit normalem Skineffekt. Mit der Zyklotronresonanz bzw. diamagnetischen Resonanz wurde in den drei Basisebenen die Anisotropie der Energieflächen der Löcher bestimmt. Außerdem konnten die Massen auf den Achsen der Ellipsoide gemessen werden.

Die Anisotropie der Zyklotronmassen der Löcher- für $x = 0,08$ in den L-Punkten in der binären Ebene (B $\perp$ C_2) ist in Abb. 7.20 dargestellt. Diese Anisotropie entspricht der Anisotropie der Zyklotronmassen in den L-Punkten im Wismut.

Die halbleitenden BiSb-Legierungen vom p-Typ mit geringer Ladungsträgerkonzentration zeigen neben der diamagnetischen Resonanz Shubnikow-de-Haas-Oszillationen.

Im Spektrum der p-Typ-Legierungen mit 8 % Sb in Abb. 7.21 sind D1 und D2 die diamagnetischen Resonanzen der Löcher. S1 bis S4 sind Shubnikow-de-Haas-Oszillationen. Dass es sich bei diesen Oszillationen wirklich um den Shubnikow-de-Haas-Effekt handelt, zeigt die Zunahme der Amplituden der Oszillationen mit Abnahme der Temperatur von 4,2 K auf 1,7 K.

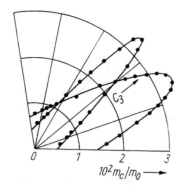

Abb. 7.20 Anisotropie der Löcher in den L-Punkten in der binären Ebene einer Legierung mit 8 % Antimon ($x = 0,08$) und einer Löcherkonzentration von $n_p = 2,7 \ 10^{-15} \ cm^{-3}$ [28]

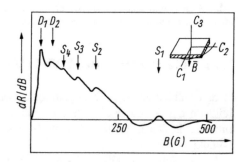

Abb. 7.21 Diamagnetische Resonanz der Löcher (D_1, D_2) und Shubnikow-de-Haas-Oszillationen (S_1–S_4) der halbleitenden $Bi_{1-x}Sb_x$-Legierung ($Np = 2,7 \ 10^{-15} \ cm^3$) mit 8 % Sb, (B $\parallel$ C_1, 35,9 GHz, $T = 1,6$ K) [28]

Die effektiven Massen sind in den Richtungen 1 und 2 der Ellipsoidachsen im L-Punkt $m_1 = 0{,}0022\,m_0$ und $m_2 = 0{,}0025\,m_0$. Die Masse im T-Punkt für $\perp$ C3 beträgt $m_T = 0{,}12\,m_0$ (Tab. 7.2).

Aus diesen Messungen lässt sich mit dem Modell der Energiefläche die Fermi-Energie der Ladungsträger bestimmen. Für die untersuchte Legierung einer Löcherkonzentration von $2{,}8\ 10^{15}\ cm^{-3}$ liegt die Fermi-Energie je nach benutztem Model zwischen 1,9 und 3,3 eV.

Tab. 7.2 Die Energielücken $E_g(\varepsilon_g)$ wurden aus der Temperaturabhängigkeit des Widerstandes der Legierungen bestimmt (s. Abb. 7.22). Die Tabelle zeigt, dass der Halbleiter-Halbmetall-Übergang von $x = 0{,}22$ zu 0,23 erfolgt

Probe	x	N $(10^{-15}\ cm^{-3})$	E_{gth} (meV)	μ_3 $(10^6 cm^2/Vs)$
XVII	0,13	1,2	$17{,}0 \pm 1$	5,1
XXIV	0,17	1,3	$18{,}0 \pm 1$	3,5
XXX	0,18	1,5	$14{,}5 \pm 1$	0,19
XXV	0,195	1,6	$11{,}0 \pm 1$	23
XXIX	0,21	1,7	$8{,}5 \pm 1$	2,5
XXIII	0,22	1,8	$4{,}5 \pm 1$	2,9
XXVI	0,23	25,0		0,9
XXVII	0,25	140,0		0,14

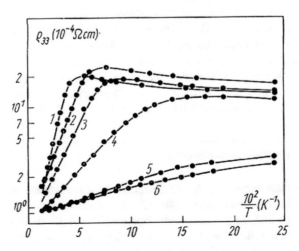

Abb. 7.22 Temperaturabhängigkeit des elektrischen Widerstands für $Bi_{(1-x)}Sb_x$ -Legierungen zwischen $x = 0{,}13$ und 0,26. Für die einzelnen Kurven sind (1) $x = 0{,}13$, (2) $x = 17$, (3) $x = 0{,}18$, (4) $x = 0{,}195$, (5) $x = 0{,}21$, (6) $x = 0{,}22$ [30]

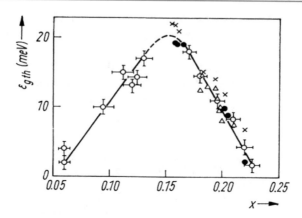

Abb. 7.23 Abhängigkeit der Energielücke E_G (ε_G) der halbleitenden $Bi_{(1-x)}Sb_x$-Legierungen. Die Messwerte (•, △) sind aus der Arbeit [30], die anderen aus der Arbeit von Brandt und Swistowa [31]

7.4.6　Halbmetallische Wismut-Antimon-Legierungen mit hoher Antimonkonzentration

In den $Bi_{(1-x)}Sb_x$ -Legierungen mit einer Antimonkonzentration von 13 bis 25 % ($x = 0,13-0,25$) wurden die elektrischen Transporteigenschaften wie Hall-Effekt, elektrischer und Magneto-Widerstand, im Temperaturbereiche 1,8 K–77 K in schwachen Magnetfeldern untersucht.

Mit den durch unterschiedliche Messungen ermittelten Energielücken für den Konzentrationsbereich $x = 0-0,15$ konnte die thermische Energielücke der halbleitenden Wismut-Antimon-Legierungen in Abhängigkeit von der Antimonkonzentration im gesamten halbleitenden Bereich erfasst werden.

Abb. 7.23 zeigt, dass die Energielücke E_G (ε_G) für $x < 0,05$ Antimon gegen null geht. Die Bänder L_s und L_a sind über $x \approx 0,04$ invertiert. Bei $x = 0,065$ wird die Überlappung vom L_a-Band und T-Band aufgehoben.

7.5　Das Festkörper-Plasma

Die Ladungsträgersysteme in festen Körpern bestimmen nicht nur die elektrischen, magnetischen, optischen und thermischen Eigenschaften, sondern auch die Bindungsenergie und die Kristallstruktur und somit auch die mechanischen Eigenschaften. Sie bilden im Kristallgitter der Festkörper Plasmen. Das Plasma wird von der Gesamtheit der quasifreien, beweglichen, mit einander wechselwirkenden Ladungsträgern im positiv geladenen Kristallgitter gebildet.

Erfahrungsgemäß zeigen Ladungsträgersysteme Plasmaverhalten, wenn die kinetische Energie des Systems wesentlich größer ist als die potenzielle Energie

($E_{kin}/|E_{pot}| \gg 10$). Im umgekehrten Fall sind die geladenen Teilchen weitgehend fixiert.

In Festkörpern existieren in Abhängigkeit von der Struktur des Gitters und der Ladungsträgerkonzentration unterschiedliche Plasmen. Das sind Elektronen-, Loch- und Elektronen-Loch-Plasmen, je nachdem, ob nur Elektronen oder nur Löcher oder Elektronen und Löcher als quasifreie Ladungsträger im Kristall vorhanden sind. Die positiven Ionen, gehören abweichend vom Gasplasma, nicht zum Plasma. Sie bilden nur den „Hintergrund", der die Neutralität des Gesamtsystems bedingt.

Die mittlere freie Weglänge der Ladungsträger in einem Festkörper ist nicht wie die der Elektronen und Ionen im Gasplasma von der Ausdehnung des Plasmas abhängig, sondern klein gegenüber den Abmessungen des Festkörpers. In hochreinen Einkristallen erreichen die Ladungsträger bei tiefen Temperaturen mittlere freie Weglängen bis zu einigen Millimetern.

Ein wichtiger Parameter der Plasmen ist die Ladungsträgerkonzentration N. Während sie bei Gasplasmen $N \leq 10^{14}$ cm^{-3} beträgt und in reinen Halbleitern bis 10^{14} cm^{-3} und in beiden Fällen die Boltzmann-Statistik gilt, variiert sie bei Festkörperplasmen zwischen 10^{13} und 10^{22} cm^{-3}. Für die Metalle mit sehr hoher Elektronenkonzentration ($\gg 10^{15}$ cm^{-3}) und auch für die Halbmetalle (z. B. Bi 10^{17} cm^{-3}) gilt die Fermi-Dirac-Statistik. Der mittlere Abstand r der Elektronen in einem Metall ergibt sich mit der Elektronenkonzentration N zu

$$r = N^{\frac{1}{3}}. \tag{7.9}$$

Die potenzielle Energie ist

$$E_{pot} = \frac{e^2}{\varepsilon_r \varepsilon_0 r} \tag{7.10}$$

Dabei sind ε_r und ε_0 die relative bzw. die absolute Dielektrizitätskonstante.

Die kinetische Energie ist der Fermi-Energie E_F und entsprechend $N^{2/3}$ proportional. Hieraus ergibt sich, dass das Verhältnis von kinetischer Energie zur potenziellen Energie der Festkörper,

$$\frac{E_{pot}}{E_{kin}} = N^{\frac{1}{3}} \frac{e^2}{\varepsilon_r \varepsilon_0} E_F \sim N, \tag{7.11}$$

der Ladungsträgerkonzentration direkt proportional ist und aufgrund der hohen Fermi-Energien die Ladungsträgersysteme für $N > 10^{14}$ cm^{-3} Plasmen bilden.

Jedes Ladungsträgerplasma kann aufgrund seiner Coulomb-Wechselwirkung mit dem Kristallgitter und der Massenträgheit der Ladungsträger Eigenschwingungen ausführen.

Wird das gesamte Plasma um r (r ist hier der Ortsvektor, der sich vom mittleren Abstand der Elektronen unterscheidet) aus seiner Gleichgewichtslage ausgelenkt, so beträgt die resultierende Polarisation

$$P = -|e|Nr, \tag{7.12}$$

und das sich aufbauende Depolarisationsfeld

$$E_d = \frac{P}{\varepsilon_0} = -|e|N\frac{r}{\varepsilon_0} \qquad (7.13)$$

übt auf die Elektronen die Kraft

$$F_d = -|e|E_d \qquad (7.14)$$

aus, sodass sich die Bewegung durch

$$m^*\frac{d^2}{dt^2}r = -|e|\frac{Nr}{\varepsilon_0} \qquad (7.15)$$

beschreiben lässt, mit m^* als effektive Masse der Elektronen.

Die Gleichung wird durch

$$r = r_0\,e^{i\omega t} \qquad (7.16)$$

gelöst, wobei r_0 die Amplitude der Bewegung ist.

Die resultierende Frequenz

$$\omega = \omega_P = \left(\frac{e^2N}{\varepsilon_0 m^*}\right)^{\frac{1}{2}} \qquad (7.17)$$

ist die Plasmafrequenz, die Frequenz der Schwingungen der Ladungsträger im Kristallgitter.

Für ein Metall mit einer Ladungsträgerkonzentration von $N = 10^{22}\,cm^{-3}$ und einer effektiven Masse $m^* = m_0$ hat die Plasmafrequenz den Wert $10^{16}\,s^{-1}$. Diese Frequenz liegt im ultravioletten Spektralbereich. Wie Robert Wood 1933 [32] experimentell nachgewiesen hat, können sich elektromagnetische Wellen mit Frequenzen größer ω_p in Festkörpern nahezu ungedämpft ausbreiten.

Das Eindringen von elektromagnetischen Wellen in Festkörpern, deren Frequenzen kleiner als die Plasmafrequenz sind, hängt stark von der Ladungsträgerkonzentration ab. Wie in Abschn. 7.1.1 gezeigt, können die Wellen in Metallen und entarteten Halbleitern nur in eine sehr schmale Skinschicht eindringen, wodurch Plasmaerscheinungen zusätzlich modifiziert werden.

Über mehrere Jahre befasste sich der Forschungsbereich Tieftemperatur-Festkörperphysik mit dem Festkörperplasma im Legierungssystem Wismut-Antimon ($Bi_{(1-x)}Sb_x$). Der Grund war die Bandstruktur dieser Legierungen aufzuklären, die durch die Vielfalt von Plasmazuständen besonders gut für die Untersuchung des Festkörperplasmas geeignet war.

Damit begann ein umfangreiches Forschungsprogramm, das von der Mathematisch-Naturwissenschaftlichen Fakultät der Universität Mitte der 1960er Jahren angeregten worden war: Untersuchungen des Festkörperplasmas, die der Gasplasmaforschung zu Seite gestellt werden sollte.

Wie schon eingehend betrachtet, existiert in dem Wismut-Antimon-Legierungssystem nicht nur ein negatives Elektronengas in einem positiven Kristallgitter, sondern

auch Elektronen- und Lochplasmen. Außerdem ermöglicht die Variation der Ladungsträgerkonzentrationen den Zustand der Plasmen zu verändern. In diesen Plasmen
konnten durch elektromagnetische Strahlung unterschiedliche Plasmawellen angeregt
werden, die es ermöglichten, Parameter der Plasmen und der Elektronenstruktur der
verschiedenen Legierungen zu ermitteln.

Elektronische Phasenübergänge zwischen Halbmetallen und Halbleitern waren
zu dieser Zeit ein Schwerpunkt der Festkörperforschung. Es war die Zeit der Entwicklung von Strahlungsquellen und Strahlungsdetektoren aus entsprechenden
schmalbandigen Materialien. Und das Legierungssystem Wismut-Antimon war
wegen der Vielfalt seiner Phasenübergänge ein geeignetes System, das Festkörperplasma umfassend zu untersuchen.

In den 1970er Jahren entwickelte sich zwischen der Humboldt-Universität und
der Universität 7 Paris auf Initiative des Rektors dieser Universität, dem international
bekannten Halbleiter-Physiker Julien Bok, eine Zusammenarbeit. Es kam, wenn
auch nur sporadisch, zu gemeinsamen Forschungsarbeiten mit dieser Universität
und mit Wissenschaftlern der Ecole Normale Superieur. Dadurch wurde es möglich,
unsere Messfrequenzen, die zu dieser Zeit vom Megahertz-Bereich bis zu 70 GHz
reichten, auf Terahertzfrequenzen auszudehnen. In der Ecole Normale konnte
mit Karzinotrons von der französischen Firma Thomson gearbeitet werden, die
Mikrowellen bis zu Terahertzfrequenzen erzeugten, wodurch es möglich war auch
Hybridresonanzen im Ladungsträger-Plasma der Wismut-Antimon-Legierungen zu
erfassen.

7.5.1 Das Magnetoplasma

Das Festkörperplasma hat eine Reihe Gemeinsamkeiten mit einem Gasplasma, es
hat aber auch qualitative Unterschiede. Die Anisotropie der Kristallgitter prägt die
Form der Energieflächen in den Metallen und den Halbleitern. Dabei kommt es
zur Wechselwirkung von Ladungsträgern in unterschiedlichen Teilen der Energieflächen. Das führt zu anisotropen Plasmen, die aus mehreren Komponenten
bestehen können.

Durch die starke Wechselwirkung der Ladungsträger mit dem Kristallgitter ist das Festkörperplasma gegenüber dem Gasplasma sehr stabil, was eine
ungestörte Ausbreitung von unterschiedlichen Wellen im Festkörper ermöglicht.
Die Bewegung der Ladungsträger im Festkörperplasma ist durch eine Dispersionsbeziehung E(p), der Abhängigkeit der Energie E vom Impuls p bzw. der Wellenzahl
$k = 2\pi p/h$ und damit durch die Energiebandstruktur bestimmt. Diese Bewegung
ist nur dann isotrop, wenn, wie im Gasplasma, isotrope, quadratische Dispersion
$E(k) \sim k^2$ und isotrope Streuung vorliegen. In allen anderen Fällen ist sie anisotrop.
Wie schon festgestellt, breiten sich elektromagnetische Wellen, deren Frequenzen
kleiner als die Plasmafrequenz sind ($\omega < \omega_p$), in Metallen nur in der Skinschicht aus.
Und in dieser Schicht können Magnetoplasmawellen angeregt werden, die auf der
Wirkung der Lorentz-Kraft äußerer Magnetfelder beruhen. Die Lorentz-Kraft wirkt
jedoch nur in der Ebene senkrecht zum Magnetfeld auf die Ladungsträger, nicht auf

die Bewegung in Richtung des Feldes. Das führt zu zyklischen Bewegungen und wenn die mittlere freie Weglänge der Ladungsträger groß genug ist, durchlaufen sie periodische Bahnen wie bei der Zyklotronresonanz und können ungedämpfte Plasmawellen mit Frequenzen $\omega < \omega_p$ hervorrufen. Wenn das Magnetfeld groß genug ist, und die Lebensdauer τ der Ladungsträger auf ihrer Umlaufbahn größer als die Zyklotronperiode $1/\omega_c = m^*/eB$, d. h. wenn $\omega_c \tau > 1$ ist, werden Plasmawellen angeregt (s. Abb. 7.21).

Der Charakter der Wellen, die sich unter der Wirkung eines Magnetfeldes ausbreiten, hängt von der Orientierung der Ausbreitungsrichtung der Wellen bezüglich der Magnetfeldrichtung ab. Die Wellen können in zwei Gruppen eingeteilt werden: Eine Gruppe breitet sich mit dem Wellenvektor **k** parallel zur Magnetfeldrichtung aus, die andere mit dem Wellenvektor **k** senkrecht zum Magnetfeld[4].

Die Ausbreitung der ersten Gruppe parallel zur Magnetfeldrichtung (**k** ∥ **B**) erfolgt in der Faraday-Konfiguration, die Ausbreitung senkrecht zur Magnetfeldrichtung (**k** ⊥ **B**) in der Voigt-Konfiguration (s. Abb. 7.16).

Typische Vertreter der Wellen in der Faraday-Konfiguration sind die Helikonwellen und die Zyklotronwellen. Wellen, die sich in der Voigt-Konfiguration ausbreiten, werden als Alfvén-Wellen bezeichnet. Die Ausbreitung der Wellen ermöglicht die Untersuchung des Charakters des Plasmas und die Bestimmung der Ladungsträgerkonzentrationen.

Zusätzlich treten weitere Plasmaerscheinungen auf, die durch die unterschiedlichen Resonanzphänomene im Festkörperplasma hervorgerufen werden. So werden zwischen zwei Zyklotronresonanzen Hybridresonanzen angeregt, deren Resonanzfrequenz sich aus den Resonanzfrequenzen der beteiligten Zyklotronresonanzen ergeben. Für isotrope Energieflächen ist die Hybridfrequenz von zwei Zyklotronresonanzen ω_{c1} und ω_{c2} gleich

$$\omega_{xy} = (\omega_{c1}\omega_{c2})^{\frac{1}{2}}. \tag{7.18}$$

Da diese Resonanzen stets zwischen zwei Zyklotronresonanzen auftreten, ist Ihre Zahl um eins kleiner als die der Zyklotronresonanzen.

In den halbleitenden Legierungen können im p-Typ Loch-Loch-Hybride (h-h-hy) und im n-Typ Elektron-Elektron-Hybride (e-e-hy) auftreten, in den halbmetallischen Legierungen sowohl Elektron-Elektron- als auch Elektron-Loch-Hybride der L-Elektronen und der Löcher im T-Punkt (e-h-hy). Die Ausbildung von Hybridresonanzen hängt natürlich von der Orientierung des Magnetfeldes zur Probengeometrie ab.

In Abb. 7.24 befindet sich im oberen Teil eine Hybridresonanz zwischen zwei Zyklotronresonanzen. Die Messung erfolgte an einer n-Typ Legierung mit $x = 0,13$ und der Ladungsträgerkonzentration $6,5 \cdot 10^{14}$ cm^{-3}, mit den Zyklotronmassen $m_{c1} = 0,012 \, m_0$, $m_{c2} = 0,042 \, m_0$ und $m_{c3} = 0,037 \, m_0$.

---

[4]Der Wellenvektor der Plasmawellen ist nicht zu verwechseln mit dem Wellenvektor der Ladungsträger, der den Impuls $p = \hbar k$ und die Energie der Ladungsträger bestimmt.

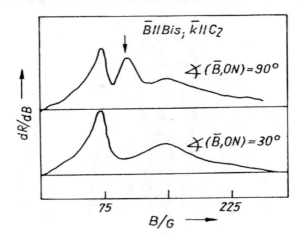

Abb. 7.24 Hybridresonanz einer Mikrowelle mit 69,5 GHz in einer halbleitenden Legierung (in der Mitte oben mit Pfeil) zwischen zwei Zyklotronresonanzen für B parallel zur Oberfläche, (unten) fehlt die Hybridresonanz für ein Magnetfeld unter 60° zur Kristalloberfläche [33]

Wenn das Magnetfeld um 60 aus der Oberfläche herausgedreht wird, verschwindet die Hybidresonanz, weil die longitudinale Komponente des elektrischen Feldes, die die Resonanz anregt, in dieser Orientierung zu schwach ist [33].

Einen Überblick über die Plasmaeffekte einer halbmetallischen Probe mit $x = 0,0275$, die mit 0,305 THz in der C_2-Ebene bei $T = 1,5$ K gemessen wurden, zeigt Abb. 7.25. Bei dieser Frequenz und den entsprechenden Magnetfeldern liegen auch in den halbmetallischen Legierungen fast lokale Verhältnisse vor, d. h. normaler ein Skineffekt für die Leitfähigkeit [34].

Neben der Elektronenzyklotronresonanz der beiden Fermi-Flächen b und c, die mit einer Neigung von 12° gegen die C_3-Richtung zusammenfallen, existieren ein Elektron-Elektron-Hybrid (e-e-hy) und Elektron-Loch-Hybride. Zwischen diesen Hybriden befindet sich die dielektrische Anomalie (da), die mit Kreuzen xxx im Diagramm eingetragen ist. Da bei dieser Messung nicht mit streng linearpolarisierten Wellen gearbeitet wurde, werden die Hybridresonanzen in einem weiten Winkelbereich beobachtet. Die Löcherzylkotronresonanz m_h, die mit den Elektronenresonanzen das Hybrid erzeugt, befindet sich über der e-h-hy Hybridresonanz.

7.5.2 Plasmawellen

In den Legierungen ist die Leitfähigkeit stets so groß, dass sich eine einfallende Welle mit dem Wellenvektor **k** normal zur Oberfläche (**k** ‖ ON) im Kristall ausbreiten kann. ON ist die Oberflächennormale. Die Änderung der Wellenlänge

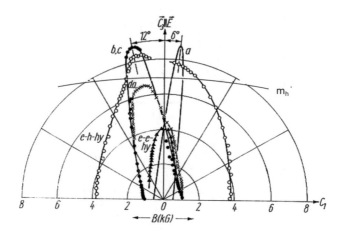

Abb. 7.25 Anisotropie der Löcherzyklotronresonanz m_{ch}, der drei Elektronenflächen a, b, c, mit einer Elektron-Elektron-Hybridresonanz (Δ, e-e-hy), einer Elektron-Loch-Hybridresonanz (o, e-h-hy) und zwischen ihnen eine dielektrische Anomalie, ($\times$, da) [34]

durch das Magnetfeld führt in Kristallen mit planparallelen Oberflächen, die so einen Fabry-Perot-Resonator bilden, entweder unter der Bedingung $n\lambda/2 = d$ oder der Bedingung $n\lambda = d$ zu stehenden Wellen, wobei d die Dicke des Kristalls ist. Welcher Wellentyp sich ausbreitet, hängt von der Geometrie der der Mess-anordnung ab.

Für ein Magnetfeld senkrecht zur Oberfläche, parallel zum Wellenvektor **B ∥ k,** sind das longitudinale Wellen in der Faraday-Konfiguration. Wenn für die senkrecht auf die Oberfläche einfallende Welle (**k ∥ ON**) das Magnetfeld in der Oberfläche **B ⊥ k** liegt, ist das die Voigt-Konfiguration (s. Abb. 7.16). In dieser Orientierung des Magnetfeldes können sich zwei Wellentypen ausbreiten, für **E ∥ B** eine ordentliche Welle und für **E ⊥ B** eine außerordentliche Welle.

Helikonwellen

Die Helikonwellen breiten sich für **B** senkrecht zur Oberfläche mit der Periode $\Delta(B^{-1/2})$ in Faraday-Konfiguration längst des Magnetfeldes (**k ∥ B**) aus und bilden im Kristall mit planparallelen Oberflächen unter der Bedingung $n\,\lambda/2 = d$ stehenden Wellen, die der Dispersionsgleichung $k^2 = 4\pi eN/B$ genügen. Die Abb. 7.26 zeigt eine Helikonwelle in einer halbleitenden $Bi_{(1-x)}Sb_x$-Legierung mit x = 0,10, mit einer Ladungsträgerkonzentration von $N_n = 8{,}5 \cdot 10^{15}$ cm^{-3}, in Abhängigkeit vom Magnetfeld.

In halbleitenden Wismut-Antimon-Legierungen $(0{,}065 < x < 0{,}23)$ kann aus der Dispersion der Wellenausbreitung die Dielektrizitätsfunktion des Gitters ε_l

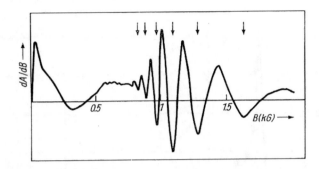

Abb. 7.26 Helikonwelle in halbleitendem n-BiSb mit **k** ∥ **B** ∥ ON. Die Messung erfolgte mit 35,7 GHz bei T = 4,2 K. Die Linie im schwachen Magnetfeld ist eine diamagnetische Resonanz. Die Pfeile geben die Resonanzfelder der Helikonen an [35]

bestimmt werden. Die Resonanzbedingung für die Helikonen n $\lambda/2 = d$ ergibt mit dem Wellenvektor $k = 2\pi/\lambda = n\,\pi/d$ und der Dispersion $k^2 = 4\pi eN/B$ den Zusammenhang $n = kd/\pi \sim B^{-1/2}$. Diese Abhängigkeit ist für niedrige Frequenzen $\nu = 9{,}56$ GHz bis zu starken Magnetfeldern (n = 2) erfüllt. Dagegen macht sich bei höheren Frequenzen der Einfluss des Verschiebungsstroms immer stärker bemerkbar [36].

Die Messungen wurden bei der Temperatur des flüssigen Heliums im Frequenzbereich 9 bis 70 GHz durchgeführt. Damit war es möglich, den Einfluss des Verschiebungsstromes experimentell zu separieren. Bei 9,56 GHz beträgt der Anteil des Verschiebungsstromes zum Leitungsstrom 0,9 %. Bei Messungen mit 70 GHz ist der Beitrag des Verschiebungsstroms 3,5-mal größer als der Leitungsstrom, woraus sich die dielektrische Funktion ermitteln lässt.

Die Dielektrizitätsfunktion erreicht in dem Moment, in dem im Legierungssystem zwischen den Löchern im T-Punkt und den Elektronen in den L-Punkten die Energielücke entsteht, sehr große Werte, bis 500. Danach gehen die Werte im Bereich, in dem die Lücke von den L_s- und L_a-Bändern gebildet wird, wieder auf Werte ≤ 100 zurück (s. Abb. 7.27).

Dieses Ergebnis zeigt ein völlig unterschiedliches Verhalten der Legierungen mit einer Energielücke aus invertierten Bändern und mit einer Lücke, die von Bändern in unterschiedlichen Punkten der Brillouin-Zone gebildet wird.

Zyklotronwellen

Für Zyklotronwellen ist Wellenvektorpolarisation **B** ⊥ **k** ∥ ON, die Resonanzbedingung $n\lambda/2 = d$ und die Dispersion $k^2 = 4\pi eN/B$.

Zyklotronwellen wurden zum ersten Mal von Walsh und Platzman [38] als schwach gedämpfte Wellen unter der Bedingung des anomalen Skineffekts beobachtet. In Wismut-Antimon-Legierungen wurden diese Wellen im halbleitenden

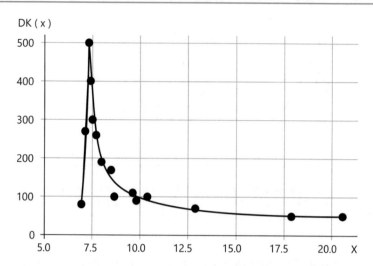

Abb. 7.27 Abhängigkeit der Dielektrizitätsfunktion (ε_1) des Kristallgitters vom Legierungsgrad x für die halbleitenden Legierungen [37]. Zwischen x = 6,5 und 8,5 wird die Lücke durch die T- und L-Bänder gebildet, im Bereich über 8,5 durch die Bandlücke im invertierten L-Band. Hier erreicht die DK sehr hohe Werte, bis $\varepsilon_1 = 500$. Für x > 8,5 sinkt sie unter 100

Bereich unter den Bedingungen des normalen Skineffektes gefunden [39]. Die Wellen breiten sich oberhalb der Hybridresonanzen aus. Die Abb. 7.28 zeigt die Messung eines Kristalls in der trigonalen Ebene. Die räumlichen Resonanzen bilden sich wie die der Helikonen unter der Bedingung $n\lambda/2 = d$ aus und haben auch die gleiche Dispersion $k \sim B^{-1/2}$.

Das Spektrum in Abb. 7.28 zeigt zwei Wellen, die mit 36 GHz und mit 131 GHz gemessen wurden. Die Signale in schwachen Feldern sind Hybridresonanzen.

Alfvén-Wellen

Diese Wellen breiten sich wie die Zyklotronwellen mit $\mathbf{k} \perp \mathbf{B}$ in Magnetfeldern aus, die größer als die Felder der Zyklotronresonanzen sind. Dabei gilt für die räumlichen Resonanzen dieses Wellentyps die Bedingung

$$n\lambda = d. \tag{7.19}$$

Die Dispersionsbeziehung lautet $k^2 = (\omega/c)^2 \, f(N, m_{ce}, m_{ch}) \, B^{-2}$. Die Alfvén-Wellen sind transversale Wellen. Aus der Wellenausbreitung in einer halbmetallischen Legierung mit x = 0,03, in der sich Valenzband im T-Punkt und Leitungsband im La-Punkt überlappen, ergeben sich für die Massen des Löcherellipsoids im T-Punkt zu $m_{C1}^h = 0{,}063 \, m_0$ und $m_{C3}^h = 0{,}066 \, m_0$. Mit der Zyklotronmasse der Elektronen in C_1-Richtgng $m_{C1}^e = 0{,}0055 \, m_0$ folgt für die Fermi-Energie

Abb. 7.28 Räumliche Dispersion von Zyklotronwellen in einer halbleitenden $Bi_{(1-x)}Sb_x$-Legierung in der trigonalen Ebene. Der Kristall war 0,32 mm dick, hatte einen Sb-Anteil von x = 0,129, N = 6,5 10^{14} cm^{-3} und **B** ∥ C_1 ⊥ **k**, **k** ∥ C_3 ∥ ON. (a) 36 GHz, (b) 121 GHz [39]

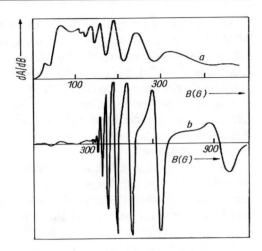

$E_F = 11,3$ meV. Dieser Wert ist, wie zu erwarten, etwas kleiner als der vom Wismut mit $E_F = 11$, meV. Die Alfvén-Wellen treten auch im halbleitenden Bereich auf.

7.6   Nernst-Effekt an Wismut und Wismut-Antimon-Legierungen

Wie in Teil I im Abschn. 2.1.1 dargestellt, entdeckte Walter Nernst als Student in Graz gemeinsam mit seinem Lehrer Albert von Ettingshausen 1886 die galvanomagnetischen Effekte. Diese thermoelektrische Reaktion hat sich heute als eine sensible Methode zur Untersuchung der Elektronenstruktur von niederdimensionalen Strukturen herausgestellt. In den ersten Jahren des neuen Jahrhunderts zeigte sich das bei Messungen an Graphit und zweidimensionalen Strukturen wie dem Graphen.

In der Arbeit *Nernst quantum oscillations in bulk semi-metals* wird von den Autoren Zengwei Zhu et al. gezeigt, dass der Nernst-Effekt in Graphitkristallen durch die Landau-Quantelung scharfe Linien erzeugt, wenn die Landau-Niveaus durch die Fermi-Energie wandern [40]. Die Freiheitsgrade der Kopplung der Graphitschichten untereinander erzeugen eine starke Vergrößerung der Quantenoszillationen des Nernst-Effekts in der Umgebung des Quantenlimits.

Besonders interessant ist, dass heute mit dem Nernst-Effekt auch Wismut und Wismut-Antimon in Magnetfeldern bis über 10 T erfolgreich untersucht werden und dabei verblüffende Effekte auftreten. So wurde gefunden, dass sowohl in Wismut als auch in den halbleitenden Legierungen die Elektronenzustände in den drei Tälern in den L-Punkten entartet sind. Sie bilden durch Vallytronic manipulierbare Energiezustände. In der Arbeit wird auch gezeigt, dass Quantenoszillationen auch über dem Quantenlimit auftreten [40].

Diese Ergebnisse zeigen die Aktualität unserer damaligen Arbeiten mit diesen Materialien und lassen vermuten, dass die systematische Erforschung der Eigenschaften des mehrkomponentigen Festkörperplasmas und der Plasmawellen in den Legierungen von Wismut ein möglicher Ausgangspunkt auch für die Anregung von Spin-Effekten in den topologischen Isolatoren werden könnte.

Mit den Experimenten in den 1970er und 1980er Jahren an der Humboldt-Universität wurden die Fermi-Flächen und die Isoenergieflächen der Wismut-Antimon-Legierungen umfassend ausgemessen und das Elektronen-Loch-Plasma gründlich untersucht.

Nach einer kurzen Arbeit mit Hochtemperatursupraleitern, die sich als sehr anspruchsvolle Materialwissenschaft herausstellte, wandte sich der Forschungsbereich Tieftemperatur-Festkörperphysik wieder der Elektronenstruktur der Halbmetalle zu. Insbesondere, weil im Hochfeldlabor in Wrozlaw Magnetfelder über 10 T genutzt werden konnten. Mit dem Zentralinstitut für Festkörperforschung und Werkstoffwissenschaften in Dresden wurde ein supraleitender 10-T-Magnet entwickelt und aus dem Tieftemperatur-Institut aus Kharkow wurde ein Millikelvin-Kryostat beschafft, um die Untersuchungsmöglichkeiten über den Quatenlimit auszudehnen.

Die materiellen Schwierigkeiten im Land, die Ende der 1980er Jahre auch die Forschungseinrichtungen zu spüren bekamen, führten dazu, dass die Universität den Millikelvin-Kryostat gleich mit dem ganzen Labor und den zugehörigen Mitarbeitern an die Akademie der Wissenschaften der DDR abgeben musste, wodurch das Forschungspotenzial des Tieftemperaturbereichs stark eingeschränkt wurde.

Literatur

1. Herrmann, R. Preppernau, U.: Elektronen im Kristall, Akademie-Verlag, Berlin (1979)
2. Schulz, G.E.R.: Metallphysik, Akademie-Verlag, Berlin (1967)
3. Chaikin, M.S.: JETP 39, 212 (1960); (Uspechi Fisicheski Nauk (russ.) 96, 409, (1968)
4. Khaikin, M.S.: JETP 41, 1773 (1961)
5. Lomer, W.M.: Fermi surface in molybdenum, Proc. Phys. Soc., London, 84, 2, 327 (1964)
6. Herrmann, R.: Habilitationsschrift, 1968, Humboldt-Universität; Herrmann, R.: Zur Fermifläche von Wolfram und Molybdän. phys. stat sol. 25, 2, 661–666 (1968); Herrmann, R., Krüger, H.: phys. stat. sol. 42 99 (1970)
7. Preppernau, U., Herrmann, R., Rothkirch, L., Dwelk, H.: Cyclotron Resonance Investigations of Niobium, phys. stat. sol. (b) 64, 1, 183–194 (1974)
8. Mattheiss, L.F.: Fermi Surface in Tungsten, Phys. Rev.139, A1893 (1965), Mattheiss, L.F.: Electronic Structure of Niobium and Tantalum Phys. Rev. B 1, 373 (1970)
9. McMillan, W.L.: Transition Temperature of Strong-Coupled Superconductors, Phys. Rev. 167, 2, 331 (1968)
10. Scott, G.B., Springford, M.: The Fermi surface in niobium, Proc. Roy. Soc. A, 320, 1540 (1970)
11. Rothkirch, L., Herrmann, R., Dwelk H., Preppernau, U.: Surface impedance investigations of superconducting niobium, phys. stat. sol. (b), 90, 517–524 (1978)
12. G. Dresselhaus, A.F. Kipp, C. Kittel: Plasma Resonance in Crystals: Observations and Theory, Phys. Rev. 100, 618 (1955)

13. Herrmann, R., Herrmann, Karin: Cyclotron Resonance and Impedance Oscillation in Tellurium, IX. International Conference on the Physics of Semiconductors, Moscow 322 (1968)
14. Grosse, P.: Die Festkörpereigenschaften von Tellur, Springer (1969), Abb. 1, Abb. 71
15. Herrmann, R. Herrmann, K.: Zyklotronresonanz in Tellurium, phys. stat. sol. 25, 655 (1968)
16. Ando, Y.: Topological Insulator Materials, J. Phys. Soc. Jpn. 82, 102001 (2013)
17. Agapito, L. A. et al.: Novel Family of Chiral-Based Topological Insulators: Elemental Tellurium under Strain, Phys. Rev. Lett. 110, 176401 (2013)
18. Kaner, E.A.: Dokladi akademii Nauk SSSR 119 (58) 471 (1958)
19. Ganthmaker, W.F.: JETP 43, 345 (1962)
20. Müller, H.-U., Hess, S., Herrmann, R., Scholz, H., Schmidt, J.: phys. stat. sol. (b) 68, 507 (1975)
21. Herrmann, R., Hess, S., Müller, H.-U.: Radio Frequency Size Effect in Bismuth, phys. stat. sol. (b) 48 K151 (1971); Müller, H.-U., Hess, S., Herrmann, R., Scholz, H. phys. stat. sol. (b) 68 507 (1975)
22. Kraak, W.: Dissertation B, Humboldt-Universität (1989)
23. Herrmann, R., Braune W., Kuka, G.: Cyclotron resonance of electrons in semimetallic bismuth-antimony alloys, phys. stat. sol. (b) 68, 233–242 (1975)
24. Kuka, G., Kraak, W., Gollnest, H.-J., Herrmann, R.: Temperature Dependence of the Resistivity in Semimetals of the Bismuth Type phys. stat. sol. (b) 89, 547–551 (1978)
25. Chaikin, M.S., Edelman, V.S.: Landau Damping and Resonance Damping of Magnetoplasma Waves in Bismuth, JETP 49, 1695–1705 (1965)
26. Oelgart, G., Herrmann, R., Krüger, H.: Helicon-Like Magnetoplasma Waves in Semiconducting Bi1 − xSbx, phys. stat. sol. (b) 63, K99-K102 (1974); Oelgart, G. Herrmann, R.: Cyclotron Masses in Semiconducting Bi1 − xSbx Alloys, phys. stat. sol. (b) 75, 189–196 (1976)
27. Oelgart, G. Herrmann, R.: Cyclotron Masses in Semiconducting Bi1 − xSbx Alloys, phys. stat. sol. (b) 75, 189–196 (1976)
28. Oelgart G., Herrmann, R.: Zyclotron Resonance and Quamtum Oscillation of p-Type Bi(1 − x)Sbx, phys. stat. sol. (b) 61, 137 (1974); Herrmann, R., Oelgart G., Krüger, H.: Cyclotron Resonance, Quantum Oscillations, and Helicon Waves in Semiconducting BiSb, phys. stat. sol. (b) 58, K133–K135 (1973)
29. Hsieh, D. et al.: A topological Dirac insulator in a quantum spin Hall phase, Nature 452, 970–974 (2008)
30. Kraak, W., Oelgart, G., Schneider, G., Herrmann, R.: The Semiconductor–Semimetal Transition in Bi1 − xSbx Alloys with x ≥ 0.22, phys. stat. sol. (b) 88, 105–110 (1978)
31. Brand, N.B., Swistowa, E.A.: Electron transitions in strong magnetic fields, J. Low Temp. Phys. 2, 1–35 (1970)
32. Wood, R. W.: Remarkable Optical Properties of the Alkali Metals, Phys. Rev. 44, 353 (1933)
33. Oelgart, G., Herrmann, R.: Magnetoplasma effects in semiconducting Bi1 − xSbx alloys, phys. stat. sol. (b) 72, 719–727 (1975)
34. Herrmann, R., Goy, P.: Investigation of plasma effects in bismuth-antimony alloys in the submillimeter wave range, phys. stat. sol. 80, 207–213 (1977)
35. Herrmann, R., Oelgart, G., Krüger, H., Haefner, H.: Helicon Waves in Semiconducting Bi1 − xSbx Alloys, phys. stat. sol. (b) 63, 491–499 (1974)
36. Oelgart, G., Herrmann, R., Meschter, U.: The lattice dielectric constant in Bi100 − xSbx as a function of x, phys. stat. sol. (b) 83, 521–528 (1977)
37. Rudolph, R., Krüger, H., Fellmuth, B., Herrmann, R.: Dielectric Properties of Bi1 − xSbx Alloys at the Semiconductor-Semimetal Transition, phys. stat. sol. (b) 102, 295–301 (1980)
38. Walsh, W. M., Platzman, Jr., Platzman, P. M.: Excitation of Plasma Waves Near Cyclotron Resonance in Potassium, Phys. Rev. Lett. 15, 784 (1965)
39. Oelgart, G., Edelman, V.S.: JETP Lett 20, 389 (1974); Stegmann, R., Oelgart, G., Herrmann, R.: Propagation of electromagnetic waves in a direction perpendicular to the magnetic field in semiconductive Bi–Sb alloys I. B ⊥ C3 ∥ k, phys.stat.sol.(b) 92, 133–141 (1979);
40. Zhu, Zengwei et al.: Nernst quantum oscillations in bulk semi-metals, Journal of Physics: Condensed Matter 23, 9 (2011)

Der Quanten-Hall-Effekt

8

In Feldeffekttransistoren erzeugt ein elektrisches Feld senkrecht zur Oberfläche einen Potenzialtopf, in dem sich ein zweidimensionales Elektronengas (2DEG) bildet. Wenn das elektrische Feld so polarisiert wird, dass es die Minoritätsladungsträger an die Oberfläche zieht, dann entsteht eine Inversionsschicht, in der die zweidimensionalen Ladungsträger auf elektrischen Subbändern gequantelt sind. Ein Magnetfeld, senkrecht zur Oberfläche, spaltet die elektrischen Quantenniveaus in Landau-*Niveaus auf.*

Bei der Analyse des Hall-Effekts an den Landau-Niveaus der elektrischen Subbänder dieses zweidimensionalen Ladungsträgersystems entdeckte Klaus von Klitzing den Quanten-Hall-Effekt. Er beobachtete bei der Messung des Hall-Widerstandes Plateaus, die zwischen den Landau-Nniveaus lagen und deren genauer Wert Rxy = h/e² allein vom Planck´schen Wirkungsquantum h und der Elementarladung e bestimmt wird. Unsere Untersuchungen des Quanten-Hall-Effektes konzentrierten sich auf Korngrenzen in Halbleitern.

8.1   Die Quantelung des Hall-Widerstandes

Zwischen dem Quanten-Hall-Effekt in Feldeffekttransistoren und in den „natürlichen Strukturen" der Korngrenzen in Halbleiterkristallen gibt es zwei wesentliche Unterschiede. In den Inversionsschichten der Feldeffekttransistoren ist meist nur ein elektrisches Subband besetzt. In den Korngrenzen sind immer mehrere Subbänder besetzt. Außerdem kann die Ladungsträgerkonzentration auf den elektrischen Subbändern in den Korngrenzen nicht wie in den Feldeffekttransistoren durch ein von außen angelegtes elektrisches Feld gesteuert werden, sondern die Ladungsträgerkonzentration muss auf anderen Wegen verändert werden. Uns gelang es, diese Konzentration durch hydrostatischen Druck auf die Halbleiterkristalle zu verändern. Zu Beginn wird kurz auf den Quanten-Hall-Effekt, wie er von Klaus von Klitzing entdeckt wurde, eingegangen.

© Springer-Verlag GmbH Deutschland, ein Teil von Springer Nature 2019
R. Herrmann, *Die Tieftemperaturphysik an der Humboldt-Universität im 20. Jahrhundert*, https://doi.org/10.1007/978-3-662-59575-6_8

Die Abb. 8.1 zeigt einen Metall-Oxid-Halbleiter-Feldeffekt-Transistor (MOS-FET) für die Messung des Quanten-Hall-Effekts.

In Abb. 8.2a ist der Potenzialtopf, der durch Ladungsinversion in der Halbleiter-Oxid-Grenzschicht entsteht, mit den elektrischen Subbändern skizziert. Der Halbleiter soll ein p-Silizium Kristall darstellen, an dessen Oberfläche sich unter dem Metall-Gate mit positivem Potenzial eine Inversionsschicht mit zweidimensionalen Elektronen ausbildet. Der Potenzialtopf ist in E_1 und E_2 gequantelt.

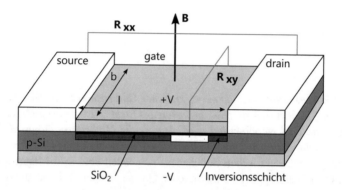

Abb. 8.1 Die Abbildung zeigt eine Hall-Struktur zur Messung des Quanten-Hall-Effektes. Gemessen werden der Hall-Widerstand R_{xy} und der Magnetowiderstand R_{xx} mit Erhöhung des Magnetfeldes, das senkrecht zur Oberfläche, der Inversionsschicht orientiert ist. Zwischen Source und Drain fließt der Strom. L × W ist die Fläche der Inversionsschicht mit dem Zweidimensionalen Elektronengas unter dem Gate. Längst der Probe über L wird der Magnetowiderstand gemessen, quer dazu über W die Hall-Spannung. Darüber befindet sich die Gate-Elektrode, deren elektrisches Feld die Inversionsschicht erzeugt, die mit zweidimensionalen Elektronen besetzt ist

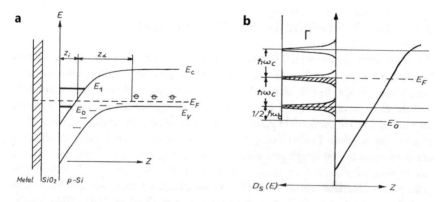

Abb. 8.2 Schematische Darstellung der Inversionsschicht an einer Metall- SiO_2-p-Si-Grenzfläche. Die Metallschicht an der Oberfläche ist das Gate. E_c ist das Leitungsband, das die Inversionsschicht begrenzt, E_F die Fermi-Energie, E_v das Valenzband, z_i ist die Weite der Inversionsschicht, z_d die Weite der Verarmungsschicht. Γ bezeichnet die Landau-Niveaus

Die Fermi-Energie liegt zwischen den beiden Energieniveaus, sodass nur das unterste Energieniveau E_1 mit Elektronen besetzt ist. Daneben in Abb. 8.2b ist die Aufspaltung des besetzten Energieniveaus im Magnetfeld dargestellt.

Diese Quantelung erfolgt nach der Beziehung

$$E = \left(n + \frac{1}{2}\right)\hbar\omega_c = \left(n + \frac{1}{2}\right)\hbar\frac{B}{em_c} \qquad (8.1)$$

mit $n = 0, 1, 2, \dots$, die aus dem Landau'schen Diamagnetismus folgt (s. Teil I, Kap. 2). Die Landau-Niveaus (Γ) haben den Energieabstand von $\hbar\omega_c$. Nur das unterste Niveau ist vom Boden des elektrischen Niveaus nur um $\frac{1}{2}\hbar\omega_c$ entfernt. In Abb. 8.2b ist die Fermi-Energie gegenüber dem Bild in Abb. 8.2a etwas nach oben verschoben. Sie zeigt, dass das untere Landau-Niveau besetzt und das darüber liegende Landau-Niveau halb gefüllt ist.

Bei der Analyse des Hall-Effektes an der Inversionsschicht eines zweidimensionalen Elektronengases machte der Würzburger Physiker Klaus von Klitzing im Hochfeld-Labor der Europäischen Staaten in Grenoble eine bahnbrechenden Entdeckung: Bei sorgfältigen Messungen des Hall-Effektes und der Shubnikow-de-Haas-Oszillationen fand er heraus, dass die Stufen im Hall-Effekt mit hoher Präzision eine Serie von Plateaus bildeten, die durch die fundamentale Beziehung

$$R_{xy} = \frac{h}{je^2}[\Omega] \qquad (8.2)$$

(mit $j = 1, 2, 3, \dots$) bestimmt werden (Abb. 8.3).

Die Werte des Hall-Widerstandes sind für jedes j mit einer ungewöhnlich hohen Genauigkeit allein durch die Naturkonstanten h und e bestimmt.

Für dieses grundlegende Phänomen erhielt Klaus von Klitzing 1985 den Nobelpreis für Physik [1]. Dieser Effekt wird heute als „Integraler Quanten-Hall-Effekt" bezeichnet, da später auch anstelle von geraden n Werten für die Quantenzahl j auch gebrochene Werte gefunden wurden.

Das höchste Plateau hat in starken Magnetfeldern die Quantenzahl $j = 1$. Und der Hall-Widerstand erreicht auf diesem Niveau den Wert $R_K = h/e^2 = 25{,}8128$ kΩ. Diese Größe h/e^2, die heute als von Klitzing-Konstante bezeichnet wird, entspricht dem Kehrwert der Sommerfeld'schen Feinstrukturkonstante $\alpha = 137{,}036$, die als dimensionslose, fundamentale Größe den Aufbau der Atome bestimmt.

Die Entdeckung dieses Zusammenhanges, die hohe Genauigkeit des Messwertes und die Tatsache, dass die Plateaus unabhängig vom Material des Halbleiters sind, in dem das zweidimensionale Elektronengas auftritt, unterstreicht den fundamentalen Charakter dieses Effektes.

Aus der Abb. 8.2b geht hervor, dass der Quanten-Hall-Effekt und die entsprechenden Schubnikow-de-Haas-Oszillationen auftreten, wenn sich bei Erhöhung des Magnetfeldes die Landau-Niveaus des zweidimensionalen Elektronengases nach der Beziehung (Gl. 8.1) zu höheren Energien bewegen und sich über die Fermi-Energie schieben. Da die Elektronen nur Zustände bis zur Fermi-Energie besetzen können, müssen sie sich beim Erreichen der Fermi-Energie auf die darunter liegenden Zustände verteilen.

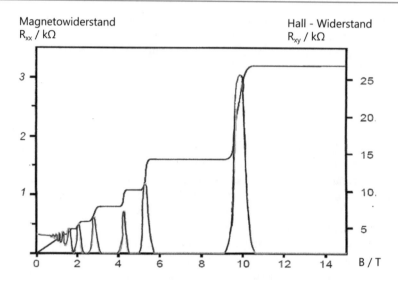

Abb. 8.3 Hall-Plateaus und die entsprechenden Shubnikow-de-Haas-Oszillationen des longitudinalen Magnetowiderstandes einer GaAs/GaAlAs-Heterostruktur [2]

Wenn ein Landau-Niveau genau mit der Fermi-Energie zusammenfällt, wird es vollständig geleert, wobei der Längswiderstand sprunghaft ansteigt. Das ist der Shubnikow-de-Haas-Effekt. Dabei wächst der Hall-Widerstand an und erreicht das nächste Plateau.

Danach befindet sich die Fermi-Energie zwischen zwei Landau-Niveaus. In diesem Zustand sind die Elektronen solange lokalisiert, bis das nächste Landau-Niveau mit der Fermi-Energie zusammenfällt und es zu nächsten Shubnikow-de-Haas-Oszillation kommt. Dieser Vorgang wiederholt sich, bis das oberste Plateau mit $j = 1$ erreicht ist. Dann befinden sich alle Landau-Niveaus über der Fermi-Energie und der Quantengrenzfall des zweidimensionalen Elektronengases ist erreicht. Durch die Lokalisierung der Ladungsträger zwischen den Shubnikow-de-Haas-Oszillationen kommt es beim Hall-Effekt zur Ausbildung der extrem genauen Plateaus $R_{xy} = h/je^2$. Wenn das letzte Landau-Niveau bei $j = 1$ mit der Fermi-Energie zusammenfällt, hat der Hall-Widerstand den von Klitzing-Wert von 25,8128 kΩ. erreicht.

Für den Bereich Tieftemperatur-Festkörperphysik der Humboldt-Universität mit der Erfahrung bei der Quantelung der Energiestruktur von unterschiedlichen Metallen und Halbleitern war der Quanten-Hall-Effekt eine große Herausforderung. Nach ersten Versuchen mit Silizium-Inversionsschichten wurden die schmalbandigen Halbleiter Indium-Antimonid (InSb) und später auch Quecksilber-Cadmium-Tellurid ($Hg_{(1-x)}Cd_xTe$) in das Forschungsprogramm des Bereichs aufgenommen, um an Korngrenzen dieser Halbleiter, die natürliche Ladungsinversionsschichten bilden, den Quanten-Hall-Effekt zu untersuchen.

8.2   Das zweidimensionale Elektronengas

So begannen nach der Entdeckung von Klaus von Klitzing auch an der Humboldt-Universität Untersuchungen von zweidimensionalen Elektronengasen (2DEG) in Inversionsschichten an Si-MOSFETs.

Als das Amt für Standardisierung, Messwesen und Warenprüfung der DDR (ASMW) dem Bereich Tieftemperatur-Festkörperphysik die Entwicklung eines Ohm-Standards auf der Grundlage der von Klitzing-Konstanten ($h/e^2 = 25812,8025\ \Omega$) übertrug, wurden von Horst Krüger Hall-Strukturen entworfen, die im Halbleiter-Institut der Akademie der Wissenschaften in Frankfurt/ Oder gefertigt wurden. Als diese Untersuchungen aber vertraulich behandelt werden sollten, entstand für die Studentenausbildung eine ungünstige Situation. Um aber mit zweidimensionalen Elektronen weiter Grundlagenforschung zu betreiben, wurde deshalb nach anderen, zweidimensionalen Strukturen gesucht, die für die Studentenausbildung problemlos geeignet waren.

Heterostrukturen aus GaAs-AlGaAs, die von von Klitzing sowie von Tsui und Ando eingesetzt wurden [3], oder zweidimensionale Elektronengase als Wigner-Kristalle auf der Oberfläche von flüssigem Helium, wie sie unsere Kollegen Chaikin und Edelman am Kapitza-Institut erforschten [4], waren für die Humboldt-Universität nicht erreichbar. Eine Molekularstrahl-Epitaxieanlage zur Herstellung der Heterostrukturen konnte wegen des Embargos und der damit verbundenen hohen Kosten, nicht beschafft werden. Die Erzeugung und Erforschung von Elektronenschichten auf flüssigem Helium lag auch außerhalb der Möglichkeiten der Universität. So entstand die Idee, die Inversionsschichten von Korngrenzen in Halbleitern als „natürliche zweidimensionale Strukturen" zu untersuchen.

Mit den Eigenschaften der zweidimensionalen Ladungsträger in einer natürlichen Umgebung konnte auch das elektronische Verhalten dieser Umgebung mit erforscht werden. Ein solches Forschungsprojekt war deshalb für Diplom- und Promotionsarbeiten der Studenten gut geeignet. Und es bestand die Hoffnung, dass Korngrenzen leichter zugänglich sind als Heterostrukturen und der Einfluss der Gitterstruktur auf die Korngrenzen zu neuen Effekten führen könnte.

Um jedoch nicht gleich mit mehrkomponentigen Elektronensystemen im Wismut und in den Wismut-Antimon-Legierungen zu beginnen, erschien Indium-Antimonid (InSb) als geeignetes Material. Später kamen Korngrenzen des Halbleiters $(Hg_{(1-x)}Cd_x)Te$ hinzu.

Der Halbleiter InSb ist insofern einfacher zu handhaben, weil er nur eine Ladungsträgersorte hat.

Als es uns gelang, den Quanten-Hall-Effekt an InSb-Korngrenzen nachzuweisen und Systeme von Subbändern an den Korngrenzen beobachtet wurden, besuchte auch Klaus von Klitzing unser Institut.

In Si-MOSFETs und in Heterostrukturen, wie z. B. GaAlAs/GaAs, erfolgt in genügend starken, elektrischen Feldern senkrecht zur Oberfläche Ladungsinversion. So werden in einem p-Si-MOSFET durch das Anlegen eines positiven elektrischen Feldes an das Gate die Löcher aus der Halbleiteroberfläche heraus gedrängt. Elektronen werden an die Oberfläche herangezogen, was zur Verbiegung der Energiebänder und zur Ausbildung eines Potenzialtopfes zwischen dem verbogenen Leitungsband und der SiO_2-Isolationsschicht führt.

Gerät dabei das Leitungsband E_c unter die Fermi-Energie, wird der Potenzialtopf an der Halbleiteroberfläche mit Elektronen gefüllt, die die elektrischen Subbänder E_0, E_1, ... in dem Potenzialtopf besetzen. Ihre Ladungsträgerkonzentration ist die Flächenkonzentration n_S. Die Fermi-Energie des zweidimensionalen Gases $E_F = (\hbar^2/2m_c)\, k_F^2$ mit dem Fermiimpuls $k_F = (2\,\pi n_S)^{1/2}$ ist der Flächenkonzentration der Ladungsträger n_S direkt proportional

$$E_F = n_S \pi \frac{\hbar^2}{m_c} \qquad (8.3)$$

Mit dem Massentensor (m_1, m_2, m_3) ergibt $m_c = (m_1 m_2)^{1/2}$ die zweidimensionale Masse in der Inversionsschicht. m_3 ist als effektive Masse senkrecht zur Schicht nicht beteiligt.

Die zweidimensionale Zustandsdichte ist

$$D_s(E) = \frac{m_c}{2\pi\hbar^2}, \qquad (8.4)$$

sodass für ein linear ansteigendes elektrisches Feld $F(z)$ die elektrischen Subbandniveaus die Energien

$$E_i = \left(\frac{\hbar^2}{2m_3}\right)^{\frac{1}{3}} \left(\frac{2}{3}\pi eF\right)^{\frac{2}{3}} \left(i + \frac{3}{4}\right)^{\frac{2}{3}}, \qquad (8.5)$$

mit $i = 0, 1, 2, 3 \ldots$, haben.

Dabei ist im Si-MOSFET meist nur ein Subband ($i = 0$) gefüllt.

Die Anforderungen an eine Quantisierung im Magnetfeld mit ausgeprägten Landau-Niveaus Γ sind relativ hohe Magnetfelder und tiefe Temperaturen. Dafür müssen zwei Bedingungen erfüllt sein: Die Breite der Landau-Niveaus Γ muss klein, bzw. sehr klein gegenüber dem Abstand der Landau-Niveaus $\hbar\omega_c$, aber wesentlich größer als die thermische Energie sein, d. h.

$$\hbar_c\omega_c = \frac{eB}{m_c} \gg \Gamma \gg k_B T. \qquad (8.6)$$

Die erste Bedingung wird umso besser erfüllt, je kleiner die effektiven Massen der Ladungsträger sind, die zweite Bedingung, je tiefer die Temperatur ist.

Die Landau-Niveaus haben die Energien

$$E_l = \left(1 + \frac{1}{2}\right)\hbar\omega_c. \qquad (8.7)$$

Dabei ist $\omega_c = eB/m_c$ jetzt die Zyklotronfrequenz der Ladungsträger in der Oberfläche. Neben der Landau-Quantelung bewirkt das Magnetfeld auch die Aufhebung der Spinentartung der Energieniveaus, $E_s = \pm s \ g\mu_B \ B$, sodass die Energie der Quantelung in der Inversionsschicht im senkrechten Magnetfeld lautet:

$$E = E_i + E_l + E_s = \left(\frac{\hbar^2}{2m_3}\right)^{\frac{1}{3}} \left(\frac{2}{3}\pi eF\right)^{\frac{2}{3}} \left(i + \frac{3}{4}\right)^{\frac{2}{3}} + (1 + 1/2)\hbar\omega_c + sg \ \mu_B \ B \quad (8.8)$$

Die Ladungsträger werden auf den Landau-Niveaus zusammengedrängt. Die Zahl der Zustände auf einem Landau-Niveau ist

$$N_S = q_S q_V D_S(E)\hbar\omega_c, \quad (8.9)$$

wobei qs qv Spin- und Talentartung sind. Jedes Landau-Niveau des zweidimensionalen Elektronengases enthält also unabhängig von der Energie die gleiche Zahl von Zuständen. In starken magnetischen und elektrischen Feldern werden Spin- und Talentartung aufgehoben, wie z. B. für Si-MOSFET in dem von von Klitzing beschriebenen Experiment [1]. Dann gilt für die Flächenladungsdichte $n_s = iN_S = ieB/h$, wobei die Quantenzahl i die Zahl der gefüllten, nichtentarteten Landau-Niveaus angibt.

Der Magnetowiderstand R_{xx} oszilliert mit der Periode

$$\Delta\left(\frac{1}{B}\right) = \hbar\frac{e}{m_c}E_F \quad (8.10)$$

im inversen Magnetfeld. Mit der Fermi-Energie des zweidimensionalen Elektronen Gases

$$E_F = n_S\pi\frac{\hbar^2}{m_c} \quad (8.11)$$

ist die Ladungsträgerkonzentration auf dem Subband

$$n_S = \frac{e}{\pi\hbar \ \Delta\left(\frac{1}{B}\right)}. \quad (8.12)$$

Die Ladungsträgerkonzentration kann also aus den Oszillationen des Magnetowiderstandes R_{xx} bestimmt werden.

8.2.1   Die Ausbildung der Plateaus des Quanten-Hall-Effekts

Beim klassischen Hall-Effekt werden die Ladungsträger senkrecht zum Magnetfeld und zur Stromrichtung durch die Lorentz-Kraft abgelenkt, sodass quer zur Stromrichtung eine Spannung entsteht. Die Hall-Spannung zum Strom ergibt den Hall-Widerstand, linear mit dem Magnetfeld:

$$R_{xy} = R_H = \frac{U_H}{I} = \frac{B}{Ne}. \quad (8.13)$$

Bei tiefen Temperaturen und hohen Magnetfeldern entstehen im zweidimensionalen Elektronengas im Hall-Widerstand die Plateaus, mit den Werten $R_H = h/j\ e^2$.[1]

Wie oben festgestellt, spaltet das Magnetfeld die elektrischen Subbänder in Landau-Niveaus mit dem Abstand $\hbar\omega_c$ auf. Der Abstand zwischen diesen Niveaus mit $\hbar\omega_c = \hbar\ eB/m_c$ ist dem Magnetfeld proportional. Wird das Magnetfeld erhöht, wandern die gefüllten Landau-Niveaus über die Fermi-Energie und werden dabei entleert.

Eine Erklärung dieses Phänomens der Plateaubildung geht davon aus, dass aufgrund der realen Struktur der Kristalloberfläche Ladungsträger an Störstellen in der Oberfläche lokalisiert werden können. Das hat zur Folge, dass die Ladungsträger in einem Landau-Niveaus, wenn dieses die Fermi-Energie erreicht, nicht sofort in das darunter liegende Landau-Nniveau fallen, sondern durch die lokalisierten Zustände zwischen den Landau-Niveaus wandert.

Dazu bilden die Ränder der Probe, ähnlich der Austrittsarbeit von Metallen, einen Potenzialtopf, denn die Landau-Niveaus werden am Probenrand nach oben gebogen (s. Abb. 8.4b). Wenn die Fermi-Energie zwischen zwei Landau-Niveaus liegt, kreuzen die Landau-Niveaus, die sich noch unter der Fermi-Energie befinden, am Rand der Probe die Fermi-Energie, sodass sich eindimensionale idealleitende Randkanäle ausbilden (In Abb. 8.4b mit „Randkanäle" bezeichnet).

Zu Beginn, wenn die Fermi-Energie in die lokalisierten Zustände eintritt, wird der longitudinale Strom widerstandslos über die Randkanäle geleitet. Im Inneren der Probe ist durch die Lokalisierung der Ladungsträger kein Strom möglich, die Hall-Spannung und damit der Hall-Widerstand verändern sich nicht und bilden Plateaus. Beim Ansteigen des Magnetfeldes wandert der innere Randkanal in die Probe, wodurch dort freie Zustände entstehen können, in die Elektronen gestreut werden können.

Wenn die Fermi-Energie mit einem Laundau-Niveau zusammenfällt, ist die Streuung der Ladungsträger zwischen den Randkanälen an beiden Seiten der Probe so groß, dass die Hall-Spannung ansteigt und der longitudinale Widerstand ein Maximum erreicht, d. h. eine Shubnikow-de-Haas-Oszillation erfolgt, da das Laundau-Niveau jetzt über der Fermi-Energie liegt und leer ist.

Der widerstandslose Strom ist wie der Supraleitungsstrom ein makroskopischer Quanteneffekt. Dieser Strom durch die Randkanäle, der im klassischen Bild durch die Skippin-Bahnen gebildet wird (s. Abb. 8.4a), bewirkt, dass der Widerstand bis auf null sinkt [5].

Den von Chaikin und Edelmann entdeckten magnetischen Oberflächenzuständen, die beim Quanten-Hall-Effekt die eindimensionale Randkanäle bilden, kommt durch den widerstandslosen Strom vermutlich eine grundlegendere Bedeutung zu als bei ihrer Entdeckung im dreidimensionalen Elektronengas zu erwarten war.

---

[1]Da die Hall-Spannung stromlos gemessen wird, kompensiert sie die Lorentz-Kraft, sodass $evB = eU_H/b$ ist. Mit dem Strom $I = N_s evb$ entlang der Probe und der zweidimensionalen Dichte $N_s = eB/h$ (aus (Gl. 8.4) und (Gl. 8.9), ohne Entartung) ergibt sich der Hall-Widerstand zu $R_H = U_H/I = vBb/N_s evb = B/N_s e = B/e\ eB/h = h/e^2$ (b ist dabei die Breite der Inversionsschicht).

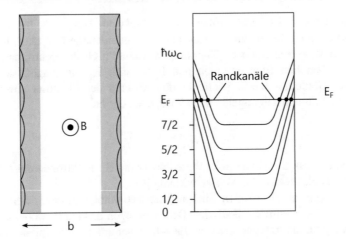

Abb. 8.4 Links das klassische Bild der Randkanäle als Oberflächenzustände bzw. Girlanden-bahnen am Rand der Probe. Rechst dort, wo die Fermi-Energie die ansteigenden Landau-Niveaus kreuzt, bilden sich die widerstandslosen Randkanäle aus, durch die Strom fließt, wenn die Fermi-Energie im Volumen zwischen den Landau-Niveaus liegt. Quer über die Probe der Breite b bilden die Laundau-Niveaus Potenzialtöpfe. An den Rändern der Proben steigt das Potenzial U(y) bzw. die potenzielle Energie an. An den Schnittstellen der Laundau-Niveaus $(n+\frac{1}{2})\hbar\,\omega_c$ mit der Fermi-Energie E_F befinden sich die Randkanäle [2]

8.2.2 Die Feinstrukturkonstante

Die von-Klitzing'sche Widerstandskonstante $R_{xy}=h/e^2=25812,8$ entspricht der dimensionslosen Sommerfeld'schen Feinstrukturkonstanten α mit dem Wert

$$\alpha = \frac{1}{2c\,\varepsilon_0}\,\frac{e^2}{h} = \frac{1}{137}, \tag{8.14}$$

(c ist die Lichtgeschwindigkeit, ε_0 die Elektrizitätskonstante 8,854 10^{-12}As/Vm).
Wenn der klassische Elektronradius

$$r_0 = \frac{e^2}{4\pi\varepsilon_0 m_e}\left(2,8\,10^{-15}\,\mathrm{m}\right) \tag{8.15}$$

mit dem Bohr'schen Atomradius

$$a_0 = \frac{4\pi\varepsilon_0\hbar^2}{m_e e^2}\left(0,53\,10^{-10}\,\mathrm{m}\right) \tag{8.16}$$

verglichen wird, folgt aus

$$\frac{r_0}{a_0} = \left(\frac{e^2}{4\varepsilon_0\hbar c}\right)^2 = \alpha^2. \tag{8.17}$$

Das Atom ist also 137^2-mal größer als das Elektron. Das heißt, die Leere der Atome wird durch die dimensionslose Feinstrukturkonstante bestimmt. Die Feinstrukturkonstante beschreibt als Kopplungskonstante auch die elektromagnetische Kraft zwischen den Elementarladungen F_m/F_c, mit F_m als magnetische Kraft und F_c als Coulomb- Kraft. Wenn für den Abstand der Elektronen wieder der Bohr'sche Atomradius a_0 angenommen wird, dann ergibt.

$$\frac{F_m}{F_e} = \alpha \qquad (8.18)$$

Das bedeutet, dass die magnetische Wechselwirkung der Elektronen um 1/137-mal kleiner ist als die elektrische Wechselwirkung [6].

Vermutungen, ob die Feinstrukturkonstante sich verändern kann, werden heute auf der Grundlage astrophysikalischer Beobachtungen diskutiert, wobei es jedoch Messungen gibt, die dagegensprechen. Es geht dabei um ein prinzipielles Problem, denn schon bei einer sehr kleinen Veränderung der Sommerfeld'schen Feinstrukturkonstante würde unsere Welt auseinanderfallen.

8.3   Der Quanten-Hall-Effekt an Korngrenzen

Korngrenzen beherrschen die mechanischen Eigenschaften der Metalle. Je kleiner die Körner in den Metallen sind, desto besser sind gewöhnlich die mechanischen Eigenschaften von Konstruktionsmaterialien. Diese Eigenschaften werden auch noch heute in der Texturforschung der Metallurgie intensiv untersucht [7].

In bestimmten Halbleitern können sich in Abhängigkeit von der Ladungskonzentration an den Versetzungen in Korngrenzen Ladungsschichten ausbilden. Diese Ladungsträgerschichten wurden zum ersten Mal zu Beginn der 1960er Jahre untersucht [8]. Dafür wurden Bikristalle mit genau definierten Wachstumsrichtungen und Neigungswinkeln gezüchtet und als Erstes der Feldeffekt beobachtet [9]. Mit den Untersuchungen des zweidimensionalen Elektronengases in den Inversionsschichten von MOSFETs wurden auch die Korngrenzen in Halbleitern als zweidimensionale Strukturen interessant [10].

Wie schon erläutert, begann in den 1980er Jahren der Bereich Tieftemperatur-Festkörperphysik der Humboldt-Universität mit Untersuchungen der elektronischen Struktur von Korngrenzen von InSb und später auch am $Hg_{(1-x)}Cd_xTe$. Gemessen wurden der Shubnikow-de-Haas-Effekt und der integrale Quanten-Hall-Effekt [11].

Im Unterschied zu den Grenzflächen in Si-MOSFETs und $Ga_{(1-x)}Al_xAs/$GaAs-Heterostrukturen ist der Potenzialverlauf in Korngrenzen symmetrisch. Durch die kleinen Energielücken und die kleinen effektiven Massen der Ladungsträger im InSb und im $Hg_{(1-x)}Cd_xTe$ sind auch die Zustandsdichten in den elektrischen Subbändern klein, die Beweglichkeiten jedoch groß, was die Beobachtung von Quanteneffekten begünstigt.

Es stellte sich bei den Messungen schnell heraus, dass bereits bei geringen Ladungsträgerdichten an den Korngrenzen bei tiefen Temperaturen mehrere elektrische Subbänder besetzt sind. Weitere Besonderheiten dieser Halbleiter sind die Nichtparabolizität des Leitungsbandes, die Zunahme der effektiven Massen der Elektronen mit zunehmender Energie und der mögliche Unterschied der effektiven Massen der Elektronen in den Inversionsschichten und im Volumen der Kristalle.

8.3.1   Züchtung von Bikristallen für den Quanten-Hall-Effekt

Um geeignete Korngrenzen für die Messungen zu präparieren, wurde die Züchtung von InSb Bikristallen mit der Präparation von Doppelkeimen begonnen [12]. Für die Doppelkeime wurde einkristallines InSb nach dem Zonenschmelzverfahren mit der Czochralski-Methode hergestellt. Da aber InSb ein polarer Halbleiter ist, sind entgegengesetzte $\langle 111\rangle$- oder $\langle 112\rangle$-Richtungen nicht äquivalent. Entsprechend unterscheidet man A-$\langle 111\rangle$- und B-$\langle 111\rangle$-Flächen, die durch Anätzen bestimmt werden können. Die Kristalle mit der Ziehrichtung [112] wurden funkenerosiv oder mit Diamantsägen orientiert geschnitten, wobei zwei $\langle 111\rangle$-Flächen, um den Winkel $\Theta/2$ um die [112]-Richtung gedreht, geschnitten wurden. Nach dem Zusammenkleben der geneigten Kristalle ergibt sich ein Keim für eine Neigungskorngrenze [112](110) mit der Ziehrichtung entlang der [112]-Achse (s. Abb. 8.5). Konvergieren dabei die [111]-Richtungen, ist das Ergebnis eine α-Korngrenze, divergieren sie, ist es eine β-Korngrenze.

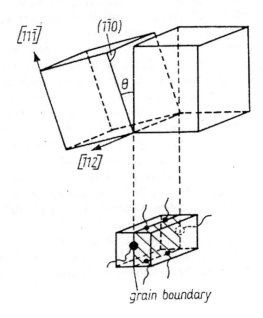

Abb. 8.5 Doppelkeimanordnung für die Züchtung einer InSb-Korngrenze mit dem Neigungswinkel θ um die [112]-Achse, darunter schematisch die kontaktierte Korngrenze

Die Züchtungsanlage für die Korngrenzen bestand aus einem wassergekühlten Rezipienten. Die Heizungsleistung erfolgte mit einem Graphitheizer über einem Thyristorverstärker, der mit einem PID geregelt wurde [12].

Die Keime für die Czochralski-Züchtung hatten die Abmessungen $3 \times 3 \times 25\,mm^3$. Für den Züchtungsvorgang wurde der Rezipient mit einem Gemisch aus Reinstwasserstoff und Reinststickstoff im Verhältnis 1:2 bis auf einem Druck von 0,75 bar gefüllt. Beim Aufschmelzen des Materials erhöht sich der Druck auf 1 bar. Der Keim wurde der Schmelzoberfläche auf 1 mm genähert. Das System wurde in 30 min stabilisiert, dann der Keim 2 mm in die Schmelze getaucht und mit 40 Umdrehungen pro Minute gedreht. Nach 5 min bildet sich ein fester Meniskus an der Grenzfläche fest/flüssig heraus. Der Ziehprozess beginnt bei 2 mm/h und wird über 10 min bis auf 20 mm/h erhöht. Nach Erreichen der Endgeschwindigkeit wird die Temperatur erniedrigt, wodurch der Kristall in die Breite wächst. Für die Herstellung der Korngrenzen wurde p-Typ-InSb gewählt. Schon die ersten Experimente zeigten, dass sich in der Korngrenze eine n-Inversionsschicht ausbildet. Für die Messung der Magnetotransporteigenschaften erwies sich ein Korngrenzenwinkel von 13 als günstig.

8.3.2 Die elektronische Struktur der Korngrenzen

In Korngrenzen ist das Gitter durch ein System von Versetzungen gestört, mit denen die Gitterebenen aufeinanderstoßen. Die Korngrenzen selbst umfassen Bereiche von wenigen Gitterabständen, in denen die Versetzungen in Abhängigkeit vom Neigungswinkel und der Drehachse durch ungesättigte Bindungen Ladungen tragen können. So haben in Korngrenzen vom p-InSb mit einem Neigungswinkel >0 um die $\langle 110 \rangle$-Achse offene Bindungen an den Sb-Atomen, die positiv geladen sind und als *dangling bonds* bezeichnet werden. Diese, an die Korngrenze gebundenen positiven Ladungen ziehen Elektronen aus dem Volumen des Kristalls an die Korngrenze, was zur Verbiegung von Leitungs- und Valenzband führt. Ist das elektrische Feld der Versetzungen so groß, dass das Leitungsband unter die Fermi-Energie gelangt, dann sammeln sich die Elektronen in diesem Topf, wie im MOSFET, und bilden eine Inversionsschicht. Auch die Akzeptoren, die bei der Bandverbiegung unter die Fermi-Energie gelangen, werden mit Elektronen gefüllt. Im Potenzialtopf ist die Energie in elektrische Energieniveaus gequantelt, die von Elektronen besetzt werden.

Abb. 8.6 zeigt ein schematisches Bild einer Korngrenze als symmetrischen Potenzialtopf. In der Symmetrieebene stehen die Pluszeichen für geladene offene Bindungen, den *danglig bonds*. Leitungsband (E_c) und Valenzband (E_v) sind zum Potenzialtopf gebogen. Das Leitungsband in der Korngrenze reicht unter die Fermi-Energie E_F und bildet im p-InSb eine Inversionsschicht mit Elektronen. Die Akzeptoren an der Valenzbandkante sind mit Elektronen gefüllt und erzeugen eine Verarmungsschicht.

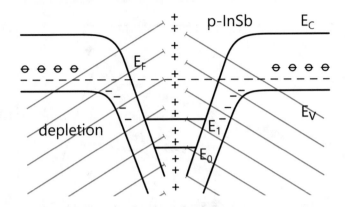

Abb. 8.6 Symmetrischer Potenzialtopf einer β-Korngrenze im p-InSb mit positiven Ladungen (+) in der Korngrenzenebene, bei der sich die dangling bonds an den Sb-Atomen befinden. E_0 und E_1 sind die elektrische Subbänder [9]

In geneigten Korngrenzen im Diamant- und Zinkblendegitter bilden sich 5-7- und 8-8-Versetzungsringe entlang der ⟨110⟩-Richtung. Im p-InSb mit der ⟨110⟩-Achse als Neigungsachse entstehen auch Korngrenzen neben den 5-7-, 8-8- auch 5-7-8-8-Versetzungen. Wichtig sind die 8-8-Ringe, denn nur diese tragen eine Ladung.

Für Untersuchungen der Inversionsschichten in p-InSb-Korngrenzen wurden vorzugsweise Bikristalle mit einem Neigungswinkel von 13 um die Neigungs-achse [211] gezüchtet. Die Korngrenzen sind β-Korngrenzen, an denen sich Antimonatome mit positiver Ladung befinden. Pro Gitterabstand sind dann 0,82 bis 2,45 Elektronen in der Inversionsschicht.

8.3.3   Der integrale Quanten-Hall-Effekt in Korngrenzen

Leitfähigkeitsmessungen senkrecht zur Korngrenze bei 150 K ergaben eine Tiefe des Potenzialtopfes von ≈200 meV [13]. Dieser Wert ist von der gleichen Größenord-nung wie die Energielücke des InSb, die bei 77 K mit 230 meV gemessen wurde, was erwarten lässt, dass bei tiefen Temperaturen Inversion der Ladungsträger auf-tritt. Hall-Messungen zwischen 77 und 4,2 K ergaben eine Änderung des Ladungs-typs vom p- zum n-Typ. Unter 9 K frieren die Ladungsträger im Kristallvolumen aus und der Strom wird von der Inversionsschicht in der Korngrenze getragen. Die Messungen bei tiefen Temperaturen ergaben eine Flächenladungsdichte von ns = 1,6 10^{12} cm^{-2} und eine Hall-Beweglichkeit von μ = 1,1 10^4 cm^2/Vs.

Abb. 8.7 zeigt den integralen Quanten-Hall-Effekt an einer n-Inversionsschicht einer p-InSb-Korngrenze. In der Inversionsschicht sind zwei Subbänder besetzt. Das zeigen die beiden Oszillationsgruppen des Shubnikow-de-Haas-Effektes in der oberen Messkurve. Die ersten beiden Hall-Plateaus des untersten, am stärksten besetzten Subbandes j = 0 liegen in Magnetfeldern über 14 T. Sie konnten im vor-liegenden Experiment nicht beobachtet werden.

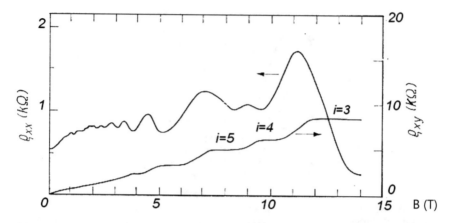

Abb. 8.7 Messkurven des Integralen Quanten-Hall-Effekts und des Shubnikow-de-Haas-Effekts bei 1,85 K für eine p-InSb-Korngrenze mit einem Neigungswinkel von 13 um die [211]-Achse [14]. Für diese Messungen wurde die Ladungsträgerkonzentration mit hydrostatischem Druck eingestellt

In der unteren Kurve treten die Plateaus 3 bis 7 im untersten Subbandes $j=0$ mit $\rho_{xy}=e2/3h$ bis e2/7h auf. Die Flächenladungsträgerkonzentration der Inversionsschicht wurde mit dem Shubnikow-de-Haas-Effekt aus den Oszillations-perioden $\Delta 1(1/B)$ und $\Delta 2(1/B)$ mit $n_S=e/\pi\ \hbar\ \Delta(1/B)$ zu $n_S=0,81\ 10^{11}\ cm^{-2}$ bestimmt.

Bei der Untersuchung der elektronischen Eigenschaften zweidimensionaler Elektronengase in MOSFETs und Heterostrukturen können die Flächen-ladungsdichte und damit die Subbandbesetzung und die Subbandenergien in den Inversionsschichten durch die Gate-Spannung gesteuert werden, wodurch die Quanteneffekte und die Struktur der Subbänder und der Laundau-Niveaus leicht zugänglich sind. Für die Inversionsschichten in den Korngrenzen besteht diese Möglichkeit nicht. In diesen Fällen kann aber hydrostatischer Druck sehr vorteil-haft als variabler, äußerer Parameter zur Steuerung der Ladungsträgerkonzentration dienen. Nachdem die Flächenladungsdichte der Inversionsschicht bei der Her-stellung der Korngrenzen festgelegt wurde, konnte sie mit der von Winfried Kraak im Forschungsbereich entwickelten Drucktechnik gesteuert werden. Diese Hoch-drucktechnik war in langjährigen Experimenten erprobt worden und hatte sich als geeigneter Parameter für die Einstellung der Ladungsträgerkonzentration in den Korngrenzen erwiesen. Ähnliche Untersuchungen wurden an Heterostrukturen von $Ga_{(1-x)}Al_xAs/GaAs$ [15] und an Korngrenzen von HgCdMnTe [16] durchgeführt.

Wie schon festgestellt, entsprachen bei 77 K die galvanomagnetischen Eigen-schaften der Korngrenzen denen des Volumenmaterials. Bei den Messungen ergab sich als Leitungstyp p- Leitung. Aus Messungen der Ladungsträgerkonzentration im Volumen bei 77 K folgte $N_A - N_D=5,8\ 10^{15}\ cm^{-3}$ und für die Beweglich-keit $\mu_{77K}=4,6\ 10^3\ cm^2/Vs$. Bei Temperaturen <8 bis 9 K wurden die Inversions-schichten n-leitend. Unter hydrostatischem Druck bis 6 10^2 MPa (= 6 kbar) nahmen der Schichtwiderstand R_{xx} und der Hall-Widerstand R_H (Synonym von ρ_{xy}) der Inversionsschicht schnell zu. Wobei aber die Hall-Konstante bei hohem Druck kurz unter $6 \cdot 10^2$ MPa sprunghaft wieder abnahm, was auf eine Verringerung der Elektronenbesetzung der Inversionsschicht mit dem Druck hinweist.

Die Beweglichkeit der Ladungsträger steigt mit Zunahme der Ladungsträgerkonzentration $\mu \sim n_s^2$. Das ist auch bei Drücken $>5 \cdot 10^2$ kPa der Fall. Darunter werden mehrere Subbänder besetzt, sodass die Beweglichkeit durch Intersubbandstreuung dominiert wird und die Beweglichkeit geringer ist.

Die Shubnikow-de-Haas-Oszillationen bei Normaldruck ergaben zwei Oszillationsperioden und damit 2 besetzte Subbänder. Mit der Modulation des Magnetfeldes und Messung der ersten Ableitung wurden im Druckbereich von 0,1 10^2 MPa bis $5,5 \cdot 10^2$ MPa vier besetzte Subbänder (j = 0, 1, 2, 3) gefunden.

Die Ladungsträgerkonzentration n_{si}, die Lage des Subbandes zur Fermi-Energie E_F-E_i und die effektiven Massen m_{ci}* sind in der folgenden Tab. 8.1 dargestellt.

Mit Shubnikow-de-Haas-Oszillationen wurden im modulierten Magnetfeld für 0,1 10^2 MPa, bei $3,5 \cdot 10^2$ MPa und bei $5 \cdot 10^2$ MPa drei Oszillationsperioden in der Korngrenze für die Subbänder i = 0, 1, und 2 gemessen [18].

Die Untersuchungen des Quanten-Hall-Effekts an den InSb-Korngrenzen unter hydrostatischen Druck, d. h. mit geringerer Ladungsträgerkonzentration und weniger Subbänder, zeigen, dass die Hall-Plateaus ein Ergebnis der Quantisierung entsprechend der Abhängigkeit $\rho_{xy} = h/je^2$ sind.

Die Druckabhängigkeit der Subbandbesetzung und der Subbandenergie hat zur Folge, dass 4 Subbänder, die bei Normaldruck besetzt sind, durch Druckerhöhung bis auf ein Band entleert werden können. Das oberste Band (i = 3) liefert nur bei Normaldruck einen Beitrag. Die beiden darunter liegenden Bänder (i = 2 und 1) verschwinden bei Drücken zwischen $4 \cdot 10^2$ und $5 \cdot 10^2$ MPa. Das Gleiche gilt für die Subbandenergie, die als Differenz zur Fermi-Energie bestimmt wurde. Für Druckabhängigkeit der Subbandbesetzung und der Subbandenergie sind in Abb. 8.8 die Messpunkte aufgetragen. Im Druckbereich über $5 \cdot 10^2$ MPa ist nur noch das unterste Band (i = 0) besetzt.

Diese Experimente zeigen den hydrostatischen Druck als einen gutgeeigneten Parameter zur Änderung der Ladungsträgerdichte in Inversionsschichten.

Tab. 8.1 In der Korngrenze werden drei Oszillationsperioden beobachtet, die zu den Subbändern i = 0, 1, und 2 gehören. Die experimentellen Werte der Ladungsträgerkonzentrationen, der Energie der Subbänder und der effektiven Massen stehen neben den theoretischen Werten und zeigen gute Übereinstimmung [17]

Subband index i	N_{si} (10^{11} cm^{-2})			$E_F - E_i$ (meV)			m^*_{ci}/m_0		
	Exp.	Theory		Exp.	Theory		Exp.	Theory	
		[12]	[24]		[12]	[24]		[12]	[24]
0	10,7 ± 0,2	9,6	8,8	123 ± 6	112	99,1	0,026	0,027	0,027
1	3,5 ± 0,2	4,7	4,2	50 ± 3	63	51,5	0,016	0,021	0,023
2	1,8 ± 0,2	1,6	2,1	26 ± 3	25	28,1	–	0,017	0,020
3	0,4 ± 0,2	–	0,74	6,7 ± 2	–	10,2	–	–	10,18

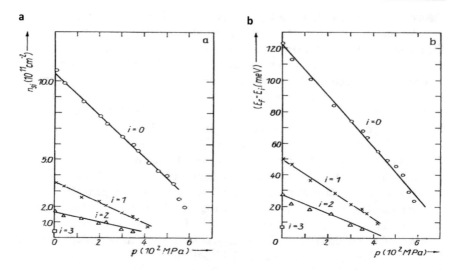

Abb. 8.8 a Ladungsträgerkonzentration in Abhängigkeit vom hydrostatischen Druck auf den Subbänder i = 0, 1, 2, 3 einer n-Inversionsschicht einer p-InSb-Korngrenze. **b** Die Subbandenergie als die Differenz zur Fermi-Energie [19]

Für Druck über 4,8 10² MPa bis 5,9 10² MPa ergeben sich mit einem Schichtstrom von $I_x = 0{,}50$ μA, bei T = 1,47 K Plateaus, die mit dem Widerstandswert des Quanten-Hall-Effekts $\rho_{xy} = 25{,}81288$ kΩ übereinstimmen.

Für das erste Hall-Plateau (j = 1) im untersten Subband (i = 0) wurde eine erstaunliche Abhängigkeit vom Schichtstrom I_x beobachtet. Im mittleren Strombereich zwischen 5 und 15 μA werden sehr genaue Werte des Hall-Widerstandes von $\rho_{xy} = 25{,}81288$ Ω mit $\Delta\rho_{xy} < 0{,}5$ ‰ gemessen [20]. Die Übereinstimmung mit dem genauen Wert h/e^2 ist nur durch die Messempfindlichkeit der Anlage begrenzt.

8.3.4 Instabilitäten des Quanten-Hall-Effekt

Der Einfluss der Stromstärke auf die Ausbildung des Hall-Plateaus zeigt, dass optimale Bedingungen für die Ausbildung der Hall-Plateaus existieren sollten. Bei einem Strom von 18 μA bildet sich das Plateau nicht vollständig aus und zeigt in der Mitte einen ernsthaften Widerstandsrückgang. Ein ähnliches Verhalten zeigt auch das Plateau mit einem Strom von 20 μA [20].

Eine gründliche Untersuchung der Abhängigkeit der Plateaubildung vom Strom ist in Abb. 8.9 aufgezeichnet. Bei der Erhöhung des Stromes von 0,5 μA bildet sich bis zu einem Strom von 15 μA das Plateau mit hoher Genauigkeit aus. Bei einem Strom von 18 μA bricht das Plateau plötzlich zusammen. Der Hall-Widerstand springt von h/e^2 auf den Wert des zweiten Plateau $h/2e^2$. Der Einbruch verbreitert

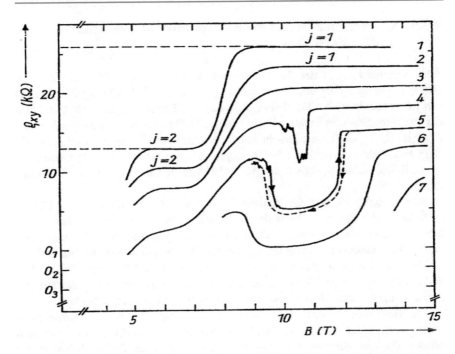

Abb. 8.9 Der Zusammenbruch des ersten Quanten-Hall-Effekt-Plateaus ($j = 1$). Die Messung erfolgte bei einem Druck von $5{,}8 \cdot 10^2$ MPa und einer Temperatur von 1,46 K mit dem Strom I_x als Parameter.Der Strom beträgt für die Kutven: (1) (2) (3) (4) (5) (6) (7) ... (1) $j = 0{,}5$ µA, (2) 5 µA, (3) 15 µA, (4) (5) 20 µA, (6) 25 µA, (7) 50 µA. Zur Übersichtlichkeit sind die Kurven (2) bis (7) um 2,5 kΩ nach unten verschoben

sich mit Erhöhung des Stromes, so dass das Plateau bei 50 µA fast völlig verschwunden ist. Wird die Magnetfeldrichtung umgekehrt, entsteht eine Hysterese.

Der Einbruch des Hall-Plateaus erfolgt in der Situation, in der die Fermi-Energie zwischen den Laundau-Niveaus 0^+ und 0^- liegt. Bei 15 µA beträgt der Widerstandswert $\rho_{xy} = h/e^2$. Das ist der Wert des ersten Plateaus mit dem Hall-Widerstand von 25,81288 kΩ. Bei einem gering größeren Strom von 18 µA springt er auf $h/2e^2$, den Wert des zweiten Plateaus.

Interbandstreuung durch die hohe Stromdichte zwischen den Stromkanälen bedingt durch das angrenzendeKristallvolumen könnte ein Grund hierfür sein.

Die umfangreichen Untersuchungen des Quanten-Hall-Effektes in den Inversions-schichten von InSb-Korngrenzen zeigen die Universalität der zweidimensionalen Eigenschaften unabhängig vom konkreten Material und dem experimentellen Herangehen. Der Zusammenbruch des untersten Hall-Plateau mit dem Widerstandswert $\rho_{xy} = h/e^2$ auf das nächste Niveau mit dem halben Widerstand $h/2e^2$ erscheint als direkte Konsequenz des nichtohmschen Verhaltens des longitudinalen Widerstands des zweidimensionalen Elektronengases im Quanten-Hall-Regime.

8.3.5   Quanten-Hall-Effekt in Korngrenzen von Quecksilber-Cadmium-Tellurid

Auch Untersuchungen der Shubnikow-de-Haas-Oszillationen und des Quanten-Hall-Effektes an Korngrenzen von p-Hg$_{(1-x)}$Cd$_x$Te (x = 0,2–0,3) ergaben, dass in den Korngrenzen dieses Halbleiters Inversion der Ladungsträger auftritt und sich ein zweidimensionales Elektronengas bildet [21]. Wie im InSb sind unter Normaldruck im Hg$_{(1-x)}$Cd$_x$Te mehrere Subbänder besetzt. Der Shubnikow-de-Haas-Effekt zeigt im Längswiderstand ρ_{xx} die Überlagerung mehrerer Oszillationsperioden und der Hall-Widerstand ρ_{xy} ergibt im Magnetfeldbereich von B > 10 bis 15 T Plateaus (s. Abb. 8.10).

Bei Normaldruck sind die Plateaus j = 6, 7 und 9 gut aufgelöst. Das Plateau j = 8 ist nicht vorhanden. Auch der longitudinale Widerstand bleibt endlich und erreicht Werte >100 Ω, wie es schon an der Korngrenzen von InSb beobachtet wurde. Die anomalen Eigenschaften des Hall-Widerstands und der Shubnikow-de-Haas-Oszillationen sind auf die Existent von mehreren besetzten Subbändern zurückzuführen. Diese Eigenschaften sind typisch für zweidimensionale Strukturen in schmalbandigen Halbleitern mit nichtparabolischen Energiebändern.

Die Besetzung höherer Subbänder ist vorrangig von der Gesamtladungsträgerkonzentration abhängig. Durch die Auswertung der Quantenoszillationen können die charakteristischen Parameter der elektrischen Subbandstruktur wie

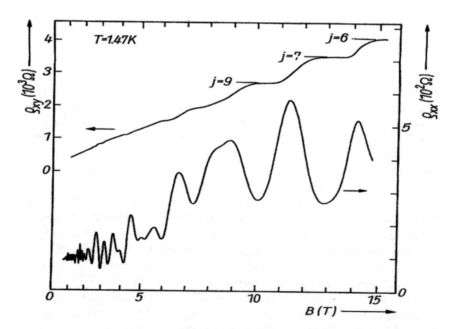

Abb. 8.10 Diagonaler Magnetowiderstand und Hall-Widerstand einer p-Hg$_{(1-x)}$Cd$_x$Te-Korngrenze in Abhängigkeit vom Magnetfeld bei 1,47 K. In Magnetfeldern >10 T sind Hall-Plateaus zu beobachten

Ladungsträgerkonzentration n_s, Subbandenergie $E_F - E_S$ und die effektiven Elektronenmassen m_c ermittelt werden. Die effektiven Massen unterscheiden sich deutlich von den Bandkantenmassen des Volumenmaterials. Für das erste Subband ist $m_{c1} = 0{,}037\ m_0$, für das zweite $m_{c2} = 0{,}023$ und das dritte Subband $m_{c3} = 0{,}017\ m_0$.

Die Werte nehmen mit abnehmender Ladungskonzentration ab und konvergieren zu den Volumendaten bei niedrigen Ladungsträgerdichten. Dieses Verhalten stimmt mit den Vorhersagen eines einfachen theoretischen Modells unter Verwendung einer Dreieckspotenzialnäherung und einer ausgeprägten Nichtparabolizität des Leitungsbandes gut überein. In hohen Magnetfelder ($B > 10$ T) werden Bedingungen realisiert, bei denen der Hall-Widerstand ganzzahligen Vielfachen von h/e^2 entspricht.

Die Ladungsträgerkonzentration in den Korngrenzen von $Hg_{(1-x)}Cd_xTe$ hängt von der Cd-Konzentration ab und beträgt für $x = 0{,}2$, $n_s = 1{,}4\ 10^{11}$ cm^{-2} und für $x = 0{,}23$, $n_s = 2\ 10^{12}$ cm^{-2}. Die oberen Subbänder verschwinden für $Hg_{(1-x)}Cd_xTe$ erst bei 10 MPa, sodass nur noch das unterste Subband mit Ladungsträgern besetzt ist und die Hall-Plateaus mit $\rho_{xy} = h/ie^2$ in reiner Form auftreten.

8.4   Nernst-Effekt an Korngrenzen

Neben dem Quanten-Hall-Effekt konnte auch gezeigt werden, dass der Nernst-Effekt eine wichtige Methode zur Untersuchung des zweidimensionalen Elektronengases in Inversionsschichten und speziell in Korngrenzen ist [22]. InSb-Korngrenzen zeigen sowohl den Nernst-Effekt als auch den Ettingshausen-Effekt. H. Obloch et al. hatten 1984 den Nernst-Efeffekt am zweidimensuinalen Elektronengas an $GaAs\text{-}Al_x/Ga_{(1-x)}As$-Inversionsschichten gemessen [23].

Bei unseren Messungen wurden die transversalen S_{xy} und longitudinalen Thermokräfte S_{xx} an einer n-Inversionsschicht in einer p-InSb-(111)[112]-Korngrenze mit einer Ladungsträgerkonzentration von $p = 5\ 10^{15}$ cm^{-3} und einem Neigungswinkel von 13 untersucht. Die Ladungsträgerkonzentration und die Hall-Beweglichkeit der Elektronen in der Inversionsschicht waren $n_s = 1{,}6\ 10^{12}$ cm^{-2} und $\mu_H = 1{,}1\ 10^4$ cm^2/Vs. Das zweidimensionale Elektronengas wurde mit vier Kontakten für die Potenzialmessungen versehen. Der Temperaturgradient betrug längs der Korngrenze zwischen $\nabla T = 4$ K/cm und 8 K/cm.

Die Spannung U_{xx} ist der Ettingshausen-Effekt, die Spannung U_{xy} quer zur Inversionsschicht der Nernst-Effekt. Die Thermokräfte S_{xx}, S_{xy} wurden in Abhängigkeit vom Magnetfeld bis zu 15 T gemessen (s. Abb. 8.11).

Die longitudinale Thermokraft oszilliert mit der Periode $\Delta(1/B) = 0{,}05$ T^{-1}. Das ergibt eine Ladungsträgerkonzentration von $n_s = 1{,}02\ 10^{12}$ cm^{-2} für das unterste Subband.

Der absolute Wert von S_{xx} ist kleiner als der theoretisch erwartete Wert. Auch sagt die Theorie, dass der Wert von S_{xx} für ein ideales zweidimensionales Elektronengas stets negativ oder null ist. S_{xx} verschwindet nicht zwischen den

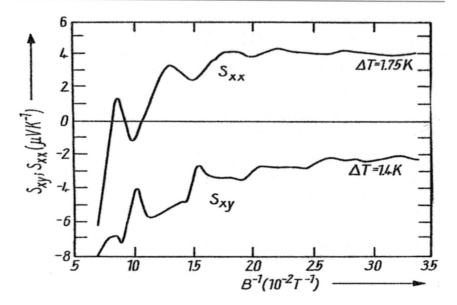

Abb. 8.11 Thermokraft S_{xx} längs und transversal S_{xy} zum Temperaturgradient in Abhängigkeit vom reziproken Magnetfeld 1/B, oben für S_{xx} mit $\Delta T = 1{,}75$ K, unten für S_{xy} mit $\Delta T = 1{,}4$ K

Minima. Das könnte auf einen Einfluss des die Korngrenze umgebenden Volumen-materials zurückzuführen sein, denn der Temperaturgradient wirkt auch auf das Volumenmaterial. Außerdem sind im zweidimensionalen Elektronengas in der Korngrenze vom InSb mehrere Subbänder besetzt. Beim Nernst-Effekt S_{xy} macht sich auch der Einfluss des Volumenmaterials bemerkbar.

Wesentlich bei diesen Experimenten war, dass dieser Effekt außerordentlich empfindlich auf das Verhalten des zweidimensionalen Elektronengases reagiert. Deshalb wird heute oft anstelle des Shubnikow-de-Haas-Effektes der Nernst-Effekt gemessen.

Literatur

1. von Klitzing, K.: Les Prix Nobel en 1985; von Klitzing, K., Dorda, G., Pepper, M.: New Method for High-Accuracy Determination of the Fine-Structure Constant Based on Quanti-zed Hall Resistance, Phys. Rev. Lett. 45, 494 (1980)
2. Kraak W. (2005). Quanten-Hall-Effekt. In von Ardenne, M., Musiol, G., Klemradt, U.: Effekte der Physik und ihre Anwendungen, 472–477, Verlag Harri Deutsch
3. Baraff, G. A., Tsui, D. C.: Explanation of quantized-Hall-resistance plateaus in heterojunc-tion inversion layers, Phys. Rev. B 24, 2274(R), (1981), Ando, T., Fowler, A. B., Stern, B.: Electronic properties of two-dimensional systems, Rev. Mod Phys. 54, 437 (1982)
4. Edelman, V. S.: Am absoluten Nullpunkt (russ.), Phys.Mat, Moskau (2001), 104
5. Czycholl, G.: Theoretische Festkörperphysik, Springer-Verlag, Berlin (2004). Halperin, B. I., Theory of the quantized Hall conductance, Helvetia Physica Acta 56, 75–102 (1983)
6. Kaganov, M. I.: Elektronen, Phononen, Magnonen, (russ.) (Moskwa "Nauka" 1979)

7. Matthies, S., Vinel, G.W., Helming, K.: Standard Distributions in Texture Analysis,Vol I–III, Akademie-Verlag, Berlin (1987–1990)
8. Mataré, H.F.: Defect Electronics in Semiconductors Wiley-Interscience, New York (1971)
9. Mataré, H.F., Cronemayer, D.C., Beaubien, M.W.: Germanium bicrystal photoresponse—I, Solid-State Electronics 7, 583–588 (1964)
10. Landwehr, G.: Zur Deutung der elektrischen Leitfähigkeit von Korngrenzen in Germanium-Bikristallen, phys. stat. sol. (b) 3, 440–446 (1963)
11. Herrmann, R.: Festkörperprobleme XXV, 437 (1986)
12. Schurig, Th.:Dissertation B, Humboldt-Universität 1989
13. Herrmann, R., Kraak, W., Nachtwei, G.: Electrical Properties of Grain Boundaries in InSb Bicrystals, phys. stat. sol. (b) 128, 337–344 (1985)
14. Herrmann, R., Kraak, W., Nachtwei, G., Schurig, Th.: Quantum properties of the two-dimensional electron gas in the n-inversion layers of InSb grain boundaries under high hydrostatic pressure, phys. stat. sol. (b) 135, 423–435 (1986)
15. Lefebvre, P., Gil, B., Mathieu, H.: Effect of hydrostatic pressure on GaAs-Ga1 − xAlxAs microstructures, Phys. Rev. B 35, 5630 (1987)
16. Grabecki, G. et al.: Quantum transport studies of grain boundaries in p-Hg$_{1-x}$Mn$_x$Te Appl. Phys. Lett. 45, 1214 (1984)
17. Herrmann, R., Kraak, W., Glinski, M.: Quantized Hall Effect in the n-Inversion Layer in InSb Grain Boundaries, phys. stat. sol. (b) 125, K85–K88 (1984)
18. Herrmann, R. Kraak, W. Glinski, M.: phys. stat. sol. (b) 125, K85–K88 (1984); Herrmann, R., Kraak, W., Handschack, S., Schurig, Th., Kusnick, D., Schnackenburg, B.: Magnetotransport Properties and Subband Structure of the Two-Dimensional Electron Gas in the Inversion Layer of InSb Bicrystals under Hydrostatic Pressure, phys. stat. sol. 145, 157–166 (1988)
19. Kraak, W., Nachtwei, G., Herrmann, R.: Quantum hall effect in the inversion layer of p-type InSb bicrystals under high hydrostatic pressure, phys. stat. sol. (b) 133, 403–408 (1986)
20. Kraak, W., Nachtwei, G., Herrmann, R., Glinski, M.: Properties of the Quantum Hall Effect of the Two-Dimensional Electron Gas in the n-Inversion Layer of InSb Grain Boundaries under High Hydrostatic Pressure, phys. stat. sol. (b) 148, 567–578 (1988)
21. Kraak, W., Kaldasch, J., Gille, P., Schurig, Th., Herrmann, R.: Magnetotransport Properties and Subband Structure of the Two-Dimensional Electron Gas in the Inversion Layer of Hg1 − xCdxTe Bicrystals, phys. stat. sol. (b) 161, 613–627 (1990)
22. Herrmann, R., Preppernau, U., Glinski, M.: phys. stat. sol. (b) 133, K57 (1986)
23. Obloch, H., von Klitzing, K., Ploog, K.: Thermopower measurements on the two-dimensional electron gas of GaAs-AlxGa1 − xAs heterostructures, Surface Science 142, 236–240 (1984)
24. Gosch, G. Paasch, G. Übersee, H.: phys. stat. sol. 145, 157–166 (1986)

Supraleitung

9

*Der Forschungsbereich Tieftemperatur-Festkörperphysik befasste sich nach der Ent-
deckung der Hochtemperatursupraleitung einige Zeit mit dieser Supraleitung von
Keramiken. Bis zu dieser Zeit hatten wir erste Erfahrungen mit der Supraleitung
während der Arbeiten zur Leitfähigkeit von Telluroberflächen und der Erklärung
der magnetischen Oberflächenzustände von Tellur als Oberflächensupraleitung
gewonnen.*

*Auch bei den Messungen der Topologie der Fermi-Fläche vom Niobium gab
es eine ganze Reihe weiterer Berührungspunkte und wie im vorigen Abschnitt
gesehen, ist der Strom in den Randkanälen beim Quanten-Hall-Effekt eine ähnliche
Erscheinung. Es erscheint deshalb sinnvoll, an dieser Stelle einige grundlegende
Eigenschaften der Supraleitung kurz zusammen zu stellen. Denn ohne Kenntnisse
der Supraleitung, die heute auch für die Technologie immer wichtiger wird, kann
man unabhängig davon, mit welchem Problem der Tieftemperaturforschung man
sich befasst, nicht in das Gebiet der Kälte eindringen.*

9.1 Grundlegende Eigenschaften der Supraleitung

Die Supraleitung als grundlegendes Phänomen der Tieftemperaturphysik war ein
wesentlicher Teil der Ausbildung unserer Studenten in den Seminaren und in unseren
Spezialvorlesungen.

Die Supraleitung, die Leitung des elektrischen Stromes ohne Widerstand verbunden mit einem idealen Diamagnetismus, ist seit der zweiten Hälfte des vorigen
Jahrhunderts ein Gebiet der Tieftemperaturphysik, das mit völlig neuen Lösungen, wie den supraleitenden Magnetspulen, supraleitenden Kabeln, supraleitenden
Motoren und Generatoren, Kernspintomographen und Teilchenbeschleunigern
sowie supraleitenden Strahlungs- und Teilchendetektoren und der Vielfalt der
Anwendungen der Josephson-Effekte, wie das Spannungsstandard, die supraleitende

© Springer-Verlag GmbH Deutschland, ein Teil von Springer Nature 2019
R. Herrmann, *Die Tieftemperaturphysik an der Humboldt-Universität im 20.
Jahrhundert,* https://doi.org/10.1007/978-3-662-59575-6_9

Elektronik, SQUID-Magnetometer und Quantenbits, eine Fülle moderner Technologien hervorgebracht hat.

Wie schon in Abschn. 1.1 ausführlich beschrieben, wurde die Supraleitung als erstes makroskopisches Quantenphänomen 1911 von Heike Kamerlingh Onnes bei der Restwiderstandsmessung von Quecksilber bei der Abkühlung auf die Temperatur des flüssigen Heliums entdeckt. Und wie in Abschn. 1.2 dargelegt, fanden Walther Meißner und Rudolf Ochsenfeld 1925 an der Physikalisch-Technischen-Reichsanstalt die zweite grundlegende Eigenschaft der Supraleitung, den idealen Diamagnetismus, ohne den Supraleitung nicht wirklich existiert. Dieser ideale Diamagnetismus besagt aber auch, dass das Ladungsträgersystem in einem Supraleiter ein makroskopischer, kohärenter Quantenzustand ist.

An der Berliner Universität wurde – initiiert durch Max von Laue – vor und auch nach dem Zweiten Weltkrieg an der Theorie „Supraleitung" gearbeitet. An der Physikalisch-Technischen Reichsanstalt waren es Meißner und Ochsenfeld, die den tieferen Gehalt dieses Phänomens mit der Entdeckung des idealen Diamagnetismus der Supraleiter erschlossen. Experimentell wurde die Supraleitung in der zweiten Hälfte des 20. Jahrhunderts an der Humboldt-Universität und an der Physikalisch-Technischen Bundesanstalt intensiv für die Forschung genutzt: An der Universität mit dem Bau supraleitender Magnete, an der Physikalisch-Technischen Bundesanstalt durch die Entwicklung unterschiedlichster SQUID-Technologien. Diese Technologie hat eine traditionelle Bedeutung an den metrologischen Staatsinstituten, da sie eine hochempfindliche Messtechnik aller in magnetischen Fluss umwandelbarer Größen erlaubt, wie z. B. im Strahlungsempfang, oder die Messung kleinster Ströme in der Medizintechnik.

Die Begeisterung für die 1986 von Georg Bednorz und Alexander Müller entdeckten Hochtemperatursupraleitung hat auch die Tieftemperaturphysiker der Berliner Universität für einige Zeit erfasst. Für die Universität war das jedoch ein sehr ungünstiger Zeitpunkt. Die Akademie der Wissenschaften der DDR nutzte ihre Machtstellung in der Forschung und übernahm das Laboratorium des Forschungsbereichs, in dem die Hochtemperatursupraleitung bearbeitet wurde. Da auch die zum Labor gehörigen Wissenschaftler nicht mehr zum Bereich gehörten, musste die Universität diese Arbeiten abbrechen, obwohl sie mit der Einladung von Nobelpreisträger Alexander Müller und einem Teil der europäischen Hochtemperatursupraleitungs-Community zu einer Konferenz eingeladen hatte.

Supraleitung liegt nur vor, wenn, wie eben festgestellt, die zwei Bedingungen, das Verschwinden des elektrischen Widerstandes und idealer Diamagnetismus, erfüllt sind. Beide Eigenschaften sind temperaturabhängig. Der elektrische Widerstand verschwindet unterhalb einer kritischen Sprungtemperatur T_c und das Material ist unterhalb eines kritischen Magnetfeldes B_c ein idealer Diamagnet.

Das Verschwinden des elektrischen Widerstandes lässt sich eindrucksvoll mit einem Ring aus supraleitendem Material, der in einem äußeren Magnetfeld B unter die Sprungtemperatur abgekühlt wird, demonstrieren. Beim Abschalten des Feldes bleibt der Fluss $\Phi = AB$ in der Ringfläche A erhalten, weil das Magnetfeld aufgrund des Diamagnetismus beim Eintritt in die Supraleitung aus dem supraleitendem Material des Ringes herausgedrängt wurde, aber beim Ausschalten des

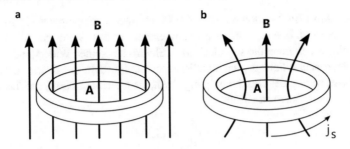

Abb. 9.1 a Supraleitender Ring in einem äußeren Magnetfeld (bei $T > T_c$), das kleiner als das kritische Magnetfeld ist, $B < B_c$. **b** Beim Abkühlen unter die kritische Temperatur T_c wird wegen des Verschwindens des Widerstandes im Ring ein Dauerstrom js induziert, der auch beim Anschalten des äußeren Feldes das Magnetfeld im Ring erhält

äußeren Magnetfeldes im supraleitenden Ring gefangen bleibt, da es den diamagnetischen Ring nicht durchdringen kann.

Wenn senkrecht zur Querschnittsfläche A eines supraleitenden Ringes im normalleitenden Zustand ($T > T_c$) ein Magnetfeld angelegt wird, das kleiner als das kritische Magnetfeld B_c des Supraleiters ($B < B_c$) ist, entsteht durch die Änderung des Magnetfeldes im Ring ein Strom, der aber wegen des elektrischen Widerstandes R im normalleitenden Zustand exponentiell abklingt:

$$\frac{d\Phi}{dt} = L\frac{dI}{dt} = RI. \tag{9.1}$$

Wird der Ring auf Temperaturen unter der kritischen Temperatur ($T < T_c$) abgekühlt, geht das Ringmaterial in den diamagnetischen Zustand über und verdrängt das Magnetfeld aus seinem Inneren. Die Verdrängung des Magnetfeldes erzeugt in der Ringoberfläche einen Induktionsstrom j_s, der wegen des Verschwindens des Widerstandes $R = 0$ nicht mehr abklingt, denn nach Gl. (9.1) ist keine Änderung des magnetischen Flusses mehr möglich. So wird das Magnetfeld in der Ringfläche durch den Strom aufrecht gehalten und der Diamagnetismus des Ringes verhindert, dass das Feld entweicht. Der Fluss ist eingefroren und erzeugt einen Dauerstrom (s. Abb. 9.1). Derartige Dauerströme wurden an supraleitenden Ringen über Jahre gemessen, ohne dass Verluste auftraten.

Nach längeren intensivem Bemühen um eine Erklärung dieses erstaunlichen Phänomens gab es für die Supraleitung zwei erste Theorien, mit denen ein Formalismus für die Beschreibung dieses Phänomens geschaffen wurde. Das waren die London-Theorie und die Ginsburg-Landau-Theorie. Es dauerte aber noch viele Jahre, bis mit der Barden-Cooper-Schrieffer-Theorie (BCS-Theorie) ein mikroskopisches Bild entstanden war, das die Supraleitung quantenmechanisch begründete.

Die erste phänomenologische Theorie, die London-Theorie, entstand 24 Jahre nach der Entdeckung der Supraleitung durch die Brüder Fritz und Heinz London, nach ihrer Flucht aus Deutschland.

Dabei nahm Fritz London an, dass die Elektronen im Supraleiter ein Bose-Einstein-Kondensat d. h. einen einzigen Diamagneten, bilden. Wenn der supraleitende Zustand eintritt, erleiden die supraleitenden Elektronen keinen Widerstand und werden im elektrischen Feld E gleichmäßig beschleunigt, d. h. die Kraft, ausgedrückt durch Masse m mal der Beschleunigung dv/dt, ist gleich der Kraft, die das elektrische Feld auf ein Elektron ausübt:

$$m\frac{dv}{dt} = eE.$$ (9.2)

Mit der Elektronendichte n_s folgt als Dichte des Supraleitungsstromes

$$j_s = n_s e v_s.$$ (9.3)

Die Geschwindigkeit der supraleitenden Elektronen v_s ergibt mit der Ausgangsgleichung die erste London-Gleichung, die den widerstandslosen Zustand der Elektronen beschreibt, zu

$$\frac{dj_s}{dt} = \left(\frac{n_s e^2}{m}\right) E \quad (1.\ \text{London–Gleichung}).$$ (9.4)

Der Meißner-Ochsenfeld-Effekt bewirkt (wie oben am supraleitenden Ring erläutert wurde), dass beim Übergang in den supraleitenden Zustand das Magnetfeld aus einem Supraleiter herausgedrängt wird und der Supraleiter von einem geschlossenen Suprastrom j_s abgeschirmt wird. Die mathematische Beschreibung dieses Effektes erhielten die London-Brüder durch Anwendung der Maxwell-Gleichung dB/dt = −rotE auf die 1. London-Gleichung über $(n_s e^2/m)$ rotE = dj_s/dt zu

$$\text{rot}\, j_s = -\left(n_s \frac{e^2}{m}\right) B \quad (2.\ \text{London–Gleichung}),$$ (9.5)

wobei rotj_s der Abschirmstrom ist und B das verdrängte Magnetfeld. Durch weitere Anwendung der Max-Wellgleichungen ergibt sich die Differenzialgleichung für das Magnetfeld

$$\Delta^2 B = \frac{1}{\lambda_L} B,$$ (9.6)

mit $\lambda_L = (m/\mu_0\, n_s\, e^2)^{1/2}$ als Endringtiefe des Magnetfeldes in den Supraleiter. Diese London'sche Endringtiefe erfasst nur eine dünne Oberflächenschicht, die für die meisten Supraleiter um 50 nm liegt. Der Abschirmstrom fließt deshalb nur in dieser sehr dünnen Oberflächenschicht und nicht über den ganzen Querschnitt des Supraleiters.

Brian Pippard entwickelte eine nichtlokale Verallgemeinerung der London-Gleichungen und führte ähnlich wie Ginsburg und Landau eine Kohärenzlänge ξ für den Abfall der supraleitenden Phase am Rand eines Supraleiters als eine weitere charakteristische Größe neben der London'schen Eindringtiefe λ_L ein.

Die Ginsburg-Landau-Theorie entstand 1955 auf der Grundlage der Landau-Theorie der Phasenübergänge zweiter Ordnung, eine phänomenologische Theorie der Supraleitung, die fast alle experimentellen Ergebnisse der Supraleiter quantitativ erklärt [1].

Die freie Energie F eines Supraleiters wurde nahe dem Phasenübergang Supraleitung – Normalleitung nach einem komplexen Ordnungsparameter ψ entwickelt. Der Ordnungsparameter ψ beschreibt, in wieweit sich das System im supraleitenden Zustand befindet.

Das Minimum der Freien Energie bezüglich des Ordnungsparameters ergibt die Ginsburg-Landau-Gleichungen mit

$$\alpha\Psi + \beta|\Psi|^2\Psi + \frac{1}{2m^*}\left(\frac{\hbar}{i}\nabla + 2e\mathbf{A}\right)^2\Psi = 0 \tag{9.7}$$

$$j = -\frac{n_s e}{m^*}\mathrm{Re}\left\{\Psi^*\left(\frac{\hbar}{i}\nabla + 2e\mathbf{A}\right)\Psi\right\}. \tag{9.8}$$

Dabei ist j der Supraleitungsstrom, $\mathbf{A}$ das Vektorpotenzial (rot $\mathbf{A} = \mathbf{B}$) des Magnetfeldes und m^* die Masse der supraleitenden Teilchen.

Mit der Lösung dieser Gleichungen für starke Magnetfelder, gelang es Alexei Abrikosov die Entwicklung der Theorie der Supraleiter 2. Art [2]. Neben den zuerst entdeckten Supraleitern, meist reine Metalle, wie Quecksilber, Zinn, Blei, u. a., bei denen die Supraleitung im kritischen Magnetfeld B_c sprunghaft verschwindet und das Magnefeld in den Supraleiter eindringt, gibt es eine Reihe von Supraleitern, in die das Magnetfeld oberhalb eines kritischen Magnetfeldes B_{c1} langsam eindringt, bevor die Supraleitung bei einem zweiten kritischen Feld B_{c2} vollständig verschwindet. Mit seiner Theorie entdeckte Abrikosov, dass das Magnetfeld als Flussfäden in Form eines Wirbelgitters in diese Supraleiter eindringt. Es ist ein zweidimensionales Flussfadengitter, das später den Namen „Abrikosov-Gitter" bekam (s. Abb. 9.3a). Jeder Flussfaden hat einen Fluss von einem Fluxoid Φ_0, s. Gl. (9.16).

Lew Gorkov konnte nachweisen, dass die Ginsburg-Landau-Theorie aus der im Folgenden kurz beschriebenen BCS-Theorie hervor geht. Oft wird diese phänomenologische Theorie der Supraleitung deshalb auch nach den Namen der Wissenschaftler, die sie gemeinsam geschaffen haben, als „GLAG-Theorie" (Ginsburg, Landau, Abrikosov, Gorkov) bezeichnet.

9.2   Supraleiter 1. und 2. Art

Nach dem Meißner-Ochsenfeld-Effekt verdrängen Supraleiter als ideale Diamagnete Magnetfelder aus ihrem Inneren. Das erfolgt für die zuerst von Heike Kamerlingh Onnes entdeckten Supraleiter, bis bei einem kritischen Magnetfeld B_c die Magnetisierung M ein Minimum erreicht hat und der Diamagnetismus sprunghaft verschwindet (s. Abb. 9.2a).

1936 fand Lew Shubnikow in Bleilegierungen mit Thallium und Indium, dass der Diamagnetismus in diesen Metallen nach dem Erreichen des Minimums der Magnetisierung M nicht sprunghaft verschwindet, sondern in einem Magnetfeldbereich $>B_{c1}$ erst kleiner wird, bis er bei einem höheren Feld B_{c2} auf null zurück

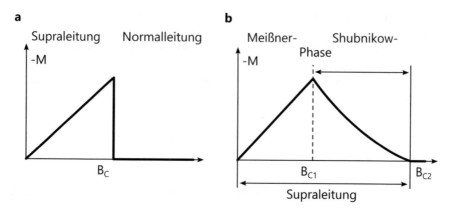

Abb. 9.2 In **a** ist die Magnetisierung der Supraleiter 1. Art dargestellt. Sie ist dem Magnetfeld entgegengesetzt gleich. Bei $B_c = B_{th}$ zerstört das Magnetfeld die Supraleitung, **b** zeigt die Magnetisierung der Supraleiter 2. Art. Bei B_{c1} beginnt das Magnetfeld in Form von Flussfäden in den Supraleiter einzudringen, bei B_{c2} ist das ganze Magnetfeld eingedrungen. Die Supraleitung ist zerstört. Unter B_{c1} wird der Zustand als „Meißner-Phase", darüber als „Shubnikow-Phase" bezeichnet

geht [3]. Diese Supraleiter erhielten zur Unterscheidung von den Supraleitern der ersten Gruppe, in denen der Diamagnetismus bei B_c sprunghaft verschwindet und die als Supraleiter 1. Art bezeichnet werden, die Bezeichnung Supraleiter 2. Art (s. Abb. 9.2b).

Shubnikow wurde bei einer von Stalins Säuberungsaktionen in Kharkow beschuldigt, ein deutscher Spion zu sein. Ende 1937 wurde er verhaftet und kurz darauf hingerichtet. Erst 1957 wurde seine Exekution öffentlich bestätigt [4].

Nach Abrikosov dringt das Magnetfeld bei B_{c1}, in Form eines zweidimensionalen Flussfadengitters, in den Supraleiter ein. Die Flussfäden sind entlang der Magnetfeldlinien orientiert und tragen je ein Flussquant Φ_0 (s. Abb. 9.3a). Die Dichte der Flussfäden nimmt mit der Stärke des Magnetfeldes zu, bis bei B_{c2} die Supraleitung verschwindet.

Der Bereich bis B_{c1}, in dem der Diamagnetismus linear zunimmt, d. h. die Magnetisierung ($-M \sim B$) linear abnimmt, wird als „Meißner-Phase" und der Bereich zwischen B_{c1} und B_{c2} als „Shubnikow-Phase" bezeichnet.

1957 konnten Bardeen, Cooper und Schrieffer mit einer Vielteilchentheorie, die den Namen „Bardee-Cooper-Schrieffer-Theorie" (BCS-Theorie) erhielt, den mikroskopischen Mechanismus der Supraleitung klären [5]. Ausgangspunkt ihrer Überlegungen war der Isotopeneffekt. Dieser Effekt wurde 1950 von E. Maxwell [6] und B. Serin [7] an Isotopen supraleitender Elemente entdeckt, die in den Laboratorien in Oak Ridge und Los Alamos im Rahmen der Atombombenentwicklung gewonnen wurden. Der Effekt besagt, dass die Übergangstemperatur eines Supraleiters von der Quadratwurzel der Masse des verwendeten Isotops abhängt.

a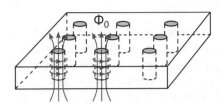

b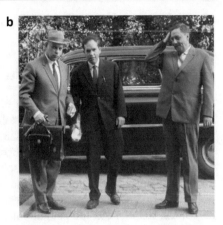

Abb. 9.3 **a** zeigt das Abrikosov-Gitter, mit dem das Magnetfeld über B_{c1} in einen Supraleiter 2. Art eindringt. Jeder Wirbel hat einen Fluss von einem Fluxoid: $\Phi_0 = 2{,}07\ 10^{-15}$ As **b** Das Foto (Aufnahme vom Autor) zeigt (vlnr) Nikolai Jewgenevitch Alexejewski, Alexei Alexejevich Abrikosov und Vasili Michailovitch Peschkow 1968 bei der Ehrenpromotion von Pjotr Kapitza an der Technischen Universität in Dresden abgebildet (Peschkow beobachtete die Phasentrennung von normalem und superfluidem Helium unter 0,8 K. Alexejewski, ein Spezialist für hohe Magnetfelder, war der erste russische Wissenschaftler, der in den letzten Tagen des Zweiten Weltkrieges die Physikalisch-Technische Reichsanstalt aufsuchte.)

Aufgrund dieses Effekts musste die Wechselwirkung zwischen Elektronen und Gitter Ursache der Supraleitung sein. Herbert Fröhlich hatte schon vorher auf die Bedeutung der Elektron-Phonon-Wechselwirkung aufmerksam gemacht [8]. Auch Max von Laue ging bei seiner Theorie der Supraleitung, die er in den 1950er Jahren den Studenten in Berlin vorstellte, von der Elektron-Phonon-Wechselwirkung aus. Grundlage der BCS-Theorie ist, wie für die Ginsburg-Landau-Theorie, das Bild der Quasiteilchen der Ladungsträger in Festkörpern. Die Quasiteilchen sind energetische Anregungen der Elektronenzustände aus der Fermi-Kugel über die Fermi-Energie E_F, wo sie Elektronenquasiteilchen erzeugen und unter E_F in der Fermi-Kugel Löcherzustände, bzw. Löcherquasiteilchen hinterlassen.

Cooper fand 1956 heraus, dass eine beliebig kleine anziehende Wechselwirkung zwischen Elektronen, die durch Photonen vermittelt wird, zu einer Instabilität der Fermi-Kugel und zur Ausbildung von Elektronenpaaren führt, die an der Fermi-Energie E_F kondensieren und einen makroskopischen, kohärenten Vielteilchen-Quantenzustand aus Eletronenpaaren bilden [9].

Die Elektronenpaare, die nach ihrem Schöpfer als Cooper-Paare bezeichnet werden, haben antiparallele Spins und antiparallele Wellenvektoren $\{k\uparrow, -k\downarrow\}$. Die Summe der Spinmomente in einem Paar ist null. Die Cooper-Paare sind deshalb Bosonen. Energetisch befinden sie sich an der Fermi-Energie, genügen aber auf grund ihres Spins der Bose-Einstein-Statistik und bilden ein Bose-Einstein-Kondensat, das durch eine einzige Wellenfunktion bzw. eine Materiewelle beschrieben wird. Schrieffer stellte die Wellenfunktion des kohärenten Vielteilchen-Quantenzustandes der Coper-Paare

$$\Psi = n_s^{\frac{1}{2}} e^{i\theta} \tag{9.9}$$

auf und fand im Anregungsspektrum eine Energielücke Δ. Diese Energielücke ist in Abb. 9.5b im Supraleiter dargestellt. $\psi * \psi = n_s(r)$ ist die Dichte der Cooper-Paare, θ ist ihre Phase. Die Supraleitung beruht wie die Suprafluidität auf den Kondensationen von Bosonen. Diese Bosonen kondensieren jedoch nicht wie normale Bosonen bei der Energie null, sondern über den mit Elektronen besetzten Energiezuständen an der Fermi-Energie.

Die Energielücke trennt die Cooper-Paare von den darüber liegenden freien Zuständen. Je tiefer die Temperatur unter Tc liegt, desto mehr Elektronen gehen in den Paar-Zustand über. Ein wesentlicher Unterschied zu einem reinen Bose-Einstein-Kondensat liegt in der Wechselwirkung der Elekrtonen untereinander, die im Supraleiter stärker als im reinen Bose-Einstein-Kondensat ist. Beim Aufbrechen der Cooper-Paare und dem Übergang aus dem Kondensat in freie Zustände muss die Energielücke Δ überwunden werden.

Die durch Gitterschwingungen vermittelte Paarbindung, kann folgendermaßen erklärt werden: Elektronen ziehen die sie umgebenden Gitterbausteine an sich heran. Die sich dadurch aufbauende positive Ladungsanhäufung bindet kurzzeitig ein zweites Elektron an das Erste, wodurch Paarbildung erfolgt [10].

Da die Cooper-Paare eine räumliche Ausdehnung haben, bricht die supraleitende Phase am Rand eines Supraleiters nicht einfach ab, sondern sie fällt über einer Länge ab, die der Ausdehnung der Cooper-Paare entspricht. Es existiert demnach eine kleinste Länge, über die die Dichte der Supraleitungsphase auf null abnimmt.

Schon vor der BCS-Theorie haben Pippard, sowie Ginsburg und Landau diese Länge als Kohärenzlängen ξ eingeführt, um den Phasenübergang Normalleiter-Supraleiter sowohl an der Sprungtemperatur T_c, als auch an der räumlichen Grenze zwischen Normalleiter und Supraleiter zu erklären. Es gibt deshalb, wie oben schon festgestellt, zwei charakteristische Längen der Supraleiter, die Kohärenzlängen ξ und die London'sche Eindringtiefe λ_L.

Die London'sche Eindringtiefe λ_L bestimmt die Endringtiefe der Magnetfelder, die Kohärenzlänge ξ_{GL} den Abfall der supraleitenden Phase in entgegengesetzter Richtung am Rand eines Supraleiters.

Ob ein Magnetfeld sprunghaft beim kritischen Magnetfeldwert aus dem Supraleiter heraus gedrängt wird, oder ob es die Shubnikow-Phase durchläuft, also Supraleiter 1. oder 2. Art ist, hängt vom Verhältnis der Kohärenzlänge ξ zur London'schen Eindringtiefe λ ab. Dieses Verhältnis wird, nach der Ginsburg-Landau-Theorie, mit κ bezeichnet. Wenn

$$\kappa = \frac{\lambda}{\xi} < \frac{1}{\sqrt{2}} \tag{9.10}$$

ist, dann dringt das Magnetfeld bei $B = B_c$ in den Supraleiter ein. Es liegt also ein Supraleiter 1. Art vor.

Wenn aber

$$\kappa = \frac{\lambda}{\xi} > \frac{1}{\sqrt{2}} \tag{9.11}$$

ist, dann können sich Flussfäden mit dem gequantelten Fluss Φ_0 ausbilden und es liegt ein Supraleiter 2. Art.

9.3 Die Flussquantelung

Neben den beiden grundlegenden Eigenschaften der Supraleitung, dem Verschwinden des elektrischen Widerstandes und dem idealen Diamagnetismus, sollen noch zwei weitere Eigenschaften der Supraleitung kurz erläuter werden, durch die die Supraleitung die Messtechnik revolutionierte. Das sind die Flussquantelung und die Josephson-Effekte, die auf den Tunneleffekten zwischen Supraleitern beruhen.

Wird für den Ordnugsparameter ψ in der Ginsburg-Landau-Gleichung die Wellenfunktion der Cooper-Paare (Gl. 9.9) eingesett, dann ergibt sich als Stromdichte aus der zweiten Ginsburg-Landau-Gleichung

$$j_s = \left(\frac{n_s e}{m^*}\right)(\hbar \nabla \theta(r) - 2e\mathbf{A}). \tag{9.12}$$

Die Geschwindigkeit eines Cooper-Paares ergibt sich aus dem supraleitenden Strom j_s durch Division durch die Ladung zu $v_s = j_s/n_s e$. Der Impuls ist dann

$$\mathbf{p} = m^* \mathbf{v}_s = m^* \frac{j_s}{n_s e} = \hbar \nabla \theta(r) - 2e\mathbf{A}. \tag{9.13}$$

$\hbar \nabla \theta(r)$ ist der Anteil, der sich durch die Phasenänderung ergibt. Das Vektorpotenzial $\mathbf{A}$ gibt den Impuls an, der durch ein Magnetfeld beigetragen wird.

Ohne Magnetfeld, d. h. $\mathbf{A} = 0$, wird $\mathbf{p} = \hbar \nabla \theta(r)$. Im Grundzustand des Paares mit $\{k\uparrow, -k\downarrow\}$ ist der Impuls $p = \hbar (k - k) = 0$, und es gilt auch $\nabla \theta(r) = 0$. Was bedeutet, dass in einem homogenen Supraleiter alle Cooper-Paare die gleiche Phase $\theta(r)$ haben und einen makroskopischen Quantenzustand bilden. Die makroskopische Phase zeigt sich experimentell auch daran, dass sie im Draht einer supraleitenden Spule über eine Länge von Kilometern ausgedehnt ist.

Da der supraleitende Strom nur in der Oberfläche eines Supraleiters fließt, ist der Supraleiter im Inneren stromfrei. Wird der Strom in einem supraleitenden Ring über den stromfreien Bereich $j_s = 0$ über eine geschlossene Bahn im Inneren integriert, folgt aus

$$\hbar \nabla \theta(r) = 2e\mathbf{A} \tag{9.14}$$

$$\frac{2e}{\hbar} \int Adr = \int \nabla\theta(r)dr = 2\pi n \qquad (9.15)$$

mit (n = 0, 1, 2, 3, ...).

Denn $\int \nabla\theta(r)dr$ ist nur eine Phase, die sich bei einem Umlauf um 2π ändert, d. h. der magnetische Fluss $\Phi = \int Adr$ im Ring ist quantisiert und ändert sich nur immer um 2π:

$$\Phi = n\frac{h}{2e} = n\,\Phi_0. \qquad (9.16)$$

Φ_0 ist das elementare Flussquant, das Fluxoid der Supraleitung. Es hat den sehr kleinen Wert von $2,07 \cdot 10^{-15}$ Vs.

R. Doll und M. Nährbauer im Institut für Tieftemperaturphysik der bayrischen Akademie der Wissenschaften konnten mit Unterstützung von Eder [11] mit eindrucksvollen Experimenten die Flussquantelung bestätigen. Unabhängig davon, gelang dieses Experiment Deavver und Fairbank [12].

In einem Bleizylinder mit einem Durchmesser von 10,3 µm und einer Länge von 6 mm, wie in Abb. 9.5a dargestellt, wurde mit einem äußeren Feld B_S versucht, einen magnetischen Fluss einzufrieren, mit der Erwartung, nach Ausschalten des äußeren Felds B_S, einen kleinen Magneten zu erhalten. Mit sehr kleinen Feldern gelang das jedoch nicht. Sie konnten mit diesen sehr schwachen Feldern keinen magnetischen Fluss einfrieren. Dass zeigte sich, als sie den Ring, nach dem Versuch, einen Fluss einzufrieren, in ein weiteres, etwas größere Messfeld B_a ($\approx 10^{-3}$ T) brachten und eine Auslenkung des Ringes in diesem Feld erwarteten. Dann wurde das induzierende Magnetfeld B_S schrittweise erhöht. Erst als ein Fluss von einem Flussquant Φ_0 eingefroren war, gab es einen Ausschlag im Messfeld B_a. Jetzt war der Ring ein kleiner Magnet geworden. Bei weiterer Erhöhung änderte sich der Ausschlag aber wieder nicht, bis 2 Flussquanten eingefroren waren. Das zeigt Abb. 9.4b. Auf der Abzisse ist das den flusserzeugende Magnetfeld aufgetragen und auf der Ordinate der Ausschlag im Messfeld B_a. Die Messpunkte demonstrieren sehr eindrucksvoll die Quantelung des magnetischen Flusses, wie sie in Gl. (9.16) berechnet wurde.

9.3.1 Tunneleffekte

Als Meißner und Ochsenfeld 1925 den Diamagnetismus der Supraleiter entdeckten, machte Einstein den Vorschlag, Kontakte von Supraleitern mit normalen Metallen zu untersuchen [13]. Erst Anfang der 1960er-Jahre gelang es dann Ivar Giaevers [14], mit Tunnelkontakten zwischen Supraleitern und normalen Metallen (Abb. 9.6), die Energielücke Δ von Supraleitern auszumessen.

Beim Tunneln von Elektronen zwischen normalen Metallen gilt das Ohm'sche Gesetz. Der Tunnelstrom über eine Isolationsbarriere zwischen einem Supraleiter und einem normalen Metall wird durch die Energielücke Δ des Supraleiters bestimmt.

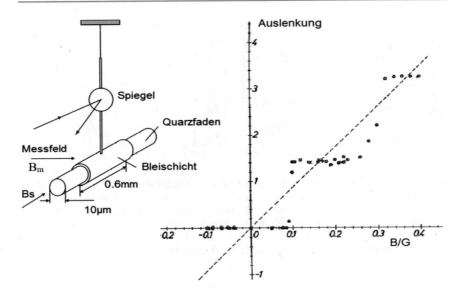

Abb. 9.4 Die Messanordnung von Doll und Nährbauer enthält für den Nachweis der Quantelung des magnetischen Flusses einen Quarzzylinder mit einem Durchmesser von 10,3 μm, auf dem sich ein Bleizylinder 0,6 mm Länge befindet. Erst mit einem Feld, $B_a > 1 \cdot 10^{-5}$ T wird der erste Flussquant im Ring eigefroren und damit der Ring im äußeren Feld $B_m > 10^{-3}$ T ausgelenkt. Die Messpunktgruppen daneben zeigen den gequantelten Fluss. (Nach: Ibach H, Lüth, H, Festkörperphysik, 2. Aufl., Springer 1988, S. 220)

Im supraleitenden Zustand kondensieren die Cooper-Paare an der Fermi-Energie. Das ist die niedrigste Energie, die sie einnehmen können. Denn die darunter liegenden Zustände sind mit Elektronen besetzt, die sich nicht bewegen können. Über der Fermi-Energie hat der Supraleiter eine Energielücke Δ. Diese Energielücke können die Cooper-Paare nur durch Energieaufnahme von der Größe der Lücke überwinden. Dabei werden sie aufgebrochen und gelangen in die über der Lücke liegenden freien Zustände.

In Abb. 9.5a liegt der positive Pol am Supraleiter. (b) zeigt die Bandstruktur des Supraleiters und des Normalleiters im Kontakt. Im Kontakt Supraleiter–Normalleiter wird diese Energie durch die Spannung am Kontakt bereitgestellt. Erst, wenn die Spannung U den Wert der supraleitenden Energielücke erreicht hat und $Ue = \Delta$, beginnt sprunghaft ein Strom zu fließen (Abb. 9.5c, Kurve 2). Der Spannungswert, bei dem der Strom sprunghaft einsetzt, bestimmt die supraleitende Energielücke Δ. Denn dann haben die Elektronen im Normalleiter die Energie, um über den Isolator in die freien Zustände des Supraleiters zu tunneln (Abb. 9.5b).

9.3.2 Cooper-Paar-Tunneln

Brian Josephson wurde durch die Tunnelexperimente von Ivar Giaevers angeregt, das Tunneln von Cooper-Paaren zwischen Supraleitern theoretisch zu untersuchen.

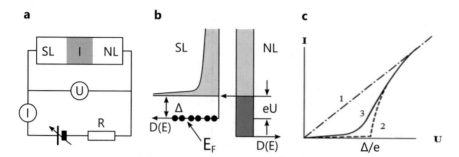

Abb. 9.5 **a** Tunnelstruktur aus einem Supraleiter (SL), einem Isolator (I) und einem Normalleiter (NL). **b** zeigt die Energiebandstruktur SL-NL, mit den Cooper-Paaren. Die Cooper-Paare befinden sich (auf der Achse der Zustandsdichte als angedeutete Paare) an der Fermi-Energie E_F im Supraleiter. In **c** ist die Strom-Spannungs-Kurve des Tunnelkontakts dargestellt. (1) zeigt den Ohm'-schen Kontakt für den Supraleiter oberhalb der Sprungtemperatur NL-NL. (2) ist der Strom über dem SL-NL-Kontakt bei $T = 0$ K und (3) der SL-NL-Kontakt bei endlicher Temperatur $T < T_c$

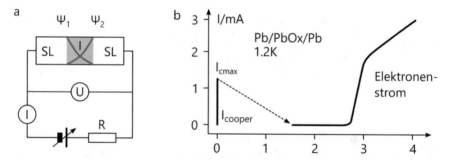

Abb. 9.6 Abbildung **a** ist eine Schaltung eines SL-SL-Kontaktes zur Messung des Tunnelns von Cooper-Paaren. Mit dem Spannungsabfall über dem Widerstand R wird die Spannung über den Kontakt variiert. **b** zeigt die Strom-Spannungs-Kurve des Cooper-Paar-Tunnelns

Die von ihm 1962 entdeckten Tunneleffekte führten dazu, dass die Phase des makroskopischen Quantenzustands der Supraleitung eine messbare Größe in der Physik wurde [15].

Experimentell wird das Tunneln von Cooper-Paaren mit der Kopplung von zwei Supraleiterschichten über eine dünne Oxidschicht von 100–200 nm realisiert. Durch diese dünne Oxidschicht sind die Supraleiter sehr schwach gekoppelt. Die supraleitende Phase reich schwach durch die Isolationsschicht in den anderen Supraleiter, was ein Tunneln der Cooper-Paare ermöglicht.

Zur Messung des Tunneleffekts wird der Tunnelkontakt mit einem äußeren Widerstand R in Reihe geschaltet und über diesen Widerstand mit der Batterie ein äußerer Strom eingestellt (s. Abb. 9.6). Sind die kontaktbildenden Supraleiter aus dem gleichen Material ($n_{s1} = n_{s2} = n_s$), dann unterscheiden sie sich nur durch die zufälligen eingestellten, makroskopischen Phasen ihrer Wellenfunktionen $\psi = \frac{1}{2} n_s e^{i\theta}$:

$$\theta_1(r) \neq \theta_2(r). \tag{9.17}$$

Über der Oxidschicht der Dicke x, ergibt sich so ein Phasensprung von

$$\frac{[\theta_1(r) - \theta_2(r)]}{x} = \nabla\theta(r). \tag{9.18}$$

Die Wellenfunktionen der beiden Supraleiter sind dann

$$\Psi_1(r) = n_1^{\frac{1}{2}} e^{i\theta_1(r)} = n_s^{\frac{1}{2}} e^{i\theta_1(r)}, \tag{9.19}$$

$$\Psi_2(r) = n_2^{\frac{1}{2}} e^{i\theta_2(r)} = n_s^{\frac{1}{2}} e^{i\theta_2(r)}, \tag{9.20}$$

Die Kopplung der beiden Wellenfunktionen über die Isolationsschicht erfolgt in den Schrödinger-Gleichungen durch die Kopplungskonstante k. Da die Wellenfunktionen ψ Lösungen der Schrödinger-Gleichungen sind, nehmen die Gleichungen für eine symmetrische Spannung U über den Kontakt die Form

$$i\hbar\frac{\delta\Psi_1}{\delta t} = eU\Psi_1(r) + k\Psi_2(r) \tag{9.21}$$

$$i\hbar\frac{\delta\Psi_2}{\delta t} = eU\Psi_2(r) + k\Psi_1(r) \tag{9.22}$$

an. Die Energie in den Supraleitern wird gegeneinander um 2eU verschoben.

Werden die Wellenfunktionen $\psi_1(r)$ und $\psi_2(r)$ in diese Gleichungen eingesetzt, Real- und Imaginärteil getrennt, so ergeben sich die beiden Josepson-Gleichungen zu

$$\frac{\delta n_s}{\delta t} = \left(\frac{2k}{\hbar}\right) n_s \sin(\theta) \tag{9.23}$$

bzw.

$$I_s = I_c \sin(\theta)$$

$$\hbar\frac{\delta\theta(r)}{\delta t} = 2eU. \tag{9.24}$$

Auch wenn die Spannung über dem Kontakt null ist, kann nach Gl. (9.26) ein Strom über den Tunnelkontakt fließen. Das ist in Abb. 9.6b dargestellt. Wird in der Schaltung in Abb. 9.6a der Strom über den Widerstand R erhöht, dann fließt über dem Tunnelkontakt ein Cooper-Paar-Strom I_{CP}, ohne dass eine Spannung abfällt, d. h. U = 0 V.

Das ist der Josephson-Gleichstrom-Effekt.

Bei einem maximalen Wert I_{cp}^{max} bricht der Cooper-Paar-Strom zusammen, am Tunnelkontakt fällt eine Spannung U ab und der Strom springt in den Zustand des Einzelteilchentunnelns. Außerdem bewirkt diese Spannung noch zusätzlich eine Phasenänderung. Das zeigt sich durch Integration der Gl. (9.24). Für U ≠ 0 wird die Phase zeitabhängig

$$\theta(t) = \theta(0) + \left(\frac{2e}{\hbar}\right) Ut.$$

(9.25)

Für den Strom über dem Kontakt bedeutet das die Erzeugung eines Wechselstroms. Das ist der Josephson-Wechselstrom-Effekt, mit dem Strom

$$I = I_C \sin\left(\theta(0) + \left(\frac{2e}{\hbar}\right) Ut\right).$$

(9.26)

Dieser Wechselstrom führt zur Abstrahlung einer Mikrowelle mit der Frequenz

$$\omega = 2\pi\nu = \frac{U}{\left(\frac{\hbar}{2e}\right)} = 2\pi \frac{U}{\Phi_0}.$$

(9.27)

Daraus ergibt sich eine Spannungsabhängigkeit der Frequenz der Mikrowelle von $\nu = U/\Phi_0 = 484$ THz/V, d. h. bei einer Spannung von z. B. 1 µV hat die Mikrowelle eine Frequenz von 484 MHz.

An den Josephson-Kontakten kann man auch die Umkehrung dieses Effektes beobachten. Wird ein Josephson-Kontakt mit einer Mikrowelle bestrahlt, dann stellen sich über dem Kontakt diskrete Spannungswerte entsprechend der Beziehung $U = n\nu \, \Phi_0$ ein mit $n = 1, 2, 3, \ldots$

Die Darstellung der Spannung nur durch die Naturkonstanten e und h und der Frequenz einer eingestrahlten Mikrowelle, die sehr genau gemessen und gut stabilisiert werden kann, ermöglichte es, ein Spannungsnormal zu realisieren. An metrologischen Staatsinstituten wird der Josephson-Effekt zur Darstellung von Referenzspannungen genutzt. Dafür werden integrierte Schaltungen mit einigen 10.000 Josephson-Kontakten benutzt, die es gestatten, mit Mikrowellenfrequenzen von typisch 70 GHz Gleichspannungen von bis zu 10 V darzustellen. Derartige supraleitende Schaltungen, wie sie z. B. in der PTB in Braunschweig oder dem NIST (National Institute of Standard and Technology) in den USA hergestellt werden, sind Bestandteil moderner Josephson-Spannungsnormale.

9.3.3 Supraleitende Quanteninterferometer

Ein SQUID (**S**uperconducting **QU**antum **I**nterference **D**evice) besteht aus einem supraleitenden Ring oder einer supraleitenden Schleife, in dem bzw. in der sich eine oder zwei schwache Verbindungen oder Josephson-Kontakte befinden, durch den bzw. durch die Cooper-Paare tunneln können.

Solch ein supraleitender Ring mit zwei Josephson-Kontakten, der in Abb. 9.7 dargestellt ist, wird als „dc-SQUID" bezeichnet.

Fließt durch den Ring ein Strom I, so teilt sich der Strom über die beiden Äste mit den Teilströmen $I_a = I_c \sin\theta_a$, und $I_b = I_c \sin\theta_b$ auf, wobei angenommen wird, dass die kritischen Ströme I_c der beiden Josephson-Kontakte identisch sind.

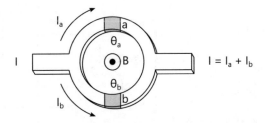

Abb. 9.7 Gezeigt ist ein supraleitender Ring mit zwei Josephson-Kontakten a und b mit den zufälligen Phasen θ_a und θ_b, durch den ein Strom fließt. Das Magnetfeld ruft auf der einen Seite des Ringes eine positive, auf der anderen Seite eine negative Phasenänderung hervor

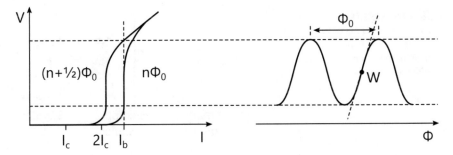

Abb. 9.8 a Spannungs-Strom-Kennlinie eines dc-SQUIDs mit den beiden Ästen für das Anliegen eines magnetischen Flusses mit einer ganzzahligen Anzahl von Flussquanten und einer ungeraden Anzahl halber Flussquanten. **b** Periodische Abhängigkeit der Spannung $V(\Phi)$ vom magnetischen Fluss, wenn das SQUID mit einem konstanten Biasstrom Ib betrieben wird. Die Periode der Kennlinie beträgt ein magnetisches Flussquant Φ_0. Bei messtechnischer Verwendung des SQUID stellt man den Arbeitspunkt W ein

Wird ein Magnetfeld angelegt, beginnt ein Abschirmstrom I_s im Ring zu zirkulieren, der auf einem Ast des Ringes den angelegten Strom I auf $(I/2 - I_s)$ verringert und auf dem anderen Zweig $(I/2 + I_s)$ verstärkt. Übersteigt dieser Strom in einem Zweig des Ringes den kritischen Strom I_c, des Josephson-Kontakts, wird dieser normalleitend und es entsteht an dem entsprechenden Kontakt ein Spannungsabfall.

Da sich der Fluss im Ring immer nur um ein Flussquant Φ_0 ändern kann, ist es für den Fluss energetisch günstiger, wenn er ½ Φ_0 erreicht hat, nicht den Abschirmstrom weiter zu erhöhen, sondern weiter bis auf Φ_0 anzusteigen, was eine Verringerung des Abschirmstromes bis Φ_0 bedeutet. In diesem Fall strömt der Abschirmstrom in entgegengesetzte Richtung. Durch diese Richtungsänderung wird der kritische Strom unterschritten und der Kontakt ist wieder supraleitend. Dadurch oszilliert der Abschirmstrom (typisch einige 10 µA) mit dem anwachsenden Fluss mit einer Periode von Φ_0. Entsprechend fällt am SQUID eine Spannung ab, die periodisch vom extern angelegten Fluss Φ mit der Periode von Φ_0 abhängt. Abb. 9.8 zeigt eine typische Strom-Spannungs-Kennlinie und die resultierende Fluss-Spannungs-Charakteristik eines dc-SQUIDs.

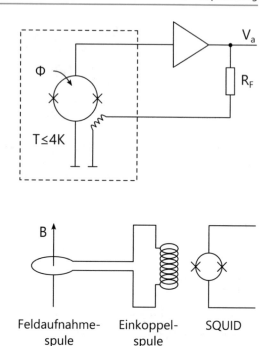

Abb. 9.9 Betrieb eines SQUID's in einer Flussregelschleife. Das SQUID mit der Rückkoppelspule wird dabei bei tiefer Temperatur (typisch $T \leq 4$ K bei Niob-SQUIDs) betrieben. Die Verstärkerschaltung arbeitet bei Raumtemperatur

Abb. 9.10 SQUID-Magnetometer schematisch, bestehend aus SQUID, Einkoppelspule und Feldaufnahmespule

Will man ein dc-SQUID für messtechnische Zwecke verwenden, so betreibt man das Bauelement in einer Schaltung, die schematisch in Abb. 9.9 dargestellt ist und als „Flussregelschleife" (Flux-Locked Loop) bezeichnet wird. Die Ausgangsspannung des SQUID, die typischerweise einige 10 µV beträgt, wird mit einem rauscharmen Verstärker verstärkt und integriert. Das Ausgangssignal des Integrators wird über einen Rückkoppelwiderstand und eine Rückkoppelspule als magnetischer Fluss in das SQUID rückgekoppelt, sodass der Fluss im SQUID konstant bleibt. Dadurch wird eine lineare Abhängigkeit der Ausgangsspannung V_a vom Fluss und ein größerer Dynamikbereich realisiert. Mit aktuellen SQUIDs und SQUID-Magnetometern und geeigneten Elektroniken erzielt man spektrale Rauschdichten für den magnetischen Fluss von unter $1 \times 10^{-6}\ \Phi_0/\sqrt{\mathrm{Hz}}$ und für die magnetische Feldrauschwerte unter $1 \times 10^{-15}\ \mathrm{T}/\sqrt{\mathrm{Hz}}$.

Will man mit dem SQUID magnetische Felder vermessen, wie z. B. in der Geophysik oder bei biomagnetischen Experimenten, so muss die Feldaufnahmefläche des SQUID eine an das Experiment angepasste Größe haben, die bis auf Anwendungen im Mikro- und Nanobereich viel größer als ein typischer SQUID-Ring mit Durchmessern von einigen 10–100 µm sind. Deshalb versieht man das SQUID meist mit einer induktiv angekoppelten supraleitenden Einkoppelspule (s. Abb. 9.10). An diese kann dann eine supraleitende Feldaufnahmespule mit geeignetem Durchmesser angeschlossen werden, die als Magnetfeldantenne dient. Ein SQUID mit einer derartigen Einkoppelspule kann auch als empfindlicher Stromsensor verwendet werden, wenn der zu messende Strom in die Einkoppelspule eingespeist wird [16].

9.4   Die Hochtemperatursupraleiter

9.4.1   Ungewöhnlich hohe Sprungtemperaturen in Keramiken

Im Frühjahr des Jahres 1986 wurden von Johannes Georg Bednorz und Karl Alexander Müller von der IBM in Rüschlikon in der Schweiz bei der Untersuchung der elektrischen Leitfähigkeit der oxidischen Keramik BaLaCuO das Verschwinden des elektrischen Widerstandes bei ungewöhnlich hohen Temperaturen entdeckt [17].

Bednorz und Müller beobachteten an der Verbindung $Ba_xLa_{(5-x)}Cu_5O_{5(3-y)}$ (x = 1, 0,75, y > 0) im Temperaturbereich oberhalb von 30 K einen starken Abfall und bei tieferen Temperaturen das Verschwinden des elektrischen Widerstandes.

Supraleitung ist aber, wie mehrmals betont, nicht allein das Verschwinden des elektrischen Widerstandes, sondern das Material muss gleichzeitig diamagnetisch werden. Dieser Diamagnetismus konnte von Bednorz und Müller im Oktober 1986 nachgewiesen werden und schon im Dezember erfolgte die Bestätigung ihrer Entdeckung der Supraleitung in dieser Keramik durch japanische Wissenschaftler der Universität in Tokio [18]. Noch im selben Jahr wurde durch den Austausch von Ba^{2+} durch Sr^{2+} für die Keramik $La_{(2-x)}Sr_xCuO_4$ eine Übergangstemperatur in den supraleitenden Zustand von 38 K gemessen [19].

Unter Druck erhöht sich die kritische Temperatur in diesem Material. Um anstelle eines äußeren Drucks einen inneren Druck zu erzeugen, wurde von M. K. Wu et al. von der Universität Houston in Texas das Lanthan durch das kleinere Ion Yttrium ersetzt. So konnte zu Beginn des Jahres 1987 mit der Keramik $YBa_2Cu_3O_{(7-x)}$ eine Übergangstemperatur von $T_c = 92$ K erreicht werden [20]. Das gleiche Resultat wurde zur selben Zeit von Z. X. Zhao und Mitarbeitern in Peking erzielt [21]. 1988 entdeckten H. Maeda et al. in Tsukuba in Japan [22] mit $Bi_2Sr_2Ca_{(n-1)}Cu_nO_{(2n+4)}$ eine ganze Familie von oxidischen Supraleitern.

$Bi_2Sr_2Ca_2Cu_3O_{10}$ erreicht eine Übergangstemperatur von 110 K. A. M. Hermann et al. von IBM Almaden in Arkansas [23] fanden die Familie $Tl_2Ba_2Ca_{(n-1)}Cu_nO_{(2n+4)}$ und konnten am $Tl_2Ba_2CaCu_3O_{10}$ ein T_c von 125 K messen. Die höchste kritische Temperatur mit $T_c = 138$ K wurde 1994 mit $Hg_{0,8}Tl_{0,2}Ba_2Ca_2Cu_3O_8$ von C. W. Chu et al. erreicht [24]. Unter Druck erhöht sich T_c für diese Verbindung sogar auf 162 K (Tab. 9.1).

Tab. 9.1   Die wichtigsten keramischen Hochtemperatursupraleiter

Verbindung[a]	Bezeichnung	Sprungtemperatur (Tc) (K)
$Ba_{xLa(5-x)}Cu_5O_{5(3-y)}$		
$YBa_2Cu_3O_7$	Y-123	92
$Bi_2Sr_2Ca_2Cu_3O_{10}$	Bi-223	110
$Tl_2Ba_2CaCu_3O_{10}$	Tl-223	125
$Hg_{0,8}Tl_{0,2}Ba_2Ca_2Cu_3O_8$	Hg12223	162
H_2S (flüssig, bei einem Druck von 106 bar)		203

[a]Zur Abkürzung der Strukturformeln der Supraleiter wird oft nur das erste Element, das die Keramik charakterisiert, angegeben, dahinter in Klammern oder mit Bindestrich die Zusammensetzung der weiteren Elemente, wobei der Sauerstoffgehalt weggelassen wird, so steht Hg(1223) für $HgBa_2Ca_2Cu_3O_8$

Seit der Entdeckung der Supraleitung des Quecksilbers 1911 durch Kamerlingh Onnes, mit einer kritischen Sprungtemperatur von $T_c = 4,15$ K, hatten sich die Physiker ständig um neue Supraleiter mit höheren Übergangstemperaturen bemüht. Diese aber hauptsächlich in Metallen und Metallverbindungen gesucht. Bis zum Beginn der 1970er-Jahre wurde so ein Anstieg der Sprungtemperatur bis zu 23,2 K für die metallische Verbindung Nb_3Ge erreicht.

Die Entdeckung der Supraleitung in den oxidischen Keramiken mit sehr hohen kritischen Temperaturen, die bald erheblich über der Siedetemperatur von Stickstoff (77 K) lagen, kam deshalb unerwartet. Diese damit verbundenen hohen Sprungtemperaturen führten zur Bezeichnung „Hochtemperatursupraleiter".

Die Entdeckung der Hochtemperatursupraleitung mit einer Erhöhung der Sprungtemperatur, die bald mehr als 100 K betrug, war so verblüffend, dass unter den Physikern, den Chemikern und den Materialwissenschaftlern eine Begeisterung ausbrach, die auch den Forschungsbereich Tieftemperatur-Festkörperphysik erfasste. Es wurde aber recht schnell klar, dass es sich bei diesem neuen Forschungsgebiet vor allem um Materialwissenschaft handelt.

Hierbei geht es nicht mehr um Physik bei sehr tiefen Temperaturen, sondern um einen völlig neuen Aspekt der Supraleitung, der für die theoretische Physik zu einer ernsthaften Herausforderung wurde.

Deshalb sollen die wichtigsten Eigenschaften der supraleitenden Keramiken, ideale Leitfähigkeit und idealer Diamagnetismus und die Schlüsselexperimente zum Nachweis der Supraleitung in den Keramikenkurz dargelegt werden, obwohl der Bereich Tieftemperatur-Festkörperphysik seine ersten Versuche auf diesem Gebiet kurzfristig abbrechen musste.

Das Verschwinden des Widerstandes der Keramik $Ba_xLa_{(5-x)}Cu_5O_{5(3-y)}$ bei Temperaturen um 30 K, wie von Bednorz und Müller beobachtet, erfolgt nicht, wie bei den meisten metallischen Tieftemperatursupraleitern sprunghaft, sondern der Abfall des Widerstands erstreckt sich oft über einen Temperaturbereich von mehreren Kelvin. Dieser Übergang ist durch die Mischung verschiedener supraleitender und normalleitender Phasen, Materialinhomogenitäten und innere Korngrenzen in dieser Keramik bedingt.

Der Übergang in den supraleitenden Zustand ist jedoch umso schärfer, je reiner die supraleitende Phase synthetisiert wird, wie in Abb. 9.11 eine Messung der Temperaturabhängigkeit des Widerstandes von$YBa_2Cu_3O_{9-\delta}$ von Bednorz und Müller zeigt. Je homogener die Proben in Bezug auf ihren Sauerstoffgehalt und ihre Ordnung, umso einkristalliner sind sie. Auch die Magnetisierung zeigt einen Übergang in den diamagnetischen Zustand. Dabei muss jedoch unterschieden werden, ob der Supraleiter im äußeren Magnetfeld abgekühlt wird oder ob die Abkühlung ohne äußeres Magnetfeld erfolgt. Bei einer Abkühlung im Magnetfeld (*field cooling – FC*) durchdringt das Magnetfeld das gesamte Volumen des Materials.

Bei T_c wird das Magnetfeld aus den homogenen supraleitenden Gebieten verdrängt (Abb. 9.12). Jedoch wird das Magnetfeld in Form von magnetischen Wirbeln teilweise in Inhomogenitäten eingeschlossen und an Kristallstörungen

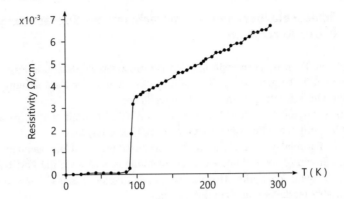

Abb. 9.11 Messkurve der Temperaturabhängigkeit des spezifischen Widerstands von einphasigem $YBa_2Cu_3O_{9-\delta}$

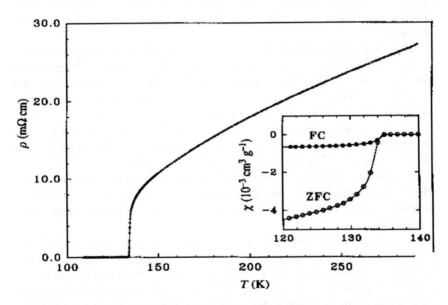

Abb. 9.12 Messungen des Übergangs von $HgBa_2Ca_2Cu_3O_8$ in den supraleitenden Zustand von C. W. Chu et al. [24]. In der Einfügung ist die Suszeptibilität für die Abkühlung im Magnetfeld (field cooling) und ohne Magnetfeld mit nachträglicher Magnetisierung (zero field cooling) dargestellt

verankert *(field cooling – FC)*. Das Magnetfeld wird also nicht völlig verdrängt. Wird dagegen der Supraleiter erst unter T_c abgekühlt und danach das Magnetfeld angelegt *(zero field cooling – ZFC)*, dann wird das gesamte Volumen abgeschirmt und das Feld kann nicht in den Supraleiter eindringen (eingefügtes Bild in Abb. 9.12).

9.4.2 Schlüsselexperimente zum Nachweis der Supraleitung in den Keramiken

- Josephson-Tunnelexperimente mit den keramischen Supraleitern verschiedener Autoren [25] zeigten, dass die Ladung der Träger der Supraleitung $q = 2|e|$ beträgt. Die Stromträger sind also Cooper-Paare.
- Untersuchungen der Flussquantisierung von 1987 Gough et al. [26] an YBa$_2$Cu$_3$O$_{7-x}$ ergab ein Flussquant von $\Phi_0 = (0{,}97 \pm 0{,}04)$ h/2e.
- Tunnelexperimente, Andrejev-Reflexionsmessungen, Untersuchungen der Raman-Streuung sowie Photoemissionsmessungen und auch die NMR-Spektroskopie zeigen, dass die Hochtemperatursupraleiter genauso wie die Tieftemperatursupraleiter eine Energielücke haben.

Aus Untersuchungen der Andrejev-Reflexion (1988 Hoevers et al. [27]) folgt, dass diese Lücke für Bi-2212 (Bi$_2$Sr$_2$CaCu$_2$O$_5$) $2\Delta = 72$–82 meV breit ist. Daraus ergeben sich für die charakteristische Größe $2\Delta/k_B T_c$ Werte von 9–11. Tunnelexperimente von Maeda et al. [28] an YBa$_2$Cu$_3$O$_{7-x}$ zeigten, dass $2\Delta/k_B T_c$ Werte >6 erreichen.

Neben den hohen kritischen Temperaturen haben die Hochtemperatursupraleiter extrem hohe kritische Magnetfelder. Für YBa$_2$Cu$_3$O$_{7-x}$ wurde für Temperaturen nahe 0 K parallel zu den CuO$_2$-Ebenen ein kritisches Magnetfeld $B_{c2} = 240$ T aus Messungen bei höheren Temperaturen abgeschätzt. Senkrecht dazu ergaben entsprechende Abschätzungen ein kritisches Feld von $B_{c2} = 68$ T [28].

Diese starke Anisotropie wirkt sich jedoch nicht nur auf B_{c2}, sondern auch auf die für die Anwendung wichtige kritische Stromdichte j_c aus, die parallel zu den CuO$_2$-Ebenen wesentlich größer ist als senkrecht zu den Ebenen.

Für hohe Stromdichten sind jedoch viele Pinning-Zentren (normalleitende Ausscheidungen, Korngrenzen oder Kristalldefekte) notwendig, die eine effektive Verankerung der Flusswirbel und damit verbunden einen verlustlosen Stromfluss ermöglichen.

Da aber die Kohärenzlänge ξ, die die Ausdehnung der supraleitenden Phase bestimmt, dem kritischen Magnetfeld umgekehrt proportional ist, wird sie in den Hochtemperatursupraleitern sehr klein. In YBa$_2$Cu$_3$O$_{7-x}$ beträgt sie senkrecht zur CuO$_2$-Ebene 0,3–0,5 nm, in der Ebene 2–3 nm. Typische metallische Supraleiter wie z. B. Sn haben im Vergleich dazu eine Kohärenzlänge von 230 nm. Die Flusswirbel können sich deshalb durch ihre Temperaturbewegung leicht von den Pinning-Zentren losreißen, was ein thermisch aktiviertes Kriechen zur Folge hat.

Deshalb bewegen sich die Flusswirbel, die bei tiefen Temperaturen ein Gitter bilden, ab einer bestimmten Temperatur $T_{irr}(B) < T_c$ voneinander weitgehend unabhängig. Das Flussliniengitter schmilzt. Ein verlustloser Stromtransport (Supraleitungsstrom) ist zwischen $T_{irr} < T < T_c$ nicht mehr möglich. T_{irr} wird als „Irreversibilitätslinie" bezeichnet [29].

9.5 Fortsetzung der Tieftemperaturphysik in Adlershof

Von Wissenschaftlern der Humboldt-Universität gab es den Versuch, die langjährigen Erfahrungen, die an der Universität gesammelt worden waren, außeruniversitär neu zu gestalten, was aber unter konkreten Herausforderungen der technologischen Anwendung nicht bis zur industriellen Reife gebracht werden konnte. Nach 1989 gingen einige Tieftemperaturphysiker von der Humboldt-Universität und vom Amt für Standardisierung, Material und Warenprüfung der DDR (ASMW) zum Berliner Institut der Physikalisch-Technischen Bundesanstalt und bereicherten die Tieftemperaturforschung, ähnlich wie schon in der ersten Hälfte des Jahrhunderts.

Sie beteiligen sich in der Arbeitsgruppe „Tieftemperaturskala" an der weltweit einzigartigen Realisierung der vorläufigen Tieftemperaturskala PLTS-2000 im gesamten Definitionsbereich.

Im Fachbereich Kryophysik und Spektrometrie arbeiten sie an der Entwicklung komplexer hochempfindlicher SQUID-Sensorschaltungen und deren Anwendungen in verschiedensten Bereichen der Metrologie und Grundlagenforschung, der Metrologie elektrischer Größen, für biomagnetische Untersuchungen, für kryogene Strahlungsdetektoren und für andere messtechnische Anwendungen wie der magnetischen Kernresonanz. Für ungestörte Messungen kleinster Magnetfelder müssen alle äußeren Magnetfelder möglichst gut abgeschirmt werden. Hierfür besitzt die PTB entsprechende Abschirmkammern, die jegliche Störfelder fernhalten. Durch Kompensationsschaltungen gelingt es aber auch, hochempfindliche Messungen ohne Abschirmung zu realisieren.

Die Bemühungen, unter Industriebedingungen Tieftemperaturgeräte zu entwickeln, traf am Ende des 20. Jahrhunderts auf eine unerwartete Wendung bei den Tieftemperatur-Technologien. Das flüssige Helium als Kühlmittel für Temperaturen nahe dem absoluten Nullpunkt wurde schrittweise durch Kühlmaschinen, die mit thermodynamischen Prozessen arbeiten, ersetzt.

Auf die Entwicklung von Kühlsystemen von Wissenschaftlern der Humboldt-Universität im Forschungszentrum Berlin-Adlershof wird in den Kap. 10 und 11 eingegangen. Diese Arbeiten führten die ehemaligen Tieftemperaturphysiker der Humboldt-Universität in Adlershof mit denen der PTB in gemeinsamen Forschungsprojekten zur Detektorkühlung, an denen auch Wissenschaftler der DLR teilnahmen, wieder zusammen.

Literatur

1. Ginsburg, V. L. Landau, L. D.: On the Theory of superconductivity (russ.), Zh. Exsp. Theor. Phys. 20, 1064–1082 (1950)
2. Abrikosov A.A.: On the Magnetic Properties of Superconductors of the Second Group, JETP 5, 1174 (1957)
3. Shubnikow, L.W., Schotkewitsch, W.I. J.P. Schepelew, J.N. Rjabinin, Phys. Z. Soviet, 10 (1936); Zh. Exper. Theor. Fis.(USSR) 7, 221 (1937)

4. Shepelev, A., Larbalestier, D.: Die vergessene Entdeckung. Bereits vor 75 Jahren entdeckte Lew Wassiljewitsch Schubnikow die Typ-II-Supraleitung, Physik Journal 10, 51–53 (2011)
5. Bardeen J., Cooper L. N., Schrieffer J. R.: Theory of Superconductivity, Phys. Rev. 108, 1175 (1957)
6. Maxwell, E.: Isotope Effect in the Superconductivity of Mercury, Phys. Rev. 78, 477, (1950)
7. Reynolds, A., Serin, B., Wright, W. H., Nessbitt, L. B.: Superconductivity of Isotopes of Mercury, Phys. Rev. 78, 487 (1950)
8. Fröhlich, H.: Proc. Phys. Soc. (London), Section A, 63, 778 (1950)
9. Joas, C., Waysand, G.: Theorie der Supraleitung, Physik Journal 10, 23–28, (2011)
10. Zieman, J. M.: Principles of the Theory of Solids, Cambridge University Press (1964)
11. Doll, R., Näbauer, M.: Experimental Proof of Magnetic Flux Quantization in a Superconducting Ring, Phys. Rev. Lett. 7, 51 (1961)
12. Deaver, B. S., Fairbank, W. M.: Experimental Evidence for Quantized Flux in Superconducting Cylinders, Phys. Rev. Lett. 7, 43 (1961)
13. Huebener, R., Lubbig, H.: Die Physikalisch-Technische Reichsanstalt, Vieweg + Teubner Verlag, Wiesbaden (2011)
14. Giaever, I.: Energy Gap in Superconductors Measured by Electron Tunneling, Phys. Rev. Lett. 5, 147 (1960)
15. Josephson, B. D.: Possible new effects in superconductive tunneling, Phys. Lett. 1, 251–253 (1962)
16. Drung, D., Aßmann, C., Beyer, J., Kirste, A., Peters, M., Ruede, F., Schurig, Th.: Highly sensitive and easy-to-use SQUID sensors, IEEE Trans. Appl. Supercond. 17, 699–704 (2007)
17. Bednorz, J. G., Müller, K. A.: Perovskite-type oxides – The new approach to high-Tc superconductivity, Rev. Mod. Phys. 60, 585 (1988)
18. Takagi, H., Uchhida, S., Kitazawa, K., Tanaka, S.: High-Tc Superconductivity of La-Ba-Cu Oxides. II. – Specification of the Superconducting Phase, Jap. J. Appl. Phys. 26, L123 (1987)
19. van Dover, R. B., Cava, R. J., Batlogg, B., Rietman, E. A.: Composition-dependent superconductivity in $La_{(2-x)}Sr_xCuO_{(4-\delta)}$,Phys. Rev. B 35, 5337(R) (1987)
20. Wu, M. K., Ashburn, J. R., Torng, C. J., Hor, P. H., Meng, R. L., Gao, L., Huang, Z. J., Wang, Y. Q. Chu, C. W.: Superconductivity at 93 K in a new mixed-phase Yb-Ba-Cu-O compound system at ambient pressure, Phys. Rev. Lett. 58, 908–910 (1987)
21. Zhao, Z.X.: Int. J. Mod. Phys. B1, 187 (1987); Mai, Z., Chen, L., Chu, X., Dai, D., Ni, Y., Huang, Y., Xiao, Z. Ge, P., Zhao, Z.X.: Phys. Lett. A 127, 297 (1988)
22. Maeda, H., Tanaka, Y., Fukotomi, M., Asano, T.: A New High-Tc Oxide Superconductor without a Rare Earth Element, Jap. J. Appl. Phys. 27, L209 (1988)
23. Sheng, Z. Z., Hermann, A. M.: Bulk superconductivity at 120 K in the Tl–Ca/Ba–Cu–O system, Nature 332, 138–139 (1988)
24. Chu, C. W., Gao, L., Chen, F., Huang, Z. H., Meng, R. L., Xue, Y. Y.: Superconductivity above 150 K in $HgBa_2Ca_2Cu_3O_{8+\delta}$ at high pressures, Nature 365, 323–325 (1993)
25. Gough, C. E.: Flux quantisation and SQUID magnetometry using ceramic superconductors, Physica C: Superconductivity 153–155, 1567–1573 (1988)
26. Gough, C. E. et al.: Flux quantization in a high-Tc superconductor, Nature 326, 855 (1987)
27. Hoevers, H. F. C. et al.: Determination of the energy gap in a thin $YBa_2Cu_3O_{7-x}$ film by Andreev reflection and by tunneling, Physica C: Superconductivity 152, 105–110 (1988)
28. Maeda, A., Tajima, S., Kitazawa, K.: Experimental Indications on the Superconducting Gap of Oxide Superconductors, Material Science Forum 137–139, 1–58 (1993)
29. Buckel, W.: Supraleitung, Wiley-UCH, (1990) S. 186

Teil IV
Neue Kühlmethoden – Technische Lösungen und neue Physik

Tiefe Temperaturen ohne tiefsiedende Flüssigkeiten

10

Der wirtschaftliche und industrielle Einsatz von tiefen Temperaturen war mit der Gasverflüssigung und der Entwicklung geschlossener Gaskühlkreisläufe erreicht. Damit waren die Konservierung von Nahrungsmitteln und die Klimatisierung von Lebensräumen mit abgesenkten Temperaturen abgeschlossen. Für Bereiche tieferer Temperaturen, die nur mit flüssigem Stickstoff und flüssigem Helium erreicht werden konnten, insbesondere für Strahlungsdetektoren auf beweglichen Objekten und in Produktionsprozessen, war der Umgang mit den Kühlflüssigkeiten hinderlich oder überhaupt nicht möglich. So kam es zur Entwicklung von Kühlsystemen, die ohne Flüssigkeiten auskamen. Die dabei erzeugten mechanischen Störungen behinderten jedoch den Strahlungsempfang. Sehr empfindliche Detektoren konnten mit diesen Geräten nicht gekühlt werden. Das führte zur Entwicklung der Pulsrohrkühler, die ohne Bewegung mechanischer Teile arbeiten. Mit diesen Kühlern konnten mechanischen Störungen und Vibrationen weitgehend überwunden werden. Diese Entwicklung ermöglichte der Astrophysik einen neuen Blick in das Universum.

Der Anschluss der DDR an die Bundesrepublik und der damit verbundene gesellschaftlichen Umbruch am Anfang der 90er Jahren des 20. Jahrhunderts, waren mit einem Wechsel des Gesellschaftssystems verbunden. Das betraf auch den Bereich der Bildung und insbesondere die Hochschulen. Dabei kam es an der Berliner Humboldt-Universität als bekannteste Bildungsstätte Deutschlands zu besonders starken Verwerfungen.

Während der Umstrukturierung der Wissenschaftslandschaft im Ostteil Berlins suchten vor allem Naturwissenschaftler der Humboldt-Universität gemeinsam mit den Kollegen aus der ehemaligen Akademie der Wissenschaften im Wissenschafts- und Wirtschaftsstandort Berlin-Adlershof, der aus den Forschungsinstituten der Akademie der Wissenschaften der DDR entstand, einen Neuanfang. Unter ihnen war auch eine ganze Reihe Physiker, die in den Bereichen der Sektion Physik gearbeitet hatten und neben ihrer Lehrtätigkeit stark in der Forschung eingebunden waren.

© Springer-Verlag GmbH Deutschland, ein Teil von Springer Nature 2019
R. Herrmann, *Die Tieftemperaturphysik an der Humboldt-Universität im 20. Jahrhundert*, https://doi.org/10.1007/978-3-662-59575-6_10

*Ausgehend von den damals aktuellen Anforderungen der Materialfor-
schung, der Astrophysik und der Informationstechnik an Röntgen-, Infrarot- und
Terahertz-Detektoren, wandten sich Wissenschaftlern des Bereichs Tieftemperatur-Festkörperphysik der Weiterentwicklung von Kühlmethoden für Strahlungsdetektoren zu. Röntgen-Detektoren müssen für die Materialanalyse mindesten auf
Stickstofftemperaturen gekühlt werden. Für den Nachweis von leichten Elementen
und für die Astrophysik müssen sie, wie auch die Infrarot- und Terahertz-Detektoren auf Temperaturen unter 1 K abgekühlt werden. Allein das Abkühlen durch die
Verdampfung von flüssigem Helium reichte hierfür nicht mehr aus.*

*Hinzu kam, dass der kontinuierliche Einsatz gekühlter Detektoren und der
damit verbundene Umgang mit Kryoflüssigkeiten bei der Entwicklung von
Hochtechnologien zu einem Hindernis wurden. Auch ist Helium auf der Erde nur
in begrenzten Mengen vorhanden. Es wird heute immer schwerer, es zu beschaffen
und es geht auch beim Umgang im flüssigen Zustand in nicht unerheblichen Mengen verloren. Entsprechend wird es auch immer teurer.*

*Ein Ausweg ergab sich in den 1990er Jahren mit der Entwicklung von Kältema-
schinen, welche die notwendigen, tiefen Temperaturen im geschlossenen Kreislauf
erreichen. Dadurch konnte der Einsatz tiefsiedender Flüssigkeiten, insbesondere
von flüssigem Helium, nahe dem absoluten Nullpunkt stark reduziert werden.*

10.1 Stirling-Kühler

10.1.1 Der Stirling-Prozess

In der zweiten Hälfte des 20. Jahrhunderts hatten sich leistungsfähige Gasverflüssigungsanlagen für die wissenschaftlichen Arbeiten bei tiefen Temperaturen
und für die technische Anwendung der Tieftemperaturphysik, insbesondere für den
nicht mehr aus der Hochtechnologie wegzudenkenden Einsatz der Supraleitung,
etabliert. Dazu gehörten insbesondere Heliumverflüssiger, die mit den von Kapitza
entwickelten Prinzipien arbeiten.

Doch für eine ganze Reihe von Anwendungen wurde der Umgang mit tiefsiedenden Flüssigkeiten bald hinderlich, da die Flüssigkeiten relativ schnell ver-
dampften und ständig nachgefüllt werden mussten. Besonders schwierig war ihr
Einsatz bei der Kühlung von Infrarot-Detektoren in der Astrophysik und für ziel-
suchende Lenkwaffen. So war es nicht zuletzt das Militär, das die flüssigkeits-
freien Kühlmethoden förderte. Aber auch in der Kosmosforschung kamen immer
stärker Gaskältemaschinen zur notwendigen Detektorkühlung auf der Erde und
auf Satelliten zum Einsatz.

Die Entwicklung begann mit Kolbenmaschinen,die das Prinzip des Stir-
ling-Motors ausnutzten. Das sind Carnot-Maschinen, die gegen den Uhrzeiger laufen. Es wird nicht wie beim normalen Carnot-Prozess Arbeit durch den Aufwand
von Wärme erzeugt, sondern durch Arbeit wird Abkühlung erreicht.

Das Grundprinzip dieser mechanischen Kühler beruht darauf, dass ein Kompressor einen Kolben antreibt, der durch Kompression und Expansion eines

Arbeitsgases die Arbeit des Kompressors in eine Kühlleitung umsetzt. Um die Kühlung kontinuierlich zu gestalten, durchläuft ein Arbeitsgas bei allen derartigen Kühlprozessen einen geschlossenen Kreislauf.

Das Grundprinzip der Kühlung wurde im Abschn. 1.3 als Entropie-Verringerung (Abb. 1.5) mit dem rückwärtslaufenden Carnot-Kreislauf beschrieben und anhand der Arbeitsweise des Philips-Heliumverflüssigers im Abschn. 6.4 als Stirling-Kühlprozess erläutert.

Wie beim Philips-Verflüssiger gezeigt wurde, arbeitet dieser Stirling-Kühler mit einem Kolben, der im ersten Schritt unter Aufwand der Arbeit W ein Gas komprimiert. Die Kompressionswärme Q_h wird im zweiten Schritt abgeführt. Im dritten Schritt wird das Gas entspannt, wobei es sich abkühlt. Dieses kalte Gas wird im vierten Schritt genutzt, um ein Objekt abzukühlen. Diese Abkühlung erfolgt dadurch, dass vom kalten Gas vom zu kühlenden Objekt eine Wärmemenge Q_c aufgenommen wird.

Diese Gaskältemaschinen erzeugen jedoch durch ihre Kolbenbewegung mechanischen Schwingungen und Vibrationen, die die Funktionen der zu kühlenden Bauelemente und insbesondere hochempfindliche Detektoren stark in ihrer Funktion beeinträchtigen können, wenn nicht gar den Strahlungsempfang zunichte machen. Deshalb wurden Lösungen gesucht, bei denen die Kühler ohne mechanischen Kolben auskommen. Das gelang mit den sogenannten Pulsrohrkühlern, in denen keine mechanische Kolben, sondern nur eine Gassäule bewegt wird.

10.1.2 Pulsrohrkühler

In diesen Kühlern tritt an die Stelle des Kolbens eine Gassäule. Es gibt zwei Typen von Pulsrohrkühlern. Beide arbeiten nach dem Stirling-Prinzip. Sie entsprechen den mit Kolben arbeitenden Stirling-Kühlern sowie den auch mit Kolben arbeitenden Gifford-McMahon-Kühlern.

Stirling-Kühler und die Gifford-McMahon-Kühler unterscheiden sich durch die Art der Gaskompression. Im Stirling-Pulsrohrkühler arbeitet der Kompressor wie ein Blasebalg, ohne Ventile. Im Gifford-McMahon-Kühler erfolgt der Gaseinlass vom Kompressor in den Kühler und der Gasauslass aus dem Kühler zum Kompressor durch ein Drehventil. Die Stirling-Pulsrohrkühler arbeiten im Frequenzbereich von 20 bis 60 Hz. Die typischen Frequenzen liegen bei 50 Hz. Die Kompressorleistung liegt zwischen 50 und 200 W. Die Kühlleistungen erreichen bei Stickstoff-Temperaturen bis zu einigen Watt. Sie können Temperaturen bis zu 30 K erreichen.

Die Pulsrohrkühler vom Gifford-McMahon-Typ arbeiten im Frequenzbereich von 1 bis 2 Hz. Sie werden von Kompressoren bis zu 10 kW betrieben. Bei Heliumtemperaturen haben sie eine Kühlleistung um ein Watt.

Die Entwicklung dieser Kühler begann 1964 durch die Arbeiten von Gifford und Longsworth [1] und wurde durch Günter Thummes und Christian Heiden an der Universität Gießen zur technologischen Reife gebracht [2]. Die Pulsrohrkühler vom Gifford-McMahon-Typ arbeiten mit einer Stufe, zwei Stufen und auch mit

drei Stufen. Dabei wird die nachfolgende Stufe von der vorgehenden Stufe vorgekühlt. Die Stirling-Pulsrohrkühler sind einstufig.

Mit ^{4}He erreichte Matsubara 1993 mit einem dreistufigen Pulsrohrkühler 3,6 K,
mehr als ein halbes Kelvin unter dem Siedepunkt von flüssigem Helium. 1996
wurden an der Julius-Liebig-Universität in Gießen mit einem zweistufigen Pulsrohrkühler mit ^{4}He 2,23 K und 2003 mit ^{3}He 1,27 K erreicht [3]. An diesen Erfolgen schloss sich eine intensive Entwicklungsarbeit in der Universität Gießen an,
mit der die Ablösung der Flüssigkeitskühlung auf Temperaturen unter dem Siedepunkt des Edelgases Helium mit thermodynamischen Kältemaschinen begann [4].
Die zyklische Kompression und Expansion von Heliumgas erfolgt in den Pulsrohrkühlern ohne bewegliche Kolben oder bewegliche Regeneratoren in einem halbof-
fenen Pulsationsrohr. Der Regenerator befindet sich unbeweglich zwischen dem
Kompressor und dem Pulsationsrohr. Er ist ein mit Metallsieben gefülltes Rohr, in
dem die im Pulsationsrohr erzeugte Kälte gespeichert wird. Die Kompression und
die Entspannung erfolgen im Idealfall adiabatisch. An dem geschlossenen Ende
des Rohres (in Abb. 10.1 im rechten Rohr) tritt bei der Kompression eine Erwär-

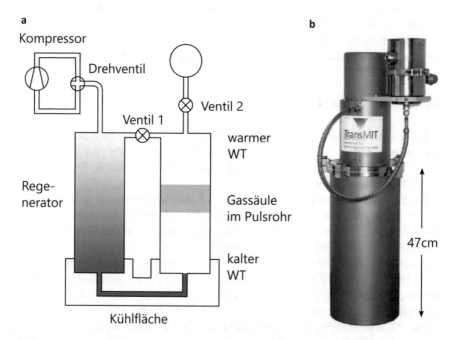

Abb. 10.1 (a) Prinzipskizze eines Gifford-McMahon-Pulsrohrkühlers. Ganz links oben der
Kompressor mit einem Rotationsventil, das den Gasein- und Ausfluss mit einer Frequenz von
ca. 1 Hz steuert. Es folgt der Regenerator mit einem Temperaturgradienten zwischen Raumtemperatur und der Kühltemperatur (warm – kalt), daran schließt sich das Pulsrohr mit dem Pha-
senglied (Reservoir, 1. Ventil, 2. Ventil) an. (b) Zeigt einen zweistufigen Gifford-McMahon-Pulsrohrkühler, Modell PTD 4200 der TransMIT GmbH, Gießen. Im 47 cm hohen Vakuumgefäß
befinden sich die beiden Kühlstufen darüber rechts oben, mit einem flexiblen Schlauch verbunden, das Rotationsventil. (Mit freundlicher Genehmigung der TransMIT GmbH)

mung Q_h auf, die durch einen Wärmetauscher, dem warmen Wärmetauscher (warmer WT), abgeführt wird. Die offene Seite, durch die das Gas bei der Entspannung wieder ausströmt, kühlt den angeschlossenen kalten Wärmetauscher (kalter WT) bei der Entspannung ab.

In Abb. 10.1a befindet sich auf der linken Seite der Kompressor. In der ersten Druckphase wird Heliumgas durch den Regenerator in das Pulsationsrohr gedrückt. Es bildet sich ein Gaskolben, der am Ende des Rohres komprimiert wird. Die dabei entstehende Wärme wird über den warmen Wärmetauscher (warmer WT) an die Umgebung abgegeben. In der zweiten Druckphase, beim Zurückströmen des Gaskolbens, entspannt sich das Gas und nimmt am kalten Wärmetauscher (kalter WT) Wärme aus der Umgebung auf und strömt über den Regenerator zum Kompressor zurück.

In der nächsten Phase wird das Gas wieder durch den Regenerator gedrückt, gibt schon an den Regenerator Wärme ab, kühlt sich am kalten Wärmetauscher weiter ab und gibt bei der Entspannung im Pulsationsrohr weitere Wärme ab.

Die Druckumschaltung wird durch das Rotationsventil mit einer Frequenz meist knapp über 1 Hz realisiert. Das Ventil ist wie der Kompressor über flexible Druckleitungen mit dem Pulsationsrohr verbunden, wodurch es vom Kompressor entkoppelt wird.

Bei der Kompression des Gases am warmen Wärmetauscher strömt ein geringer Teil des Gases über ein Ventil in ein Volumen (Reservoir). Diese Anordnung wirkt wie ein „RC-Glied" [5]. Außerdem erfolgt eine Rückkopplung des Gasstromes durch eine Überbrückung vom warmen Wärmetauscher zum Eingang des Regenerators direkt zum Kompressor [6]. Beide Maßnahmen bewirken eine Phasenverschiebung zwischen Gasstrom und Druckwelle, die die Kühlung bewirkt. Mit dem „RC-Glied" wird die Kühlleistung eingestellt. Durch die Rückkopplung wird sie optimiert.

Stirling-Pulsrohrkühler haben zwischen dem Kompressor und dem Regenerator kein Ventil. Der Kompressor ist direkt mit dem Pulsationsrohr über den Regenerator verbunden, sodass die Druckwelle allein vom Kompressor gesteuert wird. Die Phasenverschiebung zwischen Druck- und Gaswelle wird durch den Aufbau des Kühlkopfes erreicht.

Detektoren, die mit Pulsrohrkühlern gekühlt werden, haben hoch aufgelöste Spektrallinien. Eine Linienverbreiterung durch Vibrationen wird weitgehend durch das Fehlen von beweglichen mechanischen Teilen verhindert, da sich anstelle der von Kolben oder Regeneratoren nur eine Gassäule im Pulsationsrohr bewegt.

Für die Kühlung der Detektormatrizen in astrophysikalischen Teleskopen werden Gifford-McMahon-Pulsrohrkühler mit großer Kühlleistung eingesetzt. Für die Kühlung von IR-Detektoren sind die Stirling-Kühler mit Linearmotoren als Verdichter besonders gut geeignet (s. Abb. 10.2).

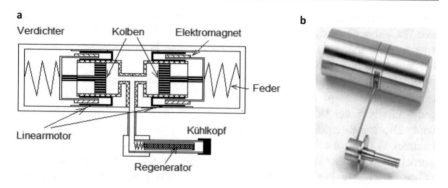

Abb. 10.2 a Skizze eines Stirling-Kühlers mit Verdichter. Zwei Linearmotoren als Kompressoren arbeiten symmetrisch gegeneinander, wodurch Schwingungen vermieden werden. Die Kompression erfolgt mit einem Magneten, die Rückführung durch Federn. Der Kühler mit Kühlkopf und Regenerator befindet sich unter dem Kompressor (Beim diesem Stirling-Kühler gehört der Kompressor mit zum Kühler. Die Schwingungsdämpfung liegt im symmetrischen Aufbau des Kompressors. Im Kühler wird bei dieser Konstruktion noch der kleine Regenerator bewegt. Der Kühler kann aber auch ohne bewegliche Teile aufgebaut werden und über einen flexiblen Schlauch mit einem ungedämpften Kompressor arbeiten. [Ein derartiges Gerät wurde vom Autor zusammen mit der Universität Jena für Stickstofftemperaturen entwickelt]). **b** Typischer Stirling-Pulsrohrkühler der Firma AIF Heilbronn. Oben der Kompressor, unten rechts die kalte Stirn des Kühlkopfes. Der Kühlkopf ist vom Verdichter durch ein dünnes Rohr getrennt. (Mit freundlicher Genehmigung der AIM Infrarot-Module GmbH, Heilbronn)

10.2   Temperaturen unter 1 K

10.2.1 Sorptionskühlung

Der wissenschaftliche Kontakt zum Kapitza-Institut war auch in der Wendezeit nicht abgebrochen. So entstand bei der Entwicklung von Kühlsystemen für den Millikelvinbereich wieder eine enge Zusammenarbeit mit Valerian Edelman und Ivan Khlyoustikov aus diesem Institut.

Wie schon Kamerlingh Onnes herausgefunden hatte, können bei der Dampfdruckerniedrigung von ^{4}He Temperaturen knapp unter 1 K erreicht werden. Neben dem Isotop ^{4}He, das in der Natur vorherrscht, existiert noch das Isotop ^{3}He. Dieses Isotop (Siedetemperatur $T_s = 3{,}19$ K) kühlt sich bei der Dampfdruckerniedrigung bis auf 0,3 K ab.

In Abb. 10.3 sind Verdampfungskühler mit einer ^{4}He-Wanne für 1 K und einer ^{3}He-Wanne für 0,3 K dargestellt. Mit der Temperatur der ^{4}He-Wanne wird das ^{3}He auf 1 K abgekühlt und verflüssigt und danach durch Verdampfen auf 0,3 K abgekühlt.

In der linken Abb. 10.3a befinden sich im oberen Teil Kohleadsorptionspumpen für den^{3}He- und den ^{4}He-Adsorber in Kupferzylindern, darunter die ^{4}He – und ^{3}He-Wannen. (In der Abb. ist die Pumpe für das ^{3}He durch die vordere Pumpe für das ^{4}He verdeckt.) Unter dem grünen Schliff für den Vakuummantel, der die Kühlstufen umschließt (hier nicht zu sehen), befindet sich ganz unten die ^{3}He-Wanne, darüber die ^{4}He-Wanne. Zwischen den Adsorbern und den Wannen sind zwei Wärmeschalter zu sehen, mit denen die Adsorber gesteuert werden.

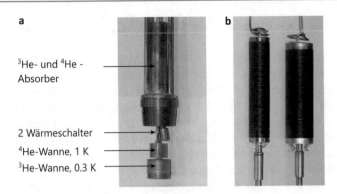

Abb. 10.3   a ^{4}He- und ^{3}He-Sorptionskühler (Entwicklung des Instituts für angewandte Photonik e. V. Berlin, 2008). Im oberen Teil des Bildes befinden sich die Adsorptionspumpen, im unteren Teil die Flüssigkeitsbäder und Wärmeschalter. Die mit Aktivkohle gefüllten Adsorber befinden sich jeweils in einer Vakuumhülle aus Kupfer. Wenn die Vakuumhülle mit He-Gas geflutet wird und die Aktivkohle Kontakt mit dem äußeren ^{4}He -Bad mit 4,2 K oder einem Pulsrohrkühler hat, erfolgt Sorption der Pumpen. Die ^{4}He- und ^{3}He-Bäder werden abgepumpt und ihre Temperaturen erniedrigt. Danach werden die Adsorber regeneriert, indem sie vom äußeren Bad getrennt und bei 80 K ausgeheizt werden. In **b** sind die mit Heizern umwickelten Adsorber zu sehen, links der ^{3}He-Adsorber, rechts der ^{4}He-Adsorber (^{4}He- und ^{3}He-Sorptionkühler, Entwicklungen von V. S. Edelman)

Das ^{4}He-Bad kühlt das ^{3}He-Bad vor. Die Verdampfung wird, wie in Abb. 10.3 beschrieben, mit den Adsorptionspumpen realisiert. Die Temperaturen in den ^{4}He- und ^{3}He- Bädern bei 1 K und 0,3 K bleiben über 6 h stabil, bevor die Adsorber regeneriert werden müssen.

Die Kühlung auf wenige Hundertstel Kelvin und darunter auf Millikelvin-Temperaturen erfolgt mit ^{3}He/^{4}He-Mischkühlung, wobei der Mischkühler mit den ^{4}He- und ^{3}He- Sorptionskühlern vorgekühlt wird [7]. Die Mischkühlung wird, wie im Abschn. 3.1 beschrieben, zur Vorkühlung bei der magnetischen Kühlung von Kernspins eingesetzt.

Dieser Temperaturbereich von einigen Millikelvin, der mit der Mischkühlung erreicht wird, ist auch durch die magnetische Kühlung mit paramagnetischen Salzen zugänglich. Die Handhabung der paramagnetischen Salze als Technologie ist jedoch nicht einfach zu beherrschen und die Abkühlung mit der Entmagnetisierung erfolgt diskontinuierlich. Dagegen arbeiten ^{3}He/^{4}He-Mischkühler kontinuierlich, weshalb beim Einsatz von Detektoren für astrophysikalische Experimente, wo eine kontinuierliche Kühlung wünschenswert ist, meist ^{3}He/^{4}He-Mischkühler eingesetzt werden. Diese Anlagen kommen auch ohne magnetische Störfelder aus, was insbesondere beim Einsatz von SQUID-Vorverstärkern und bei der Kühlung von Detektoren vorteilhaft ist.

Deshalb wurde mit ^{4}He- und ^{3}He-Soptionskühlung ein miniaturisierter, kontinuierlich arbeitender Mischkühler für die Kühlung von IR-, Terahertz- und Röntgen-etektoren entwickelt und ein transportables, flexibel einsetzbares Detektionssystem aufgebaut.

10.2.2 ³He/⁴He-Lösungskühler für Millikelvin-Temperaturen

Für den Einsatz von Mischkühlern ist eine Vorkühlung auf eine Temperatur von 0,3–0,8 K notwendig, die, wie beschrieben, mit der Verdampfungskühlung der Isotope ⁴He und ³He erfolgt. Dann können mit der Mischkühlung Temperaturen von 100 mK bis zu 3 mK erreicht werden, die für die Kühlung unterschiedlichster Detektoren ausreichend sind. Diese Methode wurde 1962 von Hans London, G. R. Clarke und E. Mendoza vorgeschlagen [8] und 1965 erstmals in der Universität in Leiden mit einer Endtemperatur von 220 mK realisiert [9].

Das Verhalten der beiden Isotope wurde sehr gründlich von Peshkow und Zinovjewa untersucht und das Phasendiagramm bestimmt. Unterhalb von 0,83 K haben die Isotope eine Mischungslücke. Das leichtere Isotop ³He schichtet sich für T < 0,83 K über das schwerere ⁴He, wie Abb. 10.4b zeigt [10].

Dass sich die superfluide Mischung der Isotope unterhalb der λ-Linie beim Erreichen der Phasenseparationsgrenze entmischt, zeigt das Phasendiagramm in Abb. 10.4a. Stabile Mischungen existieren nur bis zu 6–7 at.-% von ³He in ⁴He. Auf der Phasenseparationsgrenze entmischen sich die Isotope und schichten sich übereinander, wie in Abb. 10.4b deutlich zu erkennen ist.

In dem Kühler befindet sich in der Kammer, die in der Abb. 10.5a als „Mischer" bezeichnet ist, eine Schichtung von flüssigem ³He über flüssigem ⁴He, in dem 6 at.-% ³He (dunkelblau) gelöst sind. Die Kammer ist damit halb gefüllt. Der Mischer ist über einem Wärmetauscher mit einem Verdampfer verbunden, der das Gemisch auf ≈0,7 K erwärmt, wodurch das leichter flüchtige ³He aus dem Gemisch verdampft. Dieses ³He-Gas kondensiert an einer „kalten Wand" mit der Temperatur von 0,4 K (rosa) und wird wieder flüssig. Es fließt durch den Wärmetauscher, in dem es durch das entgegenströmende, kalte Gemisch wieder abge-

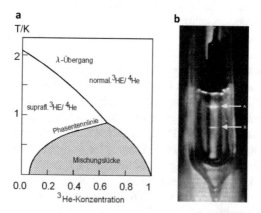

Abb. 10.4 **a** Phasendiagramm der Mischung von ³He in ⁴He unterhalb von 2 K. Bei T → 0 K lösen sich nur noch 6,48 % ³He in ⁴He. Unter 0,83 K entmischen sich die Isotope. **b** Foto von Peshkow (s. Abb. 9.5) und Zinovjewa aus dem Kapitza-Institut 1957. Die Minisken beider Flüssigkeiten sind klar zu erkennen

a

b

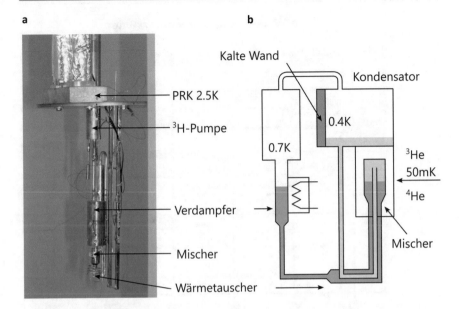

Abb. 10.5 **a** Verdünnungskühler mit 0,4-K-Vorkühlung, ^{3}He-Verdampfer (bei 0,7 K). ^{3}He-Kondensator (kalte Wand, 0,4 K), Mischer und Wärmetauscher (nach V. S. Edelman und I. Khlyoustikov). Er befindet sich am 2,5 K Flansche eines McMahon-Pulsrohrkühlers von der Trans-MIT GmbH, Gießen. Der Mischer erreicht in dieser Anordnung eine Temperatur von 0,05 K. **b** Schema des Verdünnungskühler am 2,5-K-Flansch eines McMahon-Pulsrohrkühlers von der TransMIT GmbH, Gießen. Der Mischer erreicht in dieser Anordnung eine Temperatur von 0,05 K

kühlt wird, in die Mischkammer zurück und schichtet sich über das ^{4}He-Gemisch. Da die Mischung durch die Verdampfung stark an ^{3}He verarmt, wird das über der Mischung geschichtete ^{3}He gezwungen sich zu lösen. Beim Lösen von ^{3}He in superfluiden ^{4}He muss aber Energie aufgewandt werden, wodurch der Lösung Wärme entzogen wird und sie sich auf wenige Millikelvin abkühlt. So können im Prinzip bis zu 3 mK erreicht werden.

Aufgrund der tiefen Temperaturen von 2,5 K, die der Pulsrohrkühler von der TransMIT GmbH erreicht, konnte auf die ^{4}He-Stufe verzichtet werden. So wurde die ^{3}He -Wanne direkt vom Pulsrohrkühler abgekühlt [11].

In Abb. 10.5b befindet sich am 2,5 K-Flansch des Pulsrohrkühlers die ^{3}He-Sorptionspumpe, darunter nur eine ^{3}He-Wanne, die mit dem Mischkühler über eine gemeinsame Wand verbunden ist. An dieser Wand wird das ^{3}He des Verdünnungskühlers wieder kondensiert und gelangt durch den Wärmetauscher in den Mischer. Dort schichtet es sich über das ^{4}He, wo es unter Energieaufwand das ^{4}He verdünnt. Der Energieverbrauch kühlt den Mischer weiter ab.

Das Kühlsystem wurde für den Temperaturbereich unter 100 mK auch für einen Tauchkühler für flüssiges Helium entwickelt, d. h. die drei Stufen ^{3}He-Sorption, ^{4}He-Sorption und Mischkühlung wurden zur Vorkühlung in ein Dewar mit flüssigem Helium getaucht. Dabei wurden Temperaturen zwischen 40 und 100 mK erreicht, mit denen SQUIDs und Terahertz-Detektoren erfolgreich abgekühlt werden konnten.

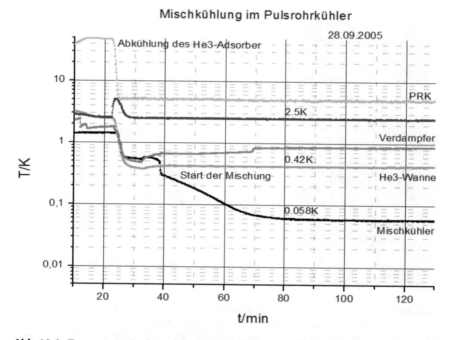

Abb. 10.6 Temperaturverlauf der Mischkühlung. Die grüne Kurve ist die Temperatur von 0,42 K der ³He-Wanne, die durch die Dampfdruckerniedrigung mit der Adsorptionspumpe erreicht wird. Die rote Kurve ist die Temperatur des Verdampfers, der die Mischkühlung in Gang setzt. Die schwarze Kurve zeigt die Temperatur des Mischers vom Start der Mischung bis zum Erreichen der stabilen Temperatur von 0,058 K [11]

Die Abb. 10.6 zeigt den zeitlichen Verlauf der Abkühlung der einzelnen Komponenten des Mischkühler nach dem Einschalten der Anlage.

10.3   Ablösung der Heliumkühlung durch Gaskältemaschinen

Typische Gaskältemaschinen für Temperaturen nahe dem absoluten Nullpunk sind zweistufige Gifford-McMahon-Pulsrohrkühler. Wie in den Experimenten beschriebenen, wurden von der TransMIT GmbH Pulsrohrkühlern für Temperaturen zwischen 3 und 2,4 K realisiert. Der Pulsrohrkühlern für die Vorkühlung unseres Soptionssystems, ein zweistufiger McMahon-Pulsrohrkühler mit einem 6-kW-Kompressor, der mit einem supraleitenden 5-T-Magnet ausgerüstet war, ist in Abb. 10.7a zu sehen [12]. Die 1) Stufe des Kühlers erreichte nach einer Stunde 35,8 K und die 2) Stufe nach 95 min eine Temperatur von 2,5 K und nach 120 min 2,217 K. Den für diesen Pulsrohrküler entwickelten Soptionskühler zeigt Abb. 10.7b, der in das Rohr des Pulsrohrkühlers, der sich im supraleitenden Magneten befindet, eingesetzt wird.

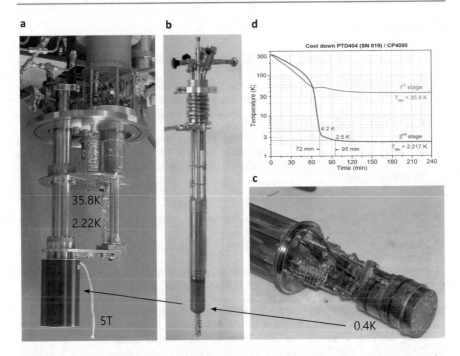

Abb. 10.7   a Die Kühlstufen des Pulsrohrkühlers mit 35,8 K (1. Stufe) und 2,22 K (2. Stufe), mit dem supraleitenden 5 T-Magneten. (Mit freundlicher Genehmigung der TransMIT GmbH.) **b** Adsorptionskühler für 400 mK, der in das sich auf der linken Seite befindliche Rohr mit dem Magneten eingeschoben wird. Die silberglänzenden Bereiche werden von innen an die Kühlstufen mit leitenden Federn angeflacht. **c** Geöffneter Vakuumraum des Adsorptionskühlers mit der ^{4}He-1-Kelvin-Wanne über der ^{3}He-0,4-K-Wanne. In **d** sind die Abkühlkurven der beiden Kühlstufen des Pulsrohrkühlers über der Zeit dargestellt

Der Sorptionskühler enthält im oberen Teil die Eingänge für das Steuerprogramm der Adsorber sowie die Ausgänge der Messleitungen. Im mittleren Teil befinden sich die Adsorptionspumpen zwischen den beiden silberglänzenden Bereichen, die zur Kühlung der Adsorber auf die Pulsrohrtemperaturen im Arbeitsrohr des Pulsrohrkühlers mit Federn angeflanscht sind.

Heute werden von unterschiedlichen Firmen computergesteuerte Kühlsysteme mit gleichem Aufbau angeboten. Die finnische Firma Blue Force Cryogenics, eine Ausgründung aus der Helsinki University of Technology, bietet das kryogenfreie Lösungskühlersystem „DU7 dilution units" an. Die Kühlleistung des Systems „DU7" beträgt 500 µW für 100 mK und 15 µW bei 20 mK als Standard.

Eine ähnliche Anlage wird mit dem Kühler TritonXL 1000 von von Qxford Instruments angeboten. Der Kühlere hat eine Kühlleistung von 25 µW bei 20 mK und 5 µW für 10 mK. Nachteil dieser Anlagen sind Abkühlzeiten, die bis 24 h betragen.

Literatur

1. Gifford, W. E., Longsworth, R. C.: Pulse-Tube Refrigeration, J. Eng. Ind. 86(3), 264–268 (1964)
2. Thummes, G.: Pulse Tube Cryocoolers: An Option for Cooling without Cryogenic Liquids, TransMIT, SE@NSF Workshop, Villard de Lans, May 26–28 (2008)
3. Jiang, N., Lindemann, U., Giebeler, F., Thummes, G.: A 3He pulse tube cooler operating down to 1.3 K Cryogenics 44, 809–816 (2004)
4. Thummes, G., Giebeler, F., Heiden C. (1995): Effect of Pressure Wave Form on Pulse Tube Refrigerator Performance. In: Cryocoolers 8, 383–393, Springer, Boston, MA, Wang, C., Thummes, G., Heiden, C.: A Two-Stage Pulse Tube Cooler Operating below 4 K, Cryogenics 37, 159–164 (1997)
5. Mikulin, E. I., Tarasov, A. A., Shkrebyonock, M. P.: Adv. in Cryogenic Engineering 12, 608 (1967)
6. Shaowei, Zhu, Peiyi, Wu, Zhongqi, Chen: Double inlet pulse tube refrigerators: an important improvement, Cryogenics 30, 514–520 (1990)
7. Herrmann, R., Ofitserov, A. V., Khlyustikov, I. N., Edelman, V. S.: Instruments and Exp. Techniques 48, 693–702 (2005)
8. London, H., Clarke, G.R., Mendoza, E.: Osmotic Pressure of He3 in Liquid He4, with Proposals for a Refrigerator to Work below 1 K, Phys. Rev. 128, 1992 (1962)
9. Das, P. et al.: Proc. 19th Int. Conf. on Low Temp. Phys., Plenum Press, London 1196 (1965)
10. Peschkow, V. P.: Zinovjewa (1957) Kapitza Institut für Physikalische Probleme
11. Hermann, F., Herrmann, R., Edelman V. S.: A 3He Cryostat Inserted into a Refrigerator with an Impulse Tube, Instruments and Exp. Techniques 52, 758–761 (2009)
12. Thummes, G.: Pulse Tube Cryocoolers: An Option for Cooling without Cryogenic Liquids, TransMIT, SE@NSF Workshop, Villard de Lans, May 26–28 (2008)

Röntgen- und Terahertz-Detektoren

11

Für die Detektion von Röntgen-, Infrarot- und Terahertz-Strahlung können kryo-
gene Detektoren vorteilhaft eingesetzt werden. Hier finden Halbleiterdetektoren
aus mit Lithium dotiertem Silizium, Si(Li), supraleitende Kantenbolometer, mag-
netische metallische Kalorimeter, supraleitende Tunnelkontakte (STJ) und supra-
leitende Nanodrähte Verwendung. Die in den Detektoren durch die Strahlung,
den Photonen, hervorgerufenen sehr kleinen Wärmeimpulse erzeugen in den
Detektoren Widerstandsänderungen, Strom- und Magnetisierungssignale, die mit
den im Abschn. 9.4 über Supraleitung beschriebenen SQUID-Stromsensoren bei
tiefen Temperaturen verstärkt werden.

11.1   Supraleitende Kantenbolometer

Für weiche Röntgenstrahlung sind besonders gut supraleitende Kantenbolometer
(engl. TES – Transition Edge Sensor) geeignet. Diese Kryodetektoren bestehen
typischerweise aus einem Goldabsorber, einem supraleitenden Phasenübergangsthermometer und einem Substrat als Wärmesenke (s. Abb. 11.1). Zwischen dem
Thermometer und dem Substrat wird ein definierter thermischer Leitwert eingestellt. Die thermische Ankopplung wird so dimensioniert, dass sie die Energie
der einzelnen Photonen in kürzester Zeit vom Absorber übernimmt.

Da die Energiemenge eines Röntgen-Photons sehr klein ist, muss der Absorber
so wenig Energie enthalten, dass der Energieeintrag durch ein Photon signifikant
wird. Das erfordert die Kühlung des Absorbers auf Temperaturen $\leq$300 mK. Dann
erzeugt das Photon eine noch genügend große Temperaturerhöhung, aus der seine
Energie bestimmt werden kann [1].

Die Sprungtemperatur des Supraleiters für das Thermometer wird so gewählt, dass
der Übergang vom Normalleitungszustand in den supraleitenden Zustand auf der
Mitte der Übergangskurve liegt (s. Abb. 11.2). Dann hat eine Temperaturerhöhung

© Springer-Verlag GmbH Deutschland, ein Teil von Springer Nature 2019
R. Herrmann, *Die Tieftemperaturphysik an der Humboldt-Universität im 20.*
Jahrhundert, https://doi.org/10.1007/978-3-662-59575-6_11

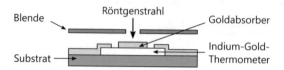

Abb. 11.1 Schematische Darstellung eines auf dem Mikrokalorimeterprinzip beruhenden Transition-Edge-Sensors, bzw. Kantenbolometer (ca. $250 \times 250 \times 0{,}5$ nm^3). In der Mitte befindet sich ein Absorber aus Gold, darunter der Supraleiter, ein Thermometer aus golddotiertem Indium und das Substrat als Wärmesenke [1]. Der Übergang vom supraleitenden Phasenübergangsthermometer zum Substrat ist als thermischer Link ausgebildet, der die dynamischen Eigenschaften des Bolometers bestimmt

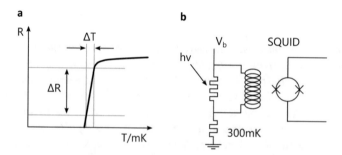

Abb. 11.2 Kantenbolometer: (**a**) Widerstand eines supraleitenden Sensors in Abhängigkeit von der Temperatur im Übergang vom supraleitenden (SL, links der Widerstandskurve) in den normalleitenden (rechts der Widerstandskurve) Zustand. Die Temperaturerhöhung ΔT erzeugt die Widerstandsänderung ΔR, die in (**b**) mit einem SQUID-Stromsensor gemessen wird (s. Kap. 9, Supraleitung), wobei das Kantenbolometer mit einer konstanten Biasspannung Vb betrieben wird

Tab. 11.1 Anzahl der Anregungen bei einer 6-keV-Einstrahlung und die theoretische Energieauflösung für drei Detektortypen

Detektortyp	Effektive Anregungs-energie (eV)	Anzahl der Anregungen bei 6 keV	Energieauflösung bei 6 keV (eV)
Proportionalzähler	30	200	420
Halbleiter	3	2000	≈ 120
Kryodetektor	10−5−10−3	>106	<6

durch die Photonenenergie eine Widerstandsänderung des Thermometers zur Folge, die der Energie des einfallenden Röntgen-Quants proportional ist.

Da die Energieauflösung eines Detektors durch die effektive Anregungsenergie der Photonen und die daraus resultierende Gesamtanzahl von angeregten Ladungsträgern bestimmt ist, zeigt sich, dass Kantenbolometer den Proportionalzählern und auch den Halbleiterdetektoren gegenüber überlegen sind. Die resultierende Energieauflösung bei einer Anregungsenergie von 6 keV und die dabei möglichen Anregungen sind in Tab. 11.1 zusammengestellt. Auch bei niedriger Anregungsenergie ist die Anzahl der erzeugen Anregungen in einem supraleitenden Kryodetektor um den Faktor 1000 größer als in einem Halbleiterdetektor.

Die thermisch angekoppelte Wärmesenke wird so dimensioniert, dass sie die Energie der einzelnen Photonen in kürzester Zeit vom Adsorber übernimmt.

11.2 Magnetische Kalorimeter

Magnetische Kalorimeter werden wie die supraleitenden Kantenbolometer für die Messung weicher Röntgenstrahlung mit Energien zwischen 1 keV und 100 keV eingesetzt. Der Sensor des Detektors besteht aus einem paramagnetischen Metall, meist Gold, das mit Erbium dotiert ist. Die Röntgenphotonen werden von einem Absorber eingefangen, der thermisch mit dem Sensor eng verbunden ist. Beim Einfall eines Röntgen-Photons auf den Absorber wird die Temperatur des Absorbers und damit auch die Temperatur des Sensors erhöht. Diese Temperaturerhöhung ist der Energie des Photons δE direkt und der Wärmekapazität des Systems C umgekehrt proportional,

$$\delta T = \frac{\delta E}{C}, \tag{11.1}$$

sodass die Größe des Temperatursignals bei kleiner Wärmekapazität groß ist. Das thermische Rauschen wird durch die tiefen Temperaturen, auf die der Detektor abgekühlt wird, fast vollständig unterdrückt.

Der magnetische Sensor wird in einem schwachen äußeren Magnetfeld B magnetisiert, wobei die magnetischen Momente des paramagnetischen Metalls nach dem Curie-Gesetz $M \sim 1/T$ umso stärker im Feld ausgerichtet werden, je tiefer die Temperatur ist. Entsprechend arbeiten die magnetischen Kalorimeter besonders gut bei Temperaturen unter 100 mK.

Bei der Temperaturerhöhung durch ein Photon wird die Magnetisierung verringert. Für kleine Temperaturerhöhungen δT ergibt sich die Magnetisierungsänderung

$$\delta M \sim \frac{dM}{dT} \delta T. \tag{11.2}$$

Die damit verbundene Flussänderung wird mit einem SQUID-Magnetometer gemessen.

Die Möglichkeit, einzelne Photonen zu messen und zu zählen, hängt vom Material des Sensors ab. So bewirkt das Erbium im Gold eine starke Kopplung zwischen den magnetischen Momenten der Erbiumionen und den Leitungselektronen des Goldes. Die sich daraus ergebende schnelle Relaxation führt zu sehr kurzen Anstiegszeiten des Messsignals. Wobei die Wärme, von einer mit dem Sensor verbundenen Wärmesenke aufgenommen wird. Nach einer Abschätzung von Fleischmann erfolgt die Thermalisierung für einen Gold-Erbium-Detektor (Au:Er) in 10^{-7} s [2].

11.3   Supraleitende Terahertz-Detektoren

Mit den von uns im Institut für angewandte Photonik entwickelten Kühlern für den Millikelvinbereich wurden gemeinsam mit dem Deutschen Zentrum für Luft- und Raumfahrt e. V. in Berlin-Adlershof und der Abteilung Temperatur und Synchrotronstrahlung der Physikalisch-Technischen Bundesanstalt, Berlin, supraleitende IR-Einzelphotonen-Detektoren mit einem ^{4}He/^{3}He-Sorptionskühler bei Temperaturen zwischen 0,3 K und 0,5 K getestet.

Abb. 11.3a zeigt die Terahertz-Photonen-Detektoranordnung mit einem Einzelphotonendetektor. Der Detektor wurde direkt an die ^{3}H-Wanne angeflanscht. In der Mitte der Detektorhalterung ist die Glasfaser zu sehen, mit der die Strahlung auf den Detektor gelangt. Im Bild (b) daneben (s. Abb. 10.3b), ist der Pulsrohrkühler dargestellt, in dem sich der mK-Kühler befindet. Das Messsignal wird mit einem SQUID-Verstärker verstärkt. Während der SQUID-Stromsensor auf der Kaltplattform des Kühlers montiert ist, befindet sich die SQUID-Ausleseelektronik in dem schwarzen Gehäuse am Pulsrohrkühler bei Zimmertemperatur. Das verstärkte Signal des Kalorimeters gelangt dann zur Datenerfassung.

Für die Messungen wurden hochempfindliche, energiedispersive Quantendetektoren für IR-Photonen [3] mit einer Energieauflösung <19 eV eingesetzt. Ähnlich wie die Kantenbolometer nutzen diese supraleitenden Nanodraht-Einzelphotonendetektoren (engl. SNSPD – Superconducting Nanowire Single Photon Detector oder auch Hot-Spot Detector) den Übergang vom supraleitenden zum normalleitenden Zustand.

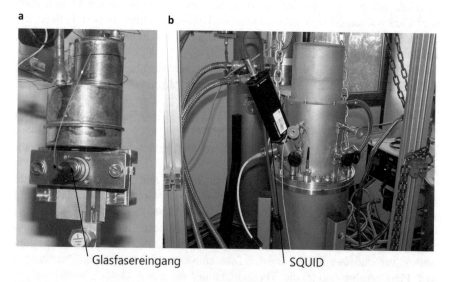

Abb. 11.3   Der Detektor befindet sich unter dem Glasfasereingang im Bildteil (**a**). Er ist mit der ^{3}He-Wanne des Kühlers thermisch verbunden. Darüber befindet sich die ^{4}He-Wanne. (**b**) Im roten Isolationsschlauch befindet sich die Glasfaser, darüber der Detektorausgang mit Koaxialkabel und SQUID-Verstärker (schwarz). Die Druckschläuche, oben links, führen zum Kompressor des Pulsrohrkühlers, der unten links steht

In einer vereinfachten Modellbetrachtung eines SNSPD erzeugt ein einzelnes einfallendes Photon in einem supraleitenden Niob-, Niobnitrid- oder Tantal-Steg von nur einigen 10–150 nm Breite ein kleines normalleitendes Gebiet, das auch als „Hot-Spot" bezeichnet wird. Die Entstehung des Hot-Spots beruht darauf, dass das einfallende Photon ein Cooper-Paar aufbricht und neben einem niederenergetischen Elektron ein hochangeregtes Elektron erzeugt. Dieses höherenergetische Elektron und Phononen brechen weitere Cooper-Paare auf. Der Nanodraht wird mit einem Biasstrom betrieben, der im supraleitenden Nanodraht eine Stromdichte knapp unterhalb der kritischen Stromdichte j_c der supraleitenden Dünnschicht erzeugt. Durch die Ausdehnung des normalleitenden Hot-Spots im Bereich der Photonabsorption wird der verbleibende supraleitende Bereich im Nanodraht, in den der Biasstrom verdrängt wird, enger und die kritische Stromdichte des Supraleiters auch in diesem Bereich überschritten ($j > j_C$). Damit wird der gesamte Drahtquerschnitt an dieser Stelle resistiv und es entsteht ein Spannungsabfall über dem Draht. Die bei diesem Prozess entstehende Joule'sche Wärme wird durch die Kühlung des Bauelements abgeführt und der Draht wird wieder supraleitend und kann erneut ein Photon detektieren (s. Abb. 11.4).

In einem SNSPD wird der Nanodraht mäanderförmig möglichst dicht über die Detektorfläche geführt. Die Länge des Drahts kann dabei bis zu einige Millimetern betragen, sodass relativ große Detektorflächen von mehreren 10 mm^2 erzielt werden.

Mit derartigen Detektoren können Terahertz- und IR-Photonen sehr empfindlich detektiert werden [4], wobei die Detektionseffektivität für die untersuchten Materialien Nb und NbN von der Wellenlänge abhängig ist [5]. Im Ergebnis war die Energieauflösung des untersuchten SNSPDs für den Terahertz-Bereich wesentlich besser als die der Mikrokalorimeter.

Terahertz-Strahlung fand eine erste öffentlich wirksame Anwendung mit den Nacktscannern, mit denen Waffen und explosives Material an Personen auf Flughäfen nachgewiesen werden können. Unter dem Titel „Terahertz-Technologie an der Schwelle von wissenschaftlichen Anwendungen zu kommerzieller Nutzung"

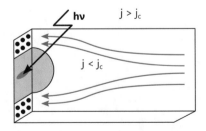

Abb. 11.4 Supraleitender Steg. jc ist die kritische Stromdichte eines Supraleiters aus Nb, NbN oder Tantal. Die Bildung einer normalleitenden Domäne ist farblich angedeutet, auch die Verdrängung des Stromflusses aus dieser Domäne an den Rand des Steges nach Absorption eines Photons. Dieser Detektor ermöglicht den Zugang zum langwelligen IR-Bereich bis zu 75 μm

(in den PTB-Mitteilungen Nummer 120 Heft 3) hat das Deutsche Luft- und Raumfahrtzentrum, Berlin-Adlershof, das Potenzial der Terahertz-Strahlung für Anwendungen analysiert [6]. Im gleichen Heft befassen sich J. Beyer und Ch. Monte mit Terahertz-Detektoren auf der Basis spezieller Kantenbolometer, die jedoch für eine Betriebstemperatur von 4,2 K optimiert wurden. Bei diesem TES-mit SQUID-Verstärker war nicht die Empfindlichkeit der ausschlaggebende Parameter, sondern hier sollte die hohe Linearität der Sensoren für eine metrologische Anwendung in der Fourier-Transform-Spektroskopie im FIR/THz-Bereich genutzt werden [7].

Literatur

1. Hettl, P.: et al. High resolution X-ray spectroscopy with superconducting tunnel junctions Proceedings of the European Conference of Energy Dispersive X-Ray Spectrometry (1998), EDXRS-98, (Bologna 1999) ed. Fernandez, J.E. Tartari, A.
2. Fleischmann, A.: (Diss. Ruprecht-Karls-Universität Heidelberg 2003)
3. Semenov, A.D. Gol'tsman G.N. Korneev, A.A. Quantum detection by current carying superconducting film Physica C 351 (2001) 349–356
4. Semenov, A. et al. Eur. Phys. J. AP 21 (2003) 171
5. Lipatov, A. et al.: Supercond. Sci. Techn. 15, 1 (2002)
6. Hübers, H.-W.: PTB-Mitteilungen, 120 Heft 3, (2010) 187
7. Beyer, B. Monte, Ch.: PTB-Mitteilungen 120 Heft 3, (2010) 203

Kalte Augen, kalte Bosonen

12

Mit der Entwicklung einer neuen Kühlmethode, „Laserkühlung" oder auch „optische Kühlung" genannt, wurde die Bose-Einstein-Kondensation realisiert. Es wurde das Kondensat hergestellt, das Fritz London für die Suprafluidität von Helium II verantwortlich gemacht hatte. Mit dieser Kühlmethode entstand eine neue Physik bei Temperaturen tausend Mal kleiner als die μ- Kelvin, die mit der Mischkühlung und der magnetischen Kühlung erreicht werden.

12.1 Die kalten Augen der Radioteleskope

Die Entwicklung der Pulsrohrkühler macht es möglich, sehr empfindliche Detektorsysteme, wie Bolometer für astrophysikalische Teleskope auf Millikelvintemperaturen zu kühlen, wodurch die Detektoren zeitlich unbegrenzt arbeiten können. Teleskope, die mit diesen Detektorsystemen ausgerüstet sind, können bisher nicht erreichbare Gebiete des Universums erforschen. So gelang es, die Radioteleskope „Atacama Pathfinder Experiment" (APEX) und das Riesen-Teleskop „Atacama Large Millimeter / SubmillimeterArray" (ALMA) für die Beobachtung sehr kalter kosmischer Objekt zu entwickeln. Diese Geräte sind mit Detektoren ausgerüstet, die durch die Kombination von McMahon-Pulsrohrkühlern und ^{3}He/^{4}He-Sorptionskühler, wie im vorhergehenden Kapitel IV.11 beschrieben, auf Temperaturen um 250 mK gekühlt werden (Abb. 12.1a).

Die Kühlung der Detektoren ist notwendig, um die geringe Energie der Millimeter- und Submillimeterstrahlung, die von den kalten kosmischen Objekten ausgesendet wird, mit dem Detektor aufzulösen. Die Temperaturerhöhung der Bolometer durch die Strahlung muss signifikant über der Temperatur des Detektors liegen.

Im AP-EXperiment wird eine Detektormatrix mit 295 Bolometern eingesetzt. Wobei jeder Detektor 5×5 μm^2 groß ist. Den äußeren Aufbau dieser Matrix zeigt Abb. 12.1a. Ihre Anordnung mit dem Kühlsystem im Auge des Teleskopes ist in der Abb. 12.1b dargestellt.

© Springer-Verlag GmbH Deutschland, ein Teil von Springer Nature 2019
R. Herrmann, *Die Tieftemperaturphysik an der Humboldt-Universität im 20. Jahrhundert*, https://doi.org/10.1007/978-3-662-59575-6_12

a

b

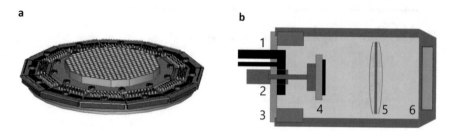

Abb. 12.1 Das Auge des Teleskopes. **a** zeigt die Bolometermatrix, die als LABOCA (LArge BOlometer Camera) bezeichnet wird [1]. **b** Schematische Skizze der Bolometer-Kamera im APEX Teleskop mit 1 der Kühlplattform des Pulsrohrkühlers, 2 dem ^{3}He-Sorptionskühler, 3 einerSQUID-Ausleseelektronik, 4 der Bolometermatrix, 5 einer Silizium-Linse und 6 einem Vakuumfenster, nach [2]

Abb. 12.2 Das 12 m Teleskop von APEX in der Atacama-Wüste. (© ESO)

Das AP-EXperiment mit einem Radioteleskop von 12 m Durchmesser wurde 2005 in der Atacama-Wüste im Norden Chiles in 5107 m Höhe auf dem Chaj-nantor-Hochplateau vom Max-Plank-Institut für Radioastronomie, der Europäischen Südsternwarte und dem schwedischen Onsala Space Observatory in Betrieb genommen (s. Abb. 12.2). Das Teleskop arbeitet im Submillimeter- und Millimeterwellenbereich von 0,2 bis 2,0 mm Wellenlänge. Mit Mischkühlern auf einzelnen Teleskopen werden zukünftig auch Temperaturen bei µ-Kelvin-Temperaturen erreichbar sein.

Dichte Gas- und Staubregionen im Universum verhindern die Abstrahlung von sichtbarem Licht, dagegen geben Millimeter- und Submillimeterbereich den Blick auf ihr Inneres frei. Diese langwellige Strahlung, die aus diesem Grund einen tieferen Einblick in das immer noch rätselhafte kalte Universum ermöglicht, wird jedoch in der Erdatmosphäre durch Wasserdampf stark absorbiert. Deshalb ist das Chajnantor-Hochplateau wegen seiner sehr dünnen und sehr trockenen Luft besonders gut für die Beobachtungen mit Strahlung dieses Wellenlängenbereiches geeignet[1].

12.2   Ein erster Blick ins Universum

Bei einem ersten Blick in das Universum wurden neue und bisher nicht sichtbare Details in der Struktur der Radioquelle Sarg* beobachtet. Diese Radioquelle wird mit dem Schwarzen Loch im Zentrum der Milchstraße identifiziert. Damit machen die Forscher einen weiteren Schritt in Richtung der direkten Kartierung des Schattens um das Schwarze Loch im Zentrum der Milchstraße [2].

Im Sommer 2014 wurde für das Riesen-Teleskop, das „Atacama Large Millimeter / Submillimeter Array" (ALMA), welches aus 66 Teleskopen besteht, das letzte Teleskop aufgestellt und der Betrieb aufgenommen, nachdem schon 2011 die ersten wissenschaftlichen Beobachtungen mit einem Teil der Anlage begonnen wurden (Abb. 12.3).

Dieses Riesen-Teleskop (Abb. 12.3) ist ein Gemeinschaftsprojekt zwischen Europa, Nordamerika, Ostasien und Chile, mit dem die Wissenschaftler Strahlung im Grenzbereich zwischen Infrarot- und Radiostrahlung auffangen können. Der messbare Wellenlängenbereich beginnt bei 0,3 mm und reicht bis 9,6 mm. Mit diesem Teleskop kann Strahlung von sehr kalten und sehr weit entfernten Galaxien empfangen werden. Dabei befassen sich die Radioastronomen mit großen kühlen Wolken, deren Temperaturen nicht weit über dem absoluten Nullpunkt im interstellaren Raum liegen und versuchen, mehr über die chemischen und physikalischen Bedingungen innerhalb dieser Objekte zu erfahren.

Das Universum ist in diesem elektromagnetischen Spektralbereich noch relativ wenig erforscht, zumal für die Beobachtung sehr trockene atmosphärische Bedingungen notwendig sind. Erst durch die Aufstellung der Teleskope in der Chajnantor-Hochebene als perfekten Ort, wo es jahrzehntelang nicht regnet, gelingt es, weiter in diese kalten Tiefen des Universums vorzudringen.

Das zuletzt angelieferte Teleskop hat einen Durchmesser von 12 m und stammt wie 24 weitere seiner Art aus Deutschland. 25 Teleskope kommen darüber hinaus aus Nordamerika, 16 wurden in Ostasien hergestellt, alle sind zwischen sieben und 12 m groß.

---

[1]Die trockene Luft kommt vom Äquator. Nachdem die am Äquator aufsteigenden Luft alle Feuchtigkeit vorher verloren hat, kommt sie hier am südlichen Wendekreis völlig ausgetrocknet herunter, so dass es nur alle drei Jahre mit einer Niederschlagsmenge kleiner 1 mm pro Jahn regnet. Die Wüste ist 15 Mio. Jahre alt. Die Austrocknung der Wüste begann aber schon vor 23 Mio. Jahren. Das konnte durch die Menge von Helium 3 (^{3}He) festgestellt werden, das durch Wirkung der Höhenstrahlung auf Pyroxen in Steinen der Wüste entsteht.

Abb. 12.3 Im ALMA-Experiment werden 66 Teleskope eingesetzt, von denen 25 Anlagen in Deutschland hergestellt wurden. Foto von 2011 mit Wissenschaftlern aus Garching und Chile. (© ALMA ESO)

Völlig überraschend gelang den Teleskopen APEX und ALMA, kaum dass ihr Aufbau abgeschlossen war, ein zweiter, epochaler Blick in das Universum.

Im Verbund mit sechs weiteren Teleskopen wurde eine weitreichende, fundamentale Entdeckung gemacht, mit der Einsteins Relativitätstheorie aufs Neue bestätigt wurde. Durch die Vernetzung von acht starken Radioteleskopen, dem ALMA und dem APEX, dem IRAM 30-m Telescope, dem James Clerk-Maxwell Telescope, dem Large Millimeter Teleskop Alfonso Serrano, dem Submillimeter Array, dem Submillimeter Telescpope und dem South Pole Telescope entstand das Event Horizon Telescope (ETH), ein weltumspannendes Teleskop, das sich über die Vulkane in Hawaii und Mexico, den Bergen von Arizona und der Spanischen Sierra Nevada, der Chilenischen Atacama Wüste und der Antarktis verteilte.

Den Astrophysikern gelang mit gekühlten Detektoren, wie sie in Kap. 11 beschrieben wurden, die Aufnahme des ersten Schwarzen Loches, eine geistige und experimentelle Meisterleistung, die auf zwei Ebenen erfolgte. Mit den Experimenten des teleskopischen Signalempfanges und der Verknüpfung und Bearbeitung der Signale.

Am 9. April 2019 wurde, in der Endphase der Arbeit an diesem Buch, auf sechs Pressekonferenzen gleichzeitig – in Brüssel, Washington, Taipeh, Tokio, Shanghai, Santiago de Chile – die Aufnahme des ersten fotografierten Schwarzen Loches in einem orangerotem Lichtring vorgestellt. Die Aufnahme zeigt den Schatten des unsichtbaren Schwarzen Loches im Zentrum der 55 Mio. Lichtjahre entfernten Galaxie Messier 87 mit einer Masse von 6.5 Mrd. Sonnenmassen, in seiner flammend orangeroten Umgebung, die von der am Ereignishorizont des Lochs verglühenden Materie gebildet wird.

Das Teleskop Event Horizon Telescope nutzt die Technologie der Very-Long-Baseline Interferometry (VLBI), mit der die 8 Teleskope synchronisiert wurden. Dieses riesige Teleskop arbeitet auf der Wellenlänge von 1,3 mm mit einer Winkelauflösung von 20 Mikro-arc-Sekunden. Das ist eine Auflösung, mit der man eine Zeitung, die sich in Paris befindet, von New York aus lesen könnte. Diese Auflösung ist natürlich nur möglich durch den Einsatz des weltumspannenden Teleskopnetzwerkes. Genauso wichtig ist aber auch, dass das so aufgelöste Bild durch die Bolometermatrizen, die die Netzhäute der Augen der Teleskope bilden, mit hoher Genauigkeit empfangen werden können. Denn durch die Sprungtemperatur der supraleitenden Sensoren werden diese scharf auf die Wellenlänge der Strahlung im Millimeterbereich eingestellt, die sowohl den kosmischen als auch den irdischen Raum durchdringt. Die tiefen Temperaturen von 250 mK, bei denen sich die Bolometer befinden, unterdrücken jegliches Rauschen, so dass auch extrem schwache Signale erfasst werden.

Seit 2017 sammelten die 8 Teleskope des ETH eine riesige Datenmenge, mit der das Bild des massereichen Schwarzen Loches im Zentrum der 55 Mio. Lichtjahre entfernten Galaxie Messier 87 rekonstruiert werden konnte. Petabytes von Daten von den Teleskopen wurden mit hochspezialisierten Supercomputer vom Max Planck Institut für Radioastronomie in Bonn und dem MIT Haystack Observatory kombiniert und das Bild des Schwarzen Loches daraus berechnet (Abb. 12.4).

So wie es Galilei formuliert hatte, wurde mit diesem bahnbrechenden Experiment, die von Albert Einstein schon vor 100 Jahren berechnete Massenkonzentration, die alles, was ihr nahe kommt, anzieht und verschluckt, physikalisch nachgewiesen und Einsteins Allgemeine Relativitätstheorie damit aufs Neue bestätigt.

Schwarzes Löcher sind eigentlich unsichtbar. Durch ihre extreme Masse lassen Schwarze Löcher noch nicht einmal das Licht entkommen, das auf sie fällt,

Abb. 12.4   a Rot-gelbe Umrandung des unsichtbaren Schwarzen Lochs im Zentrum der 55 Mio. Lichtjahre entfernten Galaxie Messier 87 mit einer Masse von 6,5 Mrd. Sonnenmassen. Der Leuchtring zeigt das am 09.04.2019 aus Beobachtungen konstruierte Bild des Loches. **b** Schematische Darstellung seines Gravitationspotenzials. Der Raum wird durch den Ereignishorizont, dargestellt durch die schwarze Scheibe (im linken Bild im Zentrum) getrennt. Darunter, im Loch der Bereich, der selbst das auffallende Licht aufsaugt. Oberhalb des Horizonts, rot angedeutet, der Rand, der durch die in das Schwarze Loch fallende, verglühende Materie gebildet wird. (© a: Event Horizon Telescope collaboration et al.)

wodurch sie praktisch unsichtbar sind, denn die Anziehungskraft von Schwarzen Löchern ist unvorstellbar groß.

Jedoch wird die Materie, bevor sie im Schwarzen Loch verschwindet, vor dem Ereignishorizont extrem stark aufgeheizt, wodurch sie sehr intensiv strahlt. Dieses charakteristische Leuchten rahmt das unsichtbare Schwarze Loch wie eine Halo ein.

12.3   Das Bose-Einstein-Kondensat in einer magneto-optischen Falle

1997, als Frank Pobell in Bayreuth mit der Kernentmagnetisierung eine Kühltemperatur von 1.5 µK erreichte [3], bekamen die Physiker Steven Chu, Claude Cohen und William D. Phillips für eine völlig neue Kühlmethode, der Laserkühlung und dem Einfangen von Atomen in einer Magneto-Optischen Falle (MOT) den Nobelpreis [4, 5].

Die Laserkühlung bremst die Bewegung der Atome einer kleinen Atomwolke, die durch ein inhomogenes Magnetfeld zusammengehalten wird, mit 6 Lasern, von denen jeweils zwei Laserstrahlen aufeinander gerichtet sind, derart stark ab, dass die Wolke Temperaturen von Mikrokelvin erreicht. Die Anordnung der Laser und der Magnetspulen, die die Falle erzeugen, sind in der Abb. 12.6 dargestellt. Durch die Kombination von abbremsenden Laserstrahlen und dem Magnetfeld, das die Wolke zusammenhält, entsteht ein kaltes Gas, das durch Verdampfungskühlung weiter abgekühlt wird.

Mit dieser Kühlmethode gelang es Eric A. Cornell mit Karl E. Wiemann [6] am National Institute of Standards and Technology in Boulder und Wolfgang Ketterle mit seiner Gruppe am Massachusetts Institute of Technology [7] die Bose-Einstein-Kondensation, die Fritz London 1936 als Grund für das Helium II vermutet hatte, an einem nicht wechselwirkenden Atom-Gas zu realisieren. Für diese Entdeckung erhielten sie 2001 den Nobelpreis.

Die Kondensation gelang bisher nicht mit einem Gas von Wasserstoffatomen sondern der Gruppe um Cornell und Wiemann mit einem Gas aus 20.000 Rubidiumatomen und Ketterle und seiner Gruppe mit 500.000 Natriumatomen. Das liegt daran, dass diese Atome größer und schwerer sind und die Thermalisierung des Gases durch Stöße schneller erfolgt als mit den Wasserstoffatomen.

Mit diesem Kondensat fand die Gasentartung, die Nernst keine Ruhe gelassen hatte, ihre Aufklärung. Nernst sprach schon 1919 davon, dass die Gasentartung irgendeinmal an einatomigen Wasserstoffgas nachgewiesen werden könnte, und bemerkte auf den Einwand, dass die Atome sich zusammenlagern werden und einen Festkörper bilden, stets: „Das könne Sie doch gar nicht wissen" [8]. Doch die Überlegungen von Nernst waren der Ausgangspunkt für die Arbeiten zur Bose-Einstein-Kondensation. Am Massachusetts Institute of Technology wurde, bevor diese Kondensation mit Na-Atomen gelang, nach dem Vorschlag von Nernst mit

Wasserstoffatomen experimentiert. Dabei entstanden die Kühlmethoden, mit denen die notwendigen tiefen Temperaturen erreicht werden konnten [9].

Wie in Teil I Kap. 3 schon erläutert, werden die Elementarteilchen in Abhängigkeit von ihrem magnetischen Moment, dem Spin, in Fermionen und Bosonen eingeteilt. Teilchen mit halbzahligem Spin, wie die Elektronen, sind Fermionen. Teilchen mit ganzzahligem Spin, wie die Photonen, sind Bosonen.

Die Bosonen mit ganzzahligem Spin können in Abhängigkeit von der Energie die Energiezustände mehrfach besetzen. Bei sehr niedrigen Energien befinden sich alle Bosonen in den untersten Energieniveaus. Wird die thermische Energie der Bosonen unter die kritische Energie bis zu einer kritischen Temperatur T_c gesenkt, dann kondensieren die Bosonen im Grundzustand und bilden ein Quantenkondensat.

Ein solches Kondensat, aus Alkalimetallen, Natrium oder Rubidium mit ganzzahligem Spin, bildet neben der Gasphase, der flüssigen Phase der festen Phase und dem Plasma einen neuen Aggregatzustand. Es ist ein kohärentes System ununterscheidbarer Quantenteilchen, die aufgrund ihrer großen de Broglie-Wellenlänge delokalisiert sind und eine makroskopische Materiewelle bilden.

In der Abb. 12.5 ist der Übergang von einem Gas klassischer Teilchen zu einem de Broglie-Wellenpaket in Abhängigkeit von der Temperatur dargestellt.

Wie von Elektronen oder Photonen bekannt, hat jedes Teilchen sowohl Korpuskel als auch Welleneigenschaften. Nach der de Broglie- Beziehung ist die Wellenlänge

$$\lambda_{dB} = \frac{h}{p} \qquad (12.1)$$

Bei normalen Temperaturen treten die Teilchen eines Gases aber als Korpuskeln auf, die mit der klassischen Mechanik und der Boltzmann-Statistik beschrieben werden (s. Abb. 12.5a). Die mittlere kinetische Energie eines Teilchens ist

$$\frac{1}{2}m\langle v\rangle^2 = \langle E_{kin}\rangle = \frac{3}{2}k_B T. \qquad (12.2)$$

Woraus sich für die mittlere Geschwindigkeit $\langle v\rangle = \sqrt{\frac{3k_B T}{m}}$ folgt. Mit dem Impuls $\langle p\rangle = m\langle v\rangle = \sqrt{3mk_B T}$ ergibt sich die de Broglie-Wellenlänge zu

$$\lambda_{dB} = \frac{h}{\sqrt{2mk_B T}}. \qquad (12.3)$$

Sie ist der Wurzel der Temperatur umgekehrt proportional. Wird die Temperatur erniedrigt, so werden damit Energie und Impuls der Gasteilchen kleiner und die Wellennatur tritt in den Vordergrund. Bei weiterer Abkühlung wird, mit immer kleiner werdender Energie und kleinerem Impuls, die de Broglie-Wellenlänge immer größer. Sie erreicht schließlich den mittleren Abstand der Gasteilchen, wodurch die Wellenpakete beginnen sich zu überlappen und auf Grund ihrer Ununterscheidbarkeit ein zusammenhängendes Wellenpaket zu bilden. Dieses Wellenpaket ist ein kohärenter Quantenzustand. Alle Atome haben die gleiche Phase und den gleichen Ort. Damit verbunden ist eine immer stärkere Besetzung des Grundzustandes. Der Abstand a von zwei Teilchen beträgt, wenn der Wellencharakter in einem Gas unter Standardbedingungen eintritt 10 nm. Die dafür notwendige Temperatur ergibt sich mit $\lambda_{dB} = a = 10nm$, aus (Gl. 10.3) zu <0,002 K. Die Wellen der einzelnen Teilchen verlieren ihre Eigenständigkeit und bilden eine einzige Materiewelle (s. Abb. 12.5c).

Die Teilchen, die ein Bose-Einstein-Kondensat bilden können, sind Teilchen mit einem magnetischen Dipolmoment und mit einem ganzzahligen Spin. Obwohl die Atomhülle der Alkalimetalle einen halbzahligen Spin hat, und nur einen wesentlich kleineren Kernspin besitzen, erzeugt die Hyperfeinwechselwirkung in diesen Atomen bei sehr tiefen Temperaturen einen ganzzahligen Spin.

Die Realisierung eines Kondensats erfolgt in mehreren Schritten. Zu Beginn werden die Alkaliatome in einem Ofen als heißes Gas hergestellt. Die Atome verlassen den Ofen mit einer Geschwindigkeit um 1500 m/s. Das Gas strömt durch einen Magnetfeldgradienten, in dem es auf 20 m/s abgebremst wird und gelangt in einen Ultrahochvakuumbehälter mit einem Druck von $p = 10^{-11}$ mbar in die oben beschriebene Magneto-Optischen Falle (MOT), in der es eine Atomwolke bildet. Das Ultrahochvakuum verhindert Stöße im Restgas.

In der Magneto-Optischen Falle wird die Atomwolke durch das inhomogene Magnetfeld von zwei Spulen in einer Anti-Helmholtz-Konfiguration in einem harmonisches Potential, das im Zentrum der Falle ihr Minimum hat, konzentriert und zusammengehalten (s. Abb. 12.6).

Mit den 6 Lasern, von denen, wie schon gesagt, jeweils zwei Laserstrahlen aufeinander gerichtet sind, erfolgt die weitere Abkühlung durch Photonen, die auf die Atomwolke treffen. Die Laserstrahlen werden so polarisiert, dass nur die Photonen absorbiert werden, die mit einem gerichteten Stoß die Bewegung der ihnen entgegenfliegenden Atome abbremsen. Die dabei übertragene Energie wird danach richtungslos emittiert, so dass die Abbremsung erhalten bleibt.

Da die Photonen und die Atome aufeinander zu fliegen, tritt Dopplereffekt auf. Um für die den Photonen entgegenfliegenden Atome Resonanzabsorption zu realisieren, muss das einfallende Laserlicht etwas in den roten Spektralbereich verschoben werden. Deshalb wird dieser Vorgang auch als Dopplerkühlung bezeichnet. Diese optische Kühlung bremst die Atome bis auf eine Geschwindigkeit von 0.1 m/s ab, was einer Temperatur von 200 µK entspricht.

a
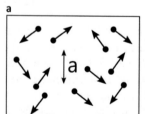
b
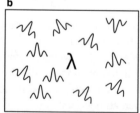
c
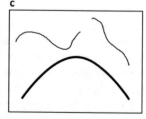

Abb. 12.5 In **a** werden klassische Teilchen bei hohen Temperaturen in einem Ofen verdampft, wobei sie eine hohe thermischer Geschwindigkeit von 100 bis 300 m/s erreichen. Nach Abkühlung unter Zimmertemperatur **b** gehen sie bei einer Wellenlänge λ, die den Abstand a der Teilchen erreicht, in Wellenpakete über. Bei einer kritischen Temperatur Tc überlappen sie zu einer delokalisierten, kohärenten Materiewelle mit starker Besetzung des Bosonen-Grundzustandes (**c**)

Abb. 12.6 Magneto-
optische Falle mit einer
Anti-Helmholtz-Spule und
sechs paarweise aufeinander
gerichtete Laserstrahlen. σ
steht für die Polarisation und
die Pfeile geben die Richtung
des Stromes in den Spulen an

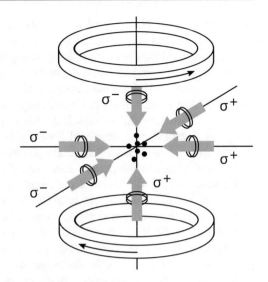

Die Dopplerkühlung ist jedoch durch thermische Fluktuationen der Atome
begrenzt. Diese Begrenzung liegt für Natrium bei 240 μK, für Rb bei 163 μK. In
diesem Stadium besteht die kalte Atomwolke noch aus rund 10^9 Teilchen und hat
in der Falle ein Volumen von wenigen Kubikmillimetern.

Die Temperatur, die mit der optischen Kühlung für die in der MOT gefangene
Atomwolke erreicht wird, ist aber immer noch um das 1000-fache für eine
Bose-Einstein Kondensation zu groß. Um zu tieferen Temperaturen zu kommen,
muss eine Kühlung eingesetzt werden, die die Begrenzung der Dopplerkühlung
umgehen kann. Das erfolgt mit einer neuen Form der Verdampfungskühlung. Die
kalte Atomwolke wird in eine weitere Magnetfalle geschoben, mit der eine völlige thermische Isolierung erreicht wird. Diese Falle wird von einer Kombination
von Magnetspulen gebildet, die durch Überlagerung beider Felder einen zigarren-
förmigen Käfig für die kalten Atome ergibt.

Die Verdampfungskühlung entspricht der Sorptionskühlung, wie sie bei der
Abkühlung von flüssigem Helium durch Verdampfung beschrieben wurde. Doch
muss für das Entfernen der energiereichen Atome in der Magnetfalle ein selektiver
Weg gegangen werden. Ein „Maxwellscher Dämon" muss die Atome mit höherer
Energie, die sich an der Oberfläche der Atomwolke befinden, aussortieren.

Dieser Dämon senkt die Potentialschwelle, die die Atome in der Falle hält,
dadurch ab, dass er eine Verdampfung nutzt, die durch Resonanz mit einer Radio-
frequenz induziert wird. Das magnetische Resonanzfeld wird so eingestellt,
dass die an der Oberfläche der Wolke gefangenen, energiereichen Atome durch
die Radiowellen in Resonanz aus gebundenen Zuständen in magnetisch nicht-
gebundene Zustände gebracht werden und dadurch aus der Falle herausfallen.

Nur die kälteren Atome im Zentrum werden zurückgelassen. Auf diese Weise
werden noch 99,9 % der Atome von den ganz kalten Atomen abgetrennt, was zu
einer unwahrscheinlichen Abkühlung um drei Größenordnungen der Temperatur

führt. Neben der Kühlung wird in der Falle die Dichte des Gases erhöht, wobei jedoch die Bildung eines Festkörpers vermieden werden muss. Wenn durch die Verdampfungskühlung unter 100 Nanokelvin (nK) die kritische Temperatur T_c der Kondensation erreicht ist, kommt es zur Bose-Einstein-Kondensation.

Im Experiment wird die Kondensation bei T_c durch ein Schattenbild der Atomwolke sichtbar gemacht und die Veränderungen des Kondensats bei der Abkühlung unter T_c im Schattenbild verfolgt. Die Wolke zieht sich zusammen. Die Schwärzung des Zentrums im Schattenbild wird sehr intensiv, was von einer starken Zunahme der Dichte des Kondensats zeugt (Abb. 12.7).

Wie tief auch die Temperatur sein mag, die Atome haben immer noch eine thermische Energie, die versucht die Atome gegen das Magnetfeld auseinander zu treiben. Wird das Magnetfeld ausgeschaltet, dann streben die Atome mit einer Geschwindigkeit auseinander, die der thermischen Energie entspricht. Die Vergrößerung der Atomwolke in der Zeit ist also ein Maß für die Geschwindigkeit und entsprechend für die Temperatur. Für Natriumatome werden bei einer Teilchengeschwindigkeit von 3 mm/s Temperaturen bis zu wenigen Nanokelvin erreicht.

Das Bose-Einstein-Kondensat bestätigt beeindruckend die Theorie über das Verhalten der Teilchen mit ganzzahligem Spin von Bose und Einstein. Die Wärmekapazität einer solchen Atomwolke aus 10^6 Atomen ist jedoch z. Z. noch so gering, dass eine Kühlung anderer Körper auf diese tiefen Temperaturen erst mit größeren Atomwolken realisierbar wird.

Mit der Herstellung des Kondensats der Bosonen wurde ein neuer Zustand der Materie erhalten: Ein makroskopischer Quantenzustandeiner delokalisierten, kohärenten Materiewelle sehr nahe am absoluten Nullpunkt. Diese Entwicklung scheint vermutlich zu einer neuen Physik bei tiefen Temperaturen führen.

Dafür spricht auch, dass sich für das Kondensat schon erste Anwendungen abzeichnen. So wurden im Januar 2017 mit dem Experiment MAIUS

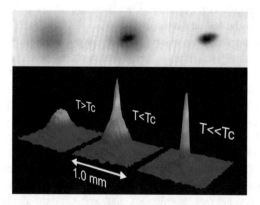

Abb. 12.7 Bose-Einstein-Kondensat [10]. Das obere Bild zeigt die Schattenbilder der Atomwolke eine Bose-Einstein-Kondensats für eine Temperatur über der Kondensationstemperatur Tc und für $T < T_c$ sowie $T \ll T_c$ nach der Kondensation. Je dunkler der Schatten ist, desto dichter ist das Kondensat. Im unteren Bild ist die Dichte als Höhenkoordinate in Farbe dargestellt. (© Cold Atom Laboratory, NASA)

(Materiewellen-Interferometrie in der Schwerelosigkeit) [10] auf einer Rakete, die vom Raumfahrtzentrum Esrange bei Kiruna in Schweden startete, in der Schwerelosigkeit eine große Zahl von Experimenten unter der Leitung der Leibniz-Universität Hannover mit dem Bose-Einstein-Kondensat durchgeführt[2]). Die Interferometrische Untersuchungen mit dem Kondensat waren erstaunlich genau und geben Anlass zu Vermutungen, dass mit dem Kondensat sehr präzise Messungen der Gravitation erfolgen könnten.

Wenn auf der Erde das Kondensat nur in Bruchteilen von Sekunden existiert, bevor es durch die Gravitation zerfließt, wird es auf der Rakete solange aufrechterhalten, wie die Schwerelosigkeit herrschte. Und es besteht die begründete Hoffnung, dass auf einer Raumstation, wie der ISS wesentlich günstigere Bedingungen für die Experimente zu erwarten sind.

Mit einem ersten Versuch wurde 2018 in einer Kältekammer auf International Space Station (ISS) in 400 km Höhe von der amerikanischen Weltraumbehörde NASA ein Bose-Einstein-Kondensat erzeug [11].

12.4   Die Zukunft der Physik tiefer Temperaturen

Die heutige Tieftemperaturphysik befasst sich mit der Kühlung von Experimenten, um von thermischen Störungen unabhängig, unterschiedlichste Forschungsarbeiten durchführen zu können und mit der Kühlung von Sensoren, um mit diesen immer tiefer in die Geheimnisse der materiellen Welt einzudringen und neue, genauere Messdaten zu erhalten. Diese Gebiete werden sich intensivieren und immer empfindlichere Methoden entwickeln. Abgesehen davon sind auch Entdeckungen von neuem Quanten-Effekt zu erwarten.

Wie in diesem Kapitel berichtet, sind am Ende des 20. Jahrhunderts zwei neue Gebiete der Tieftemperaturphysik in Erscheinung getreten. Die von der klassischen Tieftemperaturphysik entwickelte Detektortechnik ermöglicht es, weit entfernte und sehr kalte Gebiete des Weltraumes zu erforschen. Die Realisierung der Bose-Einstein-Kondensate als makroskopischen Quantenzustand bei unerwartet tiefen Temperaturen von Nanokelvin, d. h. Milliardstel von Kelvin (10^{-9} K) brachte einen völlig neuen Zustand der Materie hervor und wird wahrscheinlich zu einer neuen Tieftemperaturphysik, sehr nahe am absoluten Nullpunkt führen.

Mit den makroskopischen Quantenzuständen, der Supraleitung und der Suprafluidität, die die klassische Tieftemperaturphysik hervorgebracht hat, eröffnet sich nach der Realisierung der Bode-Einstein-Kondensation eine Welt der makroskopischen Quantenphänomene.

Auf der Tagung „Tieftemperatur – quo vadis?" der Physikalisch-Technischen-Bundesanstalt am 5. und 6. Juni 2007 in Berlin hatte Frank Pobell einesteils Recht mit dem Ende der Tieftemperaturphysik, wie in der Einleitung festgestellt.

---

[2]An der Entwicklung der Apparatur und an den Experimenten waren 11 Universitäten u. a. Bremen, Hamburg, Berlin, die DLR, und das Ferdinand Braun Institut in Berlin beteiligt.

Die neuen Entwicklungen zeichneten sich damals noch nicht klar ab. Heute kann diese Tieftemperaturphysik, die das Buch beschreibt, vermutlich als klassisch bezeichnet werden. Denn es zeigt sich, dass mit jedem Schritt näher an den absoluten Nullpunkt die Quantenphänomene erstaunlicher und vielfältiger werden.

Mit den Experimenten APEX und dem Riesen-Teleskop ALMA wird es möglich, Materie bei tiefen Temperaturen im kosmischen Raum genauer und umfangreicher zu untersuchen. Auch hier sind mit den hochempfindlichen, bei sehr tiefen Temperaturen arbeitenden Instrumenten, neue Informationen über das Verhalten der Materie zu erwarten. Dabei könnten auch neue Erscheinungsformen der Materie und neue Quantenphänomene beobachtbar werden.

Literatur

1. http://www.apex-telescope.org/mirror/observations/instruments/laboca/index.html U. C. Berkeley, Chicago SZ Cosmology Workshop 18 Sept 2003. "The Astrophysical Journal" Vol. 859 (1) https://doi.org/10.3847/1538-4357(2018)
2. https://www.ingenieur.de/technik/.../riesen-teleskop-alma-in-chiles-wueste-fertig
3. Pobell, F.: "Matter and Methods at Low Temperatures", (Springer 1996), Scinexx.de 24.09.2015
4. https://www.nobelprize.org/prizes/physics/1997; Chu, S.: Rev. Mod. Phys. 70 685 (1998); Phillips, W.D., Nobel Lecture (1998); Phillips, William D.: Nobel Lecture 1998
5. Raab, E. L. et al.: Phys. Rev.Lett.59 (23) 2631 (1987) Phillips, William D.: Nobel Lecture 1998
6. Wieman, C.: American Journal of Physics 64 (7), 847 (1996)
7. Ketterle, W.: Nobel lecture, Rev. of Mod. Phys. 74 (2002) 1132
8. Günther, P.: Zum 10. Todestag von Walther Nernst (Karlsruhe) Physikalische Blätter 7 (12) (1951) 556–558
9. Cornell, E.A. Wieman, C.E.: Spektrum der Wissenschaft (5 1998)
10. Becker, D. et al.: Space born Bose-Einstein-Condensation for Precisions-Interferometry Nature 562 391–395 (2018)
11. Lingner, M. Finsterbusch, F.: Frankfurter Allgemeine, aktualisiert am 17.08.2018-16:4

Schlussbemerkungen

Anliegen dieses Buches

Das Anliegen des Buches ist es, die Entwicklung der Tieftemperaturphysik im Rahmen der Thermodynamik an der Berliner Universität und der Physikalisch-Technischen Reichsanstalt im 20. Jahrhundert erlebbar zu machen. Mit einem Rückblick auf die Geschichte dieses beeindruckenden Wissenschaftsgebietes und einem Ausblick in seine Zukunft in der Quantenphysik und der Astrophysik.

Im ersten Teil des Buches wird die großartige, durch das Kaiserreich geförderte Entwicklung der physikalischen und chemischen Forschung in Berlin in der ersten Hälfte des Jahrhunderts, in der die Tieftemperaturphysik und die Thermodynamik mit eingebunden waren, dargestellt. Es wird gezeigt, dass die von Max Planck, Walter Nernst u. a. gelegten Grundlagen noch heute das feste Fundament der Tieftemperaturphysik bilden. Das unkonventionelle Herangehen von Nernst, experimentell das Verhalten von Energie und Entropie bei Annäherung an den absoluten Nullpunkt zu klären, und der ungeheure Aufwand von Walther Meißner, um mit tiefen Temperaturen den Geheimnissen der Supraleitung auf die Spur zu kommen, stehen im Vordergrund. Zum Abschluss wird kurz auf die Zukunft der Tieftemperaturphysik eingegangen, die mit immer komplizierteren Methoden schwindelerregend tiefe Temperaturen erreicht. Mit denen es gelang, die Nernst'sche Gasentartung als Physik von Quantenphänomenen zu realisieren und so ein neues Kapitel der Tieftemperatur aufzuschlagen.

Zur Entwicklung der Tieftemperaturphysik der Berliner Universität in der zweiten Hälfte des vorigen Jahrhunderts hat der Autor dieses Buches persönlich beigetragen. Er gehörte zu den Wissenschaftlern, die sich bemühten, nach dem Krieg, die großen Berliner Traditionen der Tieftemperaturphysik in einem völlig neuen Gesellschaftssystem fortzuführen, und versucht haben, an die vorausgegangene Entwicklung anzuknüpfen. Das Gesellschaftssystem der damaligen DDR war zeitlich fest umrissen und ist abgeschlossen. Was die Wissenschaftler in diesem neuen System und der Autor mit seinen Kollegen in 38 Jahren, vom Beginn des Studiums und 22 Jahre als Hochschulprofessor in der Gemeinschaft der Tieftemperaturphysiker der DDR erlebt und gelebt haben, ist vielleicht in seiner Geschichte von einigem Interesse, aber auf jeden Fall einmalig. Vieles stand unter Kritik,

© Springer-Verlag GmbH Deutschland, ein Teil von Springer Nature 2019
R. Herrmann, *Die Tieftemperaturphysik an der Humboldt-Universität im 20. Jahrhundert*, https://doi.org/10.1007/978-3-662-59575-6

Abb. A.1 Die Abbildung zeigt die Gemeinschaft der Tieftemperaturphysiker der DDR 1987 zum Symposium auf Schloss Gaußig im Vogtland, das damals zur Technischen Universität Dresden gehörte. (vlnr): Prof. Ernst Hegenbart (Technische Universität Dresden), Prof. Rudolf Herrmann, Prof. Karin Herrmann (Humboldt-Universität, Berlin), Prof. Rudolf Knöner (Rektor der Technischen Universität Dresden) und Prof. Karl-Heinz Bertel (Friedrich-Schiller-Universität, Jena)

manches zu Recht, anderes zu Unrecht. Aber es gab auch Momente und Entwicklungen in dieser Gesellschaft, auf die spätere Gesellschaften möglicherweise zurückkommen werden.

Die heutigen Beschreibungen des Lebens in der Deutschen Demokratischen Republik entfernen sich teilweise immer weiter von der Wirklichkeit. Sie kommen auch meist von denen, die diese Zeit nicht persönlich erlebt haben.

Es wurden in diesem Buch neben der Gesamtentwicklung des Wissenschaftsgebietes „Tieftemperaturphysik" das in Berlin besonders bearbeitete Verhalten von Elektronensystemen und die Bedeutung von Magnetfeldern für die Quantenphysik bei tiefen Temperaturen dargestellt.

Aufgrund der eingeschränkten wissenschaftlichen Kontakte zu Kollegen in den westlichen Ländern bildeten die Einrichtungen, die sich mit der Physik tiefer Temperaturen befassten, eine Gemeinschaft, die sich an der Dresdener Universität, der Friedrich-Schiller-Universität in Jena und an der Berliner Universität regelmäßig trafen, um über ihre Forschungsarbeiten zu diskutieren. An diesen, meist als „Winterschulen" bezeichneten Veranstaltungen nahmen aber auch Wissenschaftler aus dem Flüssiggasbereich der Industrie, und aus anderen Wissenschaftsgebieten, insbesondere aus der Medizin, teil (Abb. A.1).

Was wurde aus dem Matrikel 1954 der Humboldt-Universität in der Wendezeit?

Im Jahre 1989 waren vom Matrikel 1954 noch Manfred Becker, Rolf Enderlein, Karin Herrmann, Karl Lubitz, Hans Menninger, Ehrenfried Rhode, Lutz Rothkirch, Stefan Schwabe und der Autor der Humboldt-Universität oder ihrem Umfeld an der Akademie der Wissenschaften und der Berliner Elektronikindustrie treu geblieben.

Rolf Enderlein leitete den Lehrstuhl „Halbleiterphysik". Karin Herrmann befasste sich in den ersten Jahren an der Universität mit der Oberflächenleitfähigkeit von Tellur, die von ihr als Oberflächensupraleitung diskutiert wurde. Sie entwickelte mit ihren Mitarbeitern auf der Grundlage von schmalbandigen Halbleitern, den Bleisalzen, Laser für die Umweltforschung.

Mit ihren Laserdioden gelang es, direkt aus ihrem Labor heraus, die Luftverschmutzung über der Straßenkreuzung Invalidenstraße/Chausseestraße in Berlin zu messen und so schon in den 80er Jahren des 20. Jahrhunderts unabhängig und sehr realistisch die Luftverschmutzung in der Berliner Innenstadt zu bestimmen. Verglichen wurden diese Untersuchungen mit Messungen über den Stechlinsee, einem der reinsten Seen im Norden von Berlin in Brandenburg, an dem sie die Luftreinheit gründlich ausgemessen hat. Das waren im Lichte der heutigen Anforderungen gesehen, Pionierarbeiten.

Nachdem es gelungen war, Karin Herrmann aus der Humboldt-Universität zu drängen, setzte sie ihre Untersuchungen zur Umweltverschmutzung bei HORIBA Ltd. in einem Projekt des Research Institute of Innovative Technology for the Earth (RITE) in Kyoto in Japan fort. RITE ist das Japanische Exzellenzzentrum für die Entwicklung von Umwelttechnologien, das auf dem Regenerationsplan der Japanischen Regierung „The New Earth 21" basiert. In ihrem Teilprojekt „New Trends in Measuring Effective Greenhouse Gases using High Performance TDLAS", analysierte sie die besondere Eignung, bzw. die High Performance der Tunable Diod Laser für die Umweltforschung[1].

Der HORIBA Konzern, mit seinem Hauptsitz in Kyoto, besteht aus rund 100 Niederlassungen in 27 Ländern. Er ist führend bei der Entwicklung von Analyse- und Messsystemen.

Im Rahmen dieser Arbeit leistete sie für HORIBA Ltd. einen Beitrag zur Zukunftsplanung für die Entwicklung von Umwelttechnologien.

Lutz Rothkirch, der sich mit der Paramagnetischen Resonanz, der Zyklotronresonanz und mit Fermi-Flächen und den elektronischen Eigenschaften des Supraleiters Niob beschäftigte, war mit voller Hingabe im Fortgeschrittenen-Praktikum engagiert. Der Autor leitete den Bereich Tieftemperatur-Festkörperphysik, hielt neben den Fachvorlesungen „Festkörperphysik" und „Supraleitung" etappenweise die Physik-Experimentalvorlesung für Mathematik-Physik-Lehrer, Stefan Schwabe war neben seinen Forschungsarbeiten kontinuierlich in der Grundausbildung

---

[1]Absorptionsspektroskopie mit durchstimmbaren Diodenlasern.

„Physik" tätig. Er betreute als Hochschullehrer die Vorlesungssammlung für die große Experimentalvorlesung im Hörsaal X und das Anfängerpraktikum. Hans Menninger und Manfred Becker forschten in der Akademie der Wissenschaften, Karl Lubitz und Ehrenfried Rhode waren in der Halbleiter-Bauelemente-Entwicklung tätig. Für alle war die Wende eine schicksalshafte Zeit. Die meisten hatten Probleme mit ihrer Einordnung in die veränderte Gesellschaftsform, die anderen vor allem durch die psychischen Belastungen mit ihrer Gesundheit, sodass sie alle nach nicht allzu langer Zeit die Universität oder ihre Forschungseinrichtung verlassen hatten.

Der Elitenwechsel an der Humboldt-Universität

Mit der Wende 1989/1990 wurde das Gesellschaftssystem in Ostdeutschland durch das System Westdeutschlands ersetzt. Für die Wissenschaft bedeutete das einen Elitenwechsel. Um den Systemwechsel in Bildung und Forschung zu erreichen, wurden Forschungsinstitute und Bildungseinrichtungen abgewickelt.

Die Universitäten wurden nach dem Vorbild der Universitäten der BRD umstrukturiert. Dozenten und Oberassistenten, die dem alten gesellschaftlichen System kritisch gegenübergestanden hatten, hofften nun eine Professur zu bekommen und Leitungsfunktionen zu übernehmen. Und sie waren überaus erstaunt, dass sie ohne eigenen Vorteil allein beim Elitenwechsel helfen durften, aber keiner von ihnen berufen wurde. Sie hatten nicht verstanden, dass der Umbruch von 1990 nicht nur der Anschluss des östlichen Teils Deutschlands nach dem geltendes Recht des Grundgesetzes an die Bundesrepublik war, sondern auch die grundlegende Änderung des gesellschaftlichen Systems. Diese Wissenschaftler gehörten, trotz ihrer oppositionellen Haltung gegenüber dem alten System, zur Elite dieses Systems. So wie viele Bürger sich ein Leben erträumten, das ihnen im Fernsehen vorgespielt wurde, ohne dass sie realisieren konnten, dass der Höhepunkt des Wirtschaftswunders der BRD schon lange vorüber war.

So wurde, wie in der ganzen Gesellschaft, eine große Anzahl der in Forschung und Lehre beschäftigen Wissenschaftler arbeitslos, wodurch ein beträchtlicher Teil der Kapazitäten in Forschung und Hochschulausbildung für Deutschland verloren ging. Was sich heute als Lehrermangel und Ärztemangel, nicht nur in Ostdeutschland, für die Gesellschaft bemerkbar macht.

Der größte Forschungsverband, die Akademie der Wissenschaften, wurde aufgelöst. Die Wissenschaftler wurden arbeitslos. Einige, vor allem experimentell arbeitende Wissenschaftler fanden zeitweilig wieder Arbeit an den sogenannten Blaue-Liste-Instituten. Das waren Institute der ehemaligen Akademie der Wissenschaften der DDR, die erhalten werden sollten. Die Leitung dieser Institute ging in die Hände westdeutscher oder ausländischer Wissenschaftler über. In den Universitäten und Hochschulen wurden die Rektoren und die leitenden Wissenschaftler durch westdeutsche Wissenschaftler ersetzt.

Beilspielhaft für die Abwicklung der Universitäten ist das Schicksal des ersten an der Humboldt-Universität nach der Wende frei gewählten Rektors, des Theologen Heinrich Fink. Heinrich Fink wurde am 3. April 1990 von 504 Delegierten des Konzils der Universität mit 72 % der Stimmen zum Rektor gewählt. Der „Dienstherr", Wissenschaftssenator Manfred Erhard, setzte ihn mit falschen „Stasi-Anschuldigungen" am 21.01.1992 ab und verhinderte mit der gleichen falschen Beschuldigung seine Wiederwahl zum Rektor. Daran hinderte auch nicht, dass Heinrich Fink seinen Prozess gegen die damalige Humboldt-Universität gewonnen hatte. Die Beschuldigungen wurden nicht nachgeprüft, sie wurden konstruiert, um die Stimmung der Öffentlichkeit zu beeinflussen [1].

Die Schriftstellerin Daniela Dahn schreibt im Vorwort zu Heinrich Finks Buch *Wie die Humboldt-Universität gewendet wurde:* „Von der „Eliterestitution" soll etwa eine Millionen Menschen betroffen gewesen sein. Unter den Vorwand, politische Altlasten zu entsorgen, wurden einträgliche Posten an mehrheitlich zweitrangige Westimporte vergeben."

Das gleiche Bild ergab sich auch für die einzelnen Fakultäten. Wenn an der Wirtschaftswissenschaftlichen Fakultät nach der Abwicklung von 180 Wissenschaftlern nur noch 10 übrig geblieben sind, so waren es an der Fachrichtung Physik ein Viertel der Professoren, die zeitweilig bleiben konnten.

In den Jahren vor der Wende hatte die Physik der Universität zwar nicht regelmäßig Besuch von westdeutschen Gästen, doch die Nobelpreisträger Klaus von Klitzing, J. Georg Bednorz, K. Alex Müller, der Direktor des Max-Plank-Instituts in Stuttgart, Professor Alfred Seeger, und eine ganze Reihe anderer bekannter Wissenschaftler besuchten die Physik der Humboldt-Universität und unsere Tieftemperaturlabore. Bei diesen Treffen sind wir uns stets mit Achtung und Respekt begegnet.

Nach der Wende kamen unbekannte Leute, Physiker, die der Meinung waren, dass sie berechtigt sind, die Gesinnung der an der Humboldt-Universität bis dahin lehrenden Hochschullehrer zu überprüfen. Taten, die nicht nur mit dem materiellen Schaden der Entlassung endeten.

Zum Lehrkörper der Sektion Physik

Vor 1989 hatte die Sektion Physik der Humboldt-Universität mehr als 24 Professoren. Die älteren Kollegen Fritz Bernhard, Paul Täubert und Frank Kaschlun starben schon in der Umbruchzeit. Sechs Kollegen schafften es, sich erst einmal an der Universität zu halten. Einer der international bekanntesten Physiker der Humboldt-Universität, der langjährige Dekan der Mathematisch-Naturwissenschaftlichen Fakultät, Professor Werner Ebeling, erhielt von seiner ehemaligen Universität eine Gastprofessur, die er immer wieder neu beantragen musste. Auch viele Dozenten und promovierte Wissenschaftler wurden von der neuen Administration der Universität entlassen. Das erfolgte etwa mit der gleichen Methode wie beim Rektor Heinrich Fink.

Ohne einen Nachweis zu erbringen oder mit fadenscheinigen, von langer Hand vorbereiteten Beschuldigungen wurden die Wissenschaftler entlassen, um ihnen einige Monate später ein Schreiben zu schicken, in dem ihnen mitgeteilt wurde, dass die Beschuldigung, mit der Staatssicherheit zu tun gehabt zu haben, nicht zutrifft.

Es war auch aufgrund der Forschungsprojekte auf dem damals modernen Gebiet der Halbleiterphysik noch viel einfacher, die Physikprofessoren zu entlassen, weil wichtige Projekte, an denen sie bis zur Wende arbeiteten, als „streng vertraulich" eingestuft waren und von der Sicherheit kontrolliert wurden.

Da die Halbleiterphysik mit der Richtung Infrarotstrahlung lange Zeit den Schwerpunkt der Forschung bildete, war es nicht immer leicht, bei diesen Arbeiten um Vertraulichkeit herumzukommen, wie es bei der Arbeit mit dem QHE gelang. Auch die Vorbereitung von Experimenten für den Kosmosflug von Siegmund Jähn wurde unter der höchsten Sicherheitsstufe gehandelt. Die Arbeitsunterlagen mussten jeden Abend vom Laboratorium in das Hauptgebäude der Universität gebracht werden und wurden dort eingeschlossen. Ähnlich verhielt es sich beim Kauf von Geräten und Anlagen, die auf dem Embargo standen. Hier waren es Mitarbeiter der Physikalischen Gesellschaft und anderer staatlicher Einrichtungen, die an der Realisierung beteiligt waren und die die beteiligten Wissenschaftler der Universität später diskreditierten. Selbst wenn sie wie Heinrich Fink, ihre Prozesse gegen ihre Entlassung gewonnen hatten und zeitweilig wiedereingestellt werden mussten, waren sie verunglimpft.

So ist es auch nicht verwunderlich, dass sich für den Zeitraum von 1946 bis 1990 kein Verzeichnis des Lehrkörpers der Fachrichtung Physik der Universität, wie es wohl in den anderen ostdeutschen Universitäten vorhanden ist, im Internet findet und vermutlich auch nicht in der Universität existiert. Diese Zeit, die mit den Experimentatoren Robert Rompe und Christian Gerthsen begann und mit den Theoretikern Frank Kaschluhn, Werner Ebeling, den vorher genannten Experimentalphysikern, dem Meteorologen Karl-Heinz Bernhard und dem Kristallographen Peter Rudolph endete, sollte nach unserer Auffassung keinesfalls aus dem Gedächtnis der Humboldt-Universität gestrichen werden, denn sie gehört auch zur Geschichte dieser Einrichtung, die sich seit Hegel, Humboldt und Planck immer der Wahrhaftigkeit verpflichtet fühlte.

Der Autor wurde nach einem einjährigen Studienaufenthalt als Gastprofessor an der Universität 7 „Pierre et Marie Curie" in Paris im Rahme eines EU-Projekts, das die Aufgabe hatte, ein Tieftemperatur-Tunnelmikroskop zur Untersuchungen von Abrikosov-Wirbelgittern in Supraleitern zu bauen, von der Humboldt-Universität nach Japan an die Ritsumeikan-Universität in Kyoto entsandt.

An der Ritsumeikan-Universität ging es mit Vorlesungen über Tieftemperaturphysik, Supraleitung und Supraflüssigkeiten sowie Festkörperphysik um den Aufbau einer Tieftemperaturforschung. Nach mehreren Jahren in Japan, in denen ich auch einige Zeit im Konzern HORIBA, erst als Berater und später als Mitarbeiter im wissenschaftlichen Gerätebau tätig war, konnte ich mich in Berlin-Adlershof wieder konkret mit Experimenten bei tiefen Temperaturen befassen.

Literatur

1. Fink H., Wie die Humboldt-Universität gewendet wurde, Ossietzky, 3. Auflage, (2014)

Anhang 1: Dekane und Sektionsdirektoren, Institute und Bereiche der Physik der Berliner Universität

Die Physik der Berliner Universität von 1810 bis 1990

Die Berliner Universität wurde 1810 als Friedrich-Wilhelms-Universität gegründet. Der erste Ordinarius für Physik war bis 1870 Gustav Magnus. (1810–1870?)

Ab 1870	Heinrich Dove
1871–1888	Hermann von Helmholtz
1888–1894	August Kundt
1894–1895	Max Planck
1895–1905	Emil Warburg
1805–1806	Paul Drude
1906–1922	Heinrich Rubens
1924–1933	Walter Nernst
1933–1939	Arthur Wehnelt
1939–1948	Christian Gerthsen

1949 erhielt die Universität den Namen „Humboldt-Universität". Die bis dahin geschaffenen Physikinstitute, Institut für Theoretische Physik, das I., das II. und das III. Physikalische Institut wurden in der Fachrichtung Physik zusammengefasst. Fachrichtungsleiter waren

1949–1965	Rudolf Ritschel
1965–1968	Frank Kaschlun

1968 erfolgte im Rahmen der Hochschulreform die Umbenennung der Fachrichtung Physik in Sektion Physik, mit zehn Forschungsbereichen. Die Sektionsdirektoren waren

© Springer-Verlag GmbH Deutschland, ein Teil von Springer Nature 2019
R. Herrmann, *Die Tieftemperaturphysik an der Humboldt-Universität im 20. Jahrhundert*, https://doi.org/10.1007/978-3-662-59575-6

1965–1970	Joachim Auth
1970–1973	Karl-Heinz Krebs
1973–1976	Rudolf Herrmann
1976–1986	Rolf Enderlein
1986–1990	Robert Keiper

1990 erfolgte eine Neustrukturierung der Physik unter dem Schirm eines Physikinstituts. Der Aufbau des Physikinstituts der Humboldt-Universität ist vermutlich mit der heute etablierten Struktur erst einmal abgeschlossen.

Die Physikalischen Institute der Humboldt-Universität nach dem Zweiten Weltkrieg

Nach dem Zweiten Weltkrieg wurden vier Physikinstitute eingerichtet.

Das Institut für Theoretische Physik unter der Leitung von

1948–1957	Friedrich Möglich
1959–1965	Wolfram Brauer
1965–1968	Frank Kaschlun

1968 wurde das Institut in zwei Bereiche aufgeteilt.
    Frank Kaschlun als Bereichsleiter des Bereichs 01, Rolf Enderlein als Bereichsleiter des Bereichs 02.

Das I. Physikalische Institut unter der Leitung von

1948–1949	Hans Larsen (?)
1949–1960	Rudolf Ritschel
1960–1961	Alexander Deubner
1962–1968	Fritz Bernhard

1968 wurde das Institut Bereich 06, Bereichsleiter Fritz Bernhard.

Das II. Physikalische Institut unter der Leitung von

| 1946–1968 | Robert Rompe |

1968 wurde Joachim Auth Bereichsleiter des Bereichs 03.

Das III. Physikalische Institut unter der Leitung von

1955–1960	Franz Xavier Eder
1960–1967	Paul Täubert
1967–1968	Oskar Hauser

1968 wurde das Institut Bereich 08. Bereichsleiter Rudolf Herrmann

Das IV. Physikalische Institut unter der Leitung von

1959–1968	Karl Wolfgang Boer

1968–1990 wurde das Institut Bereich 05. Bereichsleiter Egon Gutsche

Neugründungen

1980	Bereich 04 Werner Ebeling
1980	Bereich 09 Karl-Heinz Bernhardt
1980	Bereich 10 Wolfgang Degner
1980	Bereich 11 Hans-Joachim Bautsch
1980	Bereich 12 Kurt Haspas

Die Bereiche der Sektion Physik

(nach W. Ebeling, in *Die Humboldt-Universität unter den Linden 1945 bis 1990*, Leipziger Universitätsverlag 2010, mit Ergänzungen)

Bereich 01	Theoretische Elementarteilchenphysik	Prof. Frank Kachlun Prof. Dieter Bebel Doz. Dietmar Ebert Doz. Klaus Levin
Bereich 02	Theoretische Festkörperphysik	Prof. Rolf Enderlein Prof. Robert Keiper Doz. Kurt Peuker
Bereich 03	Experimentelle Halbleiterphysik	Prof. Klaus Herrmann Prof. Karin Herrmann
Bereich 04	Statistische Physik und Thermodynamik	Prof. Werner Ebeling Doz. Reiner Feistel
Bereich 05	Experimentelle Halbleiteroptik	Prof. Egon Gutsche Doz. Otfried Goede Doz. Joachim Voigt
Bereich 06	Atomstoßprozesse der Festkörperphysik	Prof. Fritz Bernhard, gefolgt von Prof. Heinz Klose Doz. Heinz Düsterhöft Prof. Ullrich Müller-Jahreis Doz. Stephan Schwabe
Bereich 07	Angewandte Massenspektroskopie und Festkörperphysik	Prof. Reiner Link (in Nachfolge von Prof. Karl-Heinz Krebs und Prof. Gerhard Oelgart)
Bereich 08	Tieftemperatur-Festkörperphysik	Prof. Rudolf Herrmann Doz. Horst Krüger

Bereich 09	Meteorologie	Prof. Karl-Heinz Bernhardt Prof. Friedrich Kortüm Prof. Peter Hupfer
Bereich 10	Angewandte Radiologie	Prof. Wolfgang Degner Prof. Beate Röder
Bereich 11	Kristallographie	Prof. Hans-Joachim Bautsch Doz. Lars Ickert
Bereich 12	Methodik des Physikunterrichts	Prof. Hansjoachim Lechner (in Nach- folge von Prof. Kurt Haspas) Doz. Wolfgang Manthei

Anhang 2: Kristallzüchtung im Weltraum – Das Projekt „Berolina"

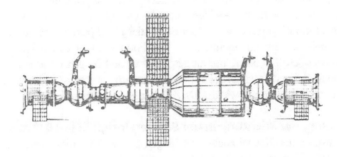

СОВМЕСТНЫЙ ПОЛЕТ В КОСМОС
СССР - ГДР

Gemeinsamer Kosmosflug der UdSSR-DDR

Vom Bereich Tieftemperatur-Festkörperphysik der Sektion Physik der Humboldt-Universität wurden für den Kosmosflug des ersten Deutschen Kosmonauten Siegmund Jähn und seinem russischen Kollegen Valeri Bykowski Kristallzüchtungsexperimente vorbereitet.

Der Weltraumflug erfolgte am 27.09.1978 mit der Salyut-6-Soyuz-31-Mission. Die Experimente wurden in dem Projekt „Berolina" zusammengefasst.

Es wurden vier Experimente entwickelt. In zwei Experimenten wurde die Bridgman-Methode eingesetzt. Das waren die Experimente „Formzüchtung" einer Wismut-Antimon-Legierung mit 0,5 at.-% Antimon im Wismut und das Experiment „Gerichtete Erstarrung" einer Wismut-Antimon-Legierung mit 1 at.-% Antimon. In zwei weiteren Experimenten wurden unter dem Namen „Sublimation", Bleitellurid-Halbleiterkristalle mit dem Gasphasentransport gezüchtet.

© Springer-Verlag GmbH Deutschland, ein Teil von Springer Nature 2019
R. Herrmann, *Die Tieftemperaturphysik an der Humboldt-Universität im 20. Jahrhundert*, https://doi.org/10.1007/978-3-662-59575-6

Formzüchtung

Laborexperimente unter normaler Gravitation ($g_0 = 9{,}81$ m/s²)

Die Formzüchtung ist ein modifiziertes Bridgman-Verfahren, bei dem Kristalle in Quarz- oder Graphitformen in einem Temperaturgradienten wachsen [1]. In den Graphitformen wurden von uns Tellurkristalle gezüchtet, da die Oberflächen der Quarzformen vom flüssigen Tellur aufgelöst werden.

Die Quarzform, die für die Züchtung der Kristalle im Orbit benutzt wurde, ist in Abb. A.2 dargestellt. Zwischen zwei Grundplatten befinden sich zwei dünne Platten mit Aussparungen für das Einfüllen der Schmelze und für den Kristall, der im Züchtungsraum gezüchtet wird. Der für die kristallographische Orientierung notwendige Kristallkeim wird mit Röntgenstahlen orientiert und in ein Quarzrohr von der Seite in die Quarzform eingepasst, sodass die Ebene der Form parallel zur entsprechenden kristallographischen Ebene orientiert ist. Die Form wird in einem Gradientenofen erhitzt, bis der obere Teil des Keims aufgeschmolzen und die ganze Form mit flüssigem Ausgangsmaterial gefüllt ist. Danach wird die Temperatur vom Keim her langsam verringert, wodurch der Kristall, wie in Abb. A.2 dargestellt, orientiert wächst.

Vorbereitung der Züchtung in der Schwerelosigkeit ($\approx 10^{-4}$ m/s²)

Beim Transport der Kristallzüchtungsanlagen zur Raumstation sind diese mehrfachen Erdbeschleunigungen ausgesetzt. Sie müssen deshalb sehr stabil fixiert werden, um die geometrische Anordnung der einzelnen Komponenten zu erhalten. Die Quarzform wurde deshalb von zwei Edelstahlkappen zusammengehalten, die mit zwei Stäben stabil befestigt wurden. Die Abb. A.3 zeigt die fixierte Züchtungsform.

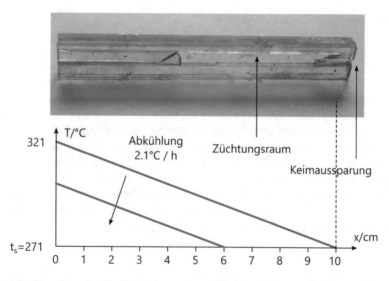

Abb. A.2 Quarzform für die Experimente unter Mikrogravitation. Rechtsoben ist die Aussparung für den kristallographisch orientierten Keim zu sehen. Beim Beginn der Züchtung ist das Material in der trapezförmigen Öffnung zwischen der Aussparung und dem Dreieck in der Mitte vollständig mit der Schmelze ausgefüllt

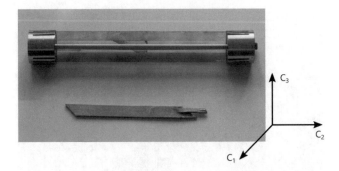

Abb. A.3 Oben: die Form aus Quarz, mit zwei Edelstahlkappen, die mit zwei Stäben zusammengehalten werden. Darunter befindet sich ein im Labor gezüchteter Einkristall mit typischen scharfen Kanten. Die Pfeile geben die Orientierung des Kristalls mit den kristallographischen Achsen (C_1, C_2, C_3) an

Als Kristallmaterial wurde für die Formzüchtung eine Wismut-Antimon-Legierung mit 0,05 at.-% Antimon, ($Bi_{(1-0,05)}$ $Sb_{(0,05)}$), eingesetzt. Diese Legierung ist ein Halbmetall. Bei 4 at.-% Antimon ändert sich der Charakter der Legierung. Für 4 at.-% Antimon und höhere Antimonkonzentrationen sind die Legierungen Halbleiter.

Ergebnisse des Experiments in der Schwerelosigkeit ($\approx 10^{-4}$ m/s^2)

Zu Beginn der Kristallisation ist das Kristallmaterial bis zum Keim vollständig aufgeschmolzen. Im Laborexperiment bei $g_0 = 9,81$ m/s^2 wird die Schmelze durch die Gravitation in die Form gedrückt. Dadurch bilden sich bei der Kristallisation scharfe Kanten am Kristall aus. Da genügend Raum in der Ampulle der Formzüchtung vorhanden ist, benetzt die Schmelze unter Mikrogravitation $\approx 10^{-4}$ m/s^2 die Wände der Quarzform nur schwach. Die flüssige Schmelze wird vor allem von ihrer Oberflächenspannung zusammengehalten, die für ihre Oberfläche ein Minimum anstrebte. Was zur Folge hatte, dass die Kanten des Kristalls, wie die der schwebenden Flüssigkeit nach der Erstarrung abgerundet blieben. Das ist in Abb. A.4 gut zu sehen. Dieser typische Effekt der Mikrogravitation bildet auch heute noch einen Schwerpunkt der Kristallzüchtung in der Schwerelosigkeit.

Die unter Mikrogravitation gezüchteten Kristalle wurden mit der Zyklotronresonanz bei Heliumtemperaturen zwischen 1,5 und 4 K in starken Magnetfeldern untersucht.

Experiment zur gerichteten Erstarrung von BiSb bei Mikrogravitation ($\approx 10^{-4}$ m/s^2)

Die Vorbereitung des Experiments erfolgte, wie bei den anderen Experimenten, im Labor unter normaler Gravitation $g_0 = 9,81$ m/s^2.

Abb. A.4 Der untere Kristall wurde im Labor unter normaler Gravitation gezüchtet. Er wird beim Erstarren fest in die Form gedrückt, wodurch er sehr scharfe Kanten bekommt. Der obere Kristall wurde unter Mikrogravitation gezüchtet und hat durch die minimierende Wirkung der Oberflächenspannung abgerundete Kanten

Beim Experiment „gerichtete Erstarrung" mit dem Bridgman-Verfahren verlief die Kristallisation einer Wismut-Antimo-Legierung mit 0,5 at.-% ($Bi_{99,5}Sb_{0,05}$) in einer Ampulle, deren Innenraum mit Graphit bedeckt wurde. Nach Einfüllen der Legierung in die Ampulle wurde diese mit einem verschiebbaren Graphitstempel verschlossen und in einem Quarzrohr eingeschmolzen. Zur Züchtung wurde die Ampulle noch in einem Stahlcontainer sicher untergebracht.

So konnten auf der Raumstation im Schmelzofen „Crystall" zwei Kristalle mit dem Bridgman-Verfahren gezüchtet werden. Die Ampulle war an einer Seite zur Spitze ausgezogen, um dort beim Beginn der Kristallisation eine Keimbildung zu ermöglichen. Nach dem Aufschmelzen des Ausgangsmaterials begann die Abkühlung an der Spitze der Ampulle mit einer Geschwindigkeit von 11 mm/h, um die Orientierung des Keimes über den ganzen Kristall fortzusetzen. Da die Wismut-Antimon-Legierung fest in der Quarzampulle eingeschlossen war, konnte sich der Kristall, der sich bei der Erstarrung gegenüber der Flüssigkeit um 3 % ausdehnte, nur in dem Raum ausbilden, den er auch vor dem Aufschmelzen gehabt hatte. Dadurch wurde die Kristallisationsfront beim Fortschreiten teilweise gegen die Wand der Ampullen gedrückt. So entstand gegenüber den Kristallen, die mit der Formzüchtung im Ofen „Splav" hergestellt wurden, eine etwas zerklüftete Oberfläche.

Bei diesem Züchtungsprozess entstanden neben den glatten Oberflächen des Kristalls Hohlräume, in denen sich in der Schwerelosigkeit einzelne Kristallite ausbilden konnten (s. Abb. A.5).

Im Bereich von 7 bis 18 mm war die Verteilung des Antimons im gezüchteten Kristall homogen. In diesem Bereich wuchs der Kristall unter stabilen Bedingungen. Im letzten Abschnitt von 18–28 mm wurde das Wachstum durch den anwachsenden thermischen Gradienten des Schmelzofens bestimmt [2].

a   b

 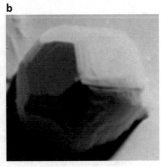

Abb. A.5 **a** Unten: Der bei $g = 10^{-4}$ m/s^2 gezüchtete Wismut-Antimon($Bi_{99}Sb_1$)-Kristall MS1 (MS – Monokristall-Spacegrown). Die Oberfläche enthält eine Reihe von Vertiefungen, in denen sich kleine Kristallite gebildet haben. Oben: Quarzampulle nach der Züchtung. **b** Rechts ist ein Kristallit mit einem Durchmesser von ≈ 10 µm abgebildet

Experiment „Sublimation"

Gasphasentransport des Halbleiters Bleitellurid in der Schwerelosigkeit ($\approx 10^{-4}$ m/s^2) [3, 4].

Zum Gasphasentransport von Bleitellurid wurden zwei Züchtungsexperimente in der Schwerelosigkeit durchgeführt. Ein Experiment bei der Sublimationstemperatur von 850 °C, d. h. 74 K unter der Schmelztemperatur von 924 °C, und ein Experiment bei 750 °C, 174 K unter der Schmelztemperatur.

Bei diesem Experiment standen sich in einer Ampulle eine PbTe-Oberfläche als Substrat und ein PbTe-Kristall als Sublimationsquelle gegenüber. Die Quelle wurde auf 850 °C erhitzt. Das verdampfte Material setzte sich auf dem Substrat nieder.

Es entstand ein Kristall aus Blöcken mit idealer Kristallstruktur, die von Versetzungen von 40×40 µm^2 begrenzt wurden. Die elektrischen Eigenschaften des Kristalls waren unerwartet gut.

Bei der Sublimationstemperatur 174 °C unter der Schmelztemperatur wurde Whiskerwachstum nach dem Vapor-Liquid-Solid-Mechanismus beobachtet (s. Abb. A.6). Beim Sublimieren auf dem Substrat, einem Blei-Tellurid-Einkristall, bilden sich Mikrotröpfchen ausschließlich aus Blei, die eine Schmelztemperatur unter 700 °C haben. In diesen Bleitröpfchen wurde sublimierendes Bleitellurid gelöst und unter die Tröpfchen transportiert und als Träger der Bleitröpfchen abgesetzt.

Die Whisker wachsen bei der Mikrogravitation von $\approx 10^{-4}$ m/s^2, bei der die normale Konvektion im Gravitationsfeld unterdrückt ist, durch die Marangoni-Konvektion. Diese Konvektion tritt auf Flüssigkeitsoberflächen als Kraft auf, wenn Bereiche unterschiedlicher Oberflächenspannung vorhanden sind. Die Zugkraft der Bereiche höherer Oberflächenspannung ist dann größer als Bereiche geringerer Oberflächenspannung.

a   b

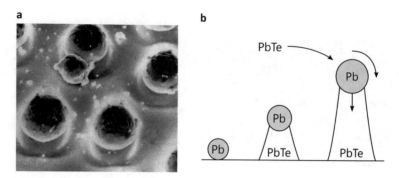

Abb. A.6 Bei 750 °C, 174 °C unter der Schmelztemperatur, wurde zum ersten Mal VLS-Whiskerwachstum unter Mikrogravitation beobachtet. Pilzförmig gewachsene Whisker auf einem Bleitellurideinkristall. Die Köpfe bestehen aus Blei, die Stiele aus Bleitellurid

Ein typisches Beispiel für die Marangoni-Konvektion ist ein Streichholz auf einer Wasseroberfläche, an dessen Ende ein kleines Stück Seife eingeklemmt ist. Die Seife verringert die Oberflächenspannung des Wassers und das Streichholz bewegt sich vom Gradienten der Oberflächenspannung angetrieben.

Die Bleitröpfchen sind auf der der Sublimationsquelle zugewandten Seite wärmer als auf der Unterseite auf dem Substrat. Entsprechend ist die Oberflächenspannung auf der Oberseite kleiner als auf der Unterseite. Das in der Bleioberfläche gelöste Bleitellurid strömt zur Unterseite des Bleitröpfchens, wo es erstarrt und den Stiel der Whisker bildet. So haben sich die pilzförmigen Whisker auf dem Substrat gebildet.

Zusammenfassung [5]

Bei der Vorstellung dieser einmaligen Experimente bei Mikrogravitation, die von der Humboldt-Universität vorbereitet wurden, war immer die erste Kritik: „Ein Experiment ist kein Experiment". Dem auch die Kollegen, die die Experimente vorbereitet hatten, voll zustimmten.

Die Effekte, die jedoch mit einer gewissen Wahrscheinlichkeit durch das Fehlen der Kraft der Erdanziehung verursacht wurden, wie die Vorherrschaft der Oberflächenspannung beim Experiment „Formzüchtung" oder die bestimmende Wirkung der Marangoni-Konvektion beim Whiskerwachstum des Bleitellurids, wie sie bei diesen Experimenten zum ersten Mal beobachtet wurden, haben die Zeit überdauert. Diese Effekte sind auch heute noch Gegenstand der Kristallzüchtung unter Mikrogravitation und zeigen den Erfolg der sorgfältig durchgeführten Kristallzüchtungsexperimente von Sigmund Jähn und Valeri Bykovski (Abb. A.7).

a   b

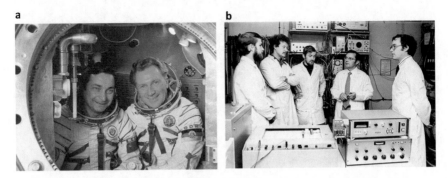

Abb. A.7 **a** Siegmund Jähn und Valeri Bykowski – die beiden Kosmosexperimentatoren und **b** die an der Vorbereitung der Experimente beteiligten Wissenschaftler der Humboldt-Universität (vlnr): Dr. G. Schneider, Prof. Dr. P. Rudolph, Dr. R. Röstel, der Autor, Prof. Dr. H. Krüger (außerdem war Dr. Reiner Kuhl an der Vorbereitung beteiligt)

Literatur

1. Herrmann, R., Vogel, J., Häfner, H.: Preparation of Homogeneous Bismuth.Antimony Single Crystals with Given Shape and Orientation, phys. stat. sol. (a) 24, 131–138 (1974)
2. Schneider, G., Herrmann, R., Krüger, H., Rudolph, P., Kuhl, R., Röstel, R.: Results of Crystal Growth of Bismuth-Antimony Alloys ($Bi_{100-x}Sb_x$) in a Microgravity Environment, Crystal Res. & Technol. 18, 1213–1224 (1983)
3. Herrmann, R. et al.: First Results of the Growing of Pb-Te Single Crystals under Microgravity Conditions, Advances in Space Research 1, 163–166 (1981)
4. Herrmann, R. et al.: Growing of PbTe Single Crystals from the Vapor Phase under Micro-Gravity Conditions, phys. stat. sol. (a) 59, 51–56 (1980)
5. Die Zusammenarbeit der Humboldt-Universität mit der SU auf dem Gebiet der Kosmosforschung, Wiss. Zeitschr. der HUB, Math.-Nat. R. XXIX (1980) 3

Stichwortverzeichnis

© Springer-Verlag GmbH Deutschland, ein Teil von Springer Nature 2019
R. Herrmann, *Die Tieftemperaturphysik an der Humboldt-Universität im 20.*
Jahrhundert, https://doi.org/10.1007/978-3-662-59575-6

Springer

Willkommen zu den Springer Alerts

- Unser Neuerscheinungs-Service für Sie:
  aktuell *** kostenlos *** passgenau *** flexibel

Springer veröffentlicht mehr als 5.500 wissenschaftliche Bücher jährlich in gedruckter Form. Mehr als 2.200 englischsprachige Zeitschriften und mehr als 120.000 eBooks und Referenzwerke sind auf unserer Online Plattform SpringerLink verfügbar. Seit seiner Gründung 1842 arbeitet Springer weltweit mit den hervorragendsten und anerkanntesten Wissenschaftlern zusammen, eine Partnerschaft, die auf Offenheit und gegenseitigem Vertrauen beruht.

Die SpringerAlerts sind der beste Weg, um über Neuentwicklungen im eigenen Fachgebiet auf dem Laufenden zu sein. Sie sind der/die Erste, der/die über neu erschienene Bücher informiert ist oder das Inhaltsverzeichnis des neuesten Zeitschriftenheftes erhält. Unser Service ist kostenlos, schnell und vor allem flexibel. Passen Sie die SpringerAlerts genau an Ihre Interessen und Ihren Bedarf an, um nur diejenigen Information zu erhalten, die Sie wirklich benötigen.

Mehr Infos unter: springer.com/alert